“十二五”国家重点图书出版规划项目
交通运输建设科技丛书·水运基础设施建设与养护
长江黄金水道建设关键技术丛书

长江上游卵石运动及河床演变

杨胜发 付旭辉 胡 江 著

人民交通出版社股份有限公司
China Communications Press Co.,Ltd.

内 容 提 要

本书为《长江黄金水道建设关键技术丛书》之一，书中着重介绍了基于水流功率的卵石起动判别方法、卵石沙波的形态分类及其临界条件，收集整理了长江上游宜宾至重庆河段的64个浅滩的资料，分析归纳了典型卵石浅滩的类别及卵石输移的基本特点，并以重庆主城河段著名碍航三角碛卵石滩险为例分析其河床演变过程和影响因素。

本书可作为水利、航道等行业的工程设计和施工技术人员的参考书，也可供相关专业大专院校的师生参考。

Abstract

As one of the *Key Techniques for Construction of the Yangtze Golden Waterway Book Series*, this book explores and studies key technical issues of physical properties, starting condition judgment and transport intensity prediction of gravel, characteristics and critical conditions of gravel ripple movements, emphatically introduces how to judge the gravel starting using stream power and how to classify morphologies of gravel ripples according to critical conditions, and collects data of 64 shoals from Yibin to Chongqing reaches in the upper Yangtze River to analyze types of typical gravel shoals and basic characteristics of gravel transport. Finally, it takes the famous obstruction of gravel rapids named Sanjiaoqi in Chongqing city as example to analyze riverbed evolution and its influence factors in this section.

This book can serve as reference for those who are engaged in design and construction of water conservancy and waterway engineering, as well as teachers and students of related specialties in colleges and universities.

图书在版编目 (CIP) 数据

长江上游卵石运动及河床演变 / 杨胜发，付旭辉，胡江著 .—北京：人民交通出版社股份有限公司，2015.12

(长江黄金水道建设关键技术丛书)

ISBN 978-7-114-12638-3

Ⅰ . ①长… Ⅱ . ①杨… ②付…③胡… Ⅲ . ①长江 - 上游 - 卵石 - 运动 - 研究②长江 - 上游 - 河道演变 - 研究 Ⅳ . ① P942

中国版本图书馆 CIP 数据核字 (2015) 第 278803 号

长江黄金水道建设关键技术丛书

书　　名：长江上游卵石运动及河床演变
著 作 者：杨胜发　付旭辉　胡　江
责任编辑：何　亮　任雪莲
出版发行：人民交通出版社股份有限公司
地　　址：（100011）北京市朝阳区安定门外外馆斜街3号
网　　址：http://www.ccpress.com.cn
销售电话：（010）59757973
总 经 销：人民交通出版社股份有限公司发行部
经　　销：各地新华书店
印　　刷：北京盛通印刷股份有限公司
开　　本：787 × 1092　1/16
印　　张：13
字　　数：297千
版　　次：2015年12月　第1版
印　　次：2015年12月　第1次印刷
书　　号：ISBN 978-7-114-12638-3
定　　价：40.00元

《交通运输建设科技丛书》
编审委员会

《长江黄金水道建设关键技术丛书》
审定委员会

主　任　赵冲久

副主任　胡春宏

委　员（按姓氏笔画排列）

王义刚　王前进　王　晋　仉伯强　田俊峰　朱汝明
严新平　李悟洲　杨大鸣　张　鸿　周冠伦　费维军
姚育胜　袁其军　耿　红　蒋　千　窦希萍　裴建军

《长江黄金水道建设关键技术丛书》
主要编写单位

交通运输部长江航务管理局

交通运输部水运科学研究院

南京水利科学研究院

交通运输部长江口航道管理局

交通运输部天津水运工程科学研究院

中交第二航务工程勘察设计院有限公司

武汉理工大学

重庆交通大学

长江航道局

长江三峡通航管理局

长江航运信息中心

上海河口海岸科学研究中心

《长江黄金水道建设关键技术丛书》
编写协调组

组　长　杨大鸣（交通运输部长江航务管理局）

成　员　高惠君（交通运输部水运科学研究院）

　　　　　裴建军（交通运输部长江航务管理局）

　　　　　丁润铎（人民交通出版社股份有限公司）

总　序

近年来，交通运输行业认真贯彻落实党中央、国务院“稳增长、促改革、调结构、惠民生”的决策部署，重点改革力度加大，结构调整积极推进，交通运输科技攻关不断取得突破，促进了交通运输持续快速健康发展。目前，我国公路总里程、港口吞吐能力、全社会完成的公路客货运量、水路货运量和周转量等多项指标均居世界第一。交通运输事业的快速发展不仅在应对国际金融危机、保持经济平稳较快发展等方面发挥了重要作用，而且为改善民生、促进社会和谐做出了积极贡献。

长期以来，部党组始终把科技创新作为推进交通运输发展的重要动力，坚持科技工作面向需求，面向世界，面向未来，加大科技投入，强化科技管理，推进产学研相结合，开展重大科技研发和创新能力建设，取得了显著成效。通过广大科技工作者的不懈努力，在多年冻土、沙漠等特殊地质地区公路建设技术，特大跨径桥梁建设技术，特长隧道建设技术，深水航道整治技术和离岸深水筑港技术等方面取得重大突破和创新，获得了一系列具有国际领先水平的重大科技成果，显著提升了行业自主创新能力，有力支撑了重大工程建设，培养和造就了一批高素质的科技人才，为交通运输科学发展奠定了坚实基础。同时，部积极探索科技成果推广的新途径，通过实施科技示范工程，开展材料节约与循环利用专项行动计划，发布科技成果推广目录等多种方式，推动了科技成果更多更快地向现实生产力转化，营造了交通运输发展主动依靠科技创新，科技创新服务交通发展的良好氛围。

组织出版《交通运输建设科技丛书》，是深入实施创新驱动战略和科技强交战略，推进科技成果公开，加强科技成果推广应用的又一重要举措。该丛书分为公路基础设施建设与养护、水运基础设施建设与养护、安全与应急保障、运输服务和绿色交通等领域，将汇集交通运输建设科技项目研究形成的具有较高学术和应用价值的优秀专著。丛书的逐年出版和不断丰富，有助于集中展示和推广交通运输建设重大科技成果，传承科技创新文化，并促进高层次的技术交流、学术传播和专业人才培养。

今后一段时期是加快推进“四个交通”发展的关键时期，深入实施科技强交战略和创新驱动战略，是一项关系全局的基础性、引领性工程。希望广大交通运输科技工作者进一步解放思想、开拓创新，求真务实、奋发进取，以科技创新的新成效推动交通运输科学发展，为加快实现交通运输现代化而努力奋斗！

王昌顺

2014年7月28日

序

（为《长江黄金水道建设关键技术丛书》而作）

河流，是人类文明之源；交通，推动了人类不同文明的碰撞与交融，是经济社会发展的重要基础。交通与河流密切联系、相伴而生。在古老广袤的中华大地上，长江作为我国第一大河流，与黄河共同孕育了灿烂的华夏文明。自古以来，长江就是我国主要的运输大动脉，素有“黄金水道”之称。水路运输在五大运输方式中，因成本低、能耗少、污染小而具有明显的优势。发展长江航运及内河运输符合我国建设资源节约型、环境友好型社会以及可持续发展战略的要求。目前，长江干线货运量约20亿t，位居世界内河第一，分别为美国密西西比河和欧洲莱茵河的4倍和10倍。在全面深化改革的关键期，作为国家重大战略，我国提出“依托长江黄金水道，建设长江经济带”，长江黄金水道又将被赋予新的更高使命。长江经济带覆盖11个省（市），面积205.1万km^2，约占国土面积的21.4%。相信长江经济带的建设将为“黄金水道”带来新的发展机遇，进一步推动我国水运事业的快速发展，也将为中国经济的可持续发展提供重要的支撑。

经过60余年的努力奋斗，我国的内河航运不断发展，内河航道通航总里程达到12.63万km，航道治理和基础设施建设不断加强，航道等级不断提高，在我国的经济社会发展中发挥了不可估量的作用。长江口深水航道工程的建成和应用，标志着我国水运科学技术水平跻身国际先进行列。目前正在开展的长江南京以下12.5m深水航道工程的建设，积累了更多的先进技术和经验。因此，建设长江黄金水道具有先进的技术积累和充足的实践经验。

《长江黄金水道建设关键技术丛书》围绕“增强长江运能”这一主题，从前期规划、通航标准、基础研究、航道治理、枢纽通航，到码头建设、船型标准、安全保障与应急监管、信息服务、生态航道等方面，对各项技术进行了系统的总结与著述，既有扎实的理论基础，又有具体工程应用案例，内容十分丰富。这套丛书是行业内集体智慧之力作，直接参与编写的研究人员近200位，所依托课题中的科研人员超过1 000位，参与人员之多，创我国水运行业图书之最。长江黄金水道的建设是世界级工程，丛书涉及的多项技术属世界首创，技术成果总体处于国际先进水平，其中部分成果处于国际领先水平。原创性、知识性和可读性强为本套丛书的突出特点。

该套丛书系统总结了长江黄金水道建设的关键技术和重要经验，相信该丛书的出版，必将促进水运科学领域的学术交流和技术传播，保障我国水路运输事业的快速发展，也可为世界水运工程提供可资借鉴的重要经验。因此，《长江黄金水道建设关键技术丛书》所总结的是我国现代水运工程关键技术中的重大成就，所体现的是世界当代水运工程建设的先进文明。

是为序。

南京水利科学研究院院长
中国工程院院士
英国皇家工程院外籍院士
张建云

2015年11月15日

前　言

长江上游指长江干流宜昌以上河段，一般是指四川宜宾至湖北宜昌段之间长约 1 044km 的长江干流。长江上游流域水量丰沛，年输沙总量大，其中卵砾石推移质泥沙输移量虽然所占比例较小，但是对河道冲淤、河床演变有直接影响，是航道整治与维护的难点。本书从长江上游卵砾石推移质的基本特性入手，对其物理特性、运动特性、沙波形态等方面进行试验研究，分析其运动规律。对长江上游典型卵石滩险的碍航成因、卵石运动特点、卵石输移带分布特性进行分类研究，并以重庆主城河段三角碛卵石滩险为例，进行河床演变分析，得出三峡变动回水区冲淤泥沙主要由推移质构成的结论。

本书是重庆交通大学杨胜发教授领导的课题组近 10 年来在山区河流推移质泥沙运动特性方面的研究成果，其研究重点是卵砾石基本运动理论的试验研究。

本书由重庆交通大学杨胜发、付旭辉、胡江著，参与本书撰写的人员还有重庆交通大学童思陈、李文杰、肖毅、陈阳。具体撰写分工为：第 1 篇绪论，由杨胜发、胡江撰写；第 2 篇长江上游卵石物理特性研究，由杨胜发、付旭辉撰写；第 3 篇长江上游卵石运动特性研究，由杨胜发、付旭辉、肖毅撰写；第 4 篇长江上游卵石沙波运动研究，由付旭辉、杨胜发、童思陈撰写；第 5 篇长江上游典型卵石浅滩河床演变，由杨胜发、胡江、童思陈、李文杰、肖毅撰写；第 6 篇结论及展望，由杨胜发、胡江、陈阳撰写。

本书可供航道工程、水利工程专业方向的研究技术人员在航道整治、河道治理工程中参考应用，也可以供相关专业的研究生参考学习。

本书获得了“十二五”国家科技支撑计划课题“三峡水库变动回水区末端段航道治理研究”（2012BAB05B03）资助，在此表示感谢。在课题研究过程中，清华大学王兴奎教授、武汉大学李义天教授给予了悉心指导，在此一并表示衷心的感谢。同时，也感谢人民交通出版社股份有限公司各位编辑的辛勤劳动，使本书得以出版。

由于作者水平所限，书中难免有疏漏之处，敬请诸位读者批评指正。

作者

2015年7月

目　录

第1篇　绪　　论

第2篇　长江上游卵石物理特性研究

第3篇 长江上游卵石运动特性研究

第4篇 长江上游卵石沙波运动研究

第5篇 长江上游典型卵石浅滩河床演变

第6篇 结论及展望

第 1 篇
绪 论

1 概述

1.1 研究背景

纵观人类历史长河，文明的崛起与发展都与河流密切相关。河流两岸自古以来都是人类繁衍和社会经济活动的中心，对人类社会的发展进步起着十分重要的作用，如幼发拉底河、底格里斯河源生了古代美索不达米亚的繁荣；尼罗河流域创造了辉煌的古代埃及文明；以黄河、长江为代表的我国河流，孕育了中华民族灿烂的古代文化。

长江全长 6 300 余公里，干流横贯东西，支流沟通南北，是我国第一、世界第三长河流，素有“黄金水道”之称。长江干线航道上起云南水富，下至江苏浏河口，全长 2 718km，流经云南、四川、重庆、湖北、湖南、江西、安徽、江苏、上海七省二市，是我国长江流域综合运输体系的主骨架，水系通航里程与水运量分别占全国内河的 53%和 80%。

内河航运是国家战略性基础产业，是综合运输体系的重要组成部分，是实现经济社会可持续发展的重要战略资源。与其他运输方式相比，内河航运具有占地少、运能大、运距长、能耗小、成本低、污染轻等优势，1 艘 3000 吨级船舶运能相当于 50 节 60t 火车车皮或 150 辆 20t 汽车的运能。能耗方面，航运单位运量的能耗只有火车的 2/5、汽车的 1/9。运输成本方面，航运单位运价只有铁路的 1/3、公路的 1/10。

长江是自西向东连接西部欠发达地区与东部发达地区的运输大通道。长江上游河段干支流流域覆盖面积大，涉及四川、重庆、云南、贵州、湖北、陕西等省（直辖市），面积约 372 万 km^2，占我国国土面积的 38%。长江上游地区蕴藏着投资与开发的巨大潜力，是西部开发的重点区域。长江上游地区是我国有色金属矿产品种最多、储量最大的地区之一，也是我国重要的天然气、煤炭基地。加强长江上游的航运工程建设，将充分发挥长江上游的开发潜力，有助于实现国家长江流域经济发展的战略目标。

长江上游航道由于汛期与枯水期流量变化大、河道边界条件复杂、洪水陡涨陡落的特性，整治工程建设和航道维护的难度较大。尤其是大量分布的卵石滩险，因为卵石运动随机性、不连续性的特征，整治难度大。因此，为了发掘长江黄金水道的潜能，助推西部地区社会经济发展，有必要针对长江上游卵石滩险的运动机理和演变规律进行深入研究。

1.2　长江上游河段的泥沙运动特点

1.2.1　长江概况

长江又名扬子江，发源于“世界屋脊”——青藏高原的唐古拉山脉各拉丹冬峰西南侧，其干流流经青海、西藏、四川、云南、重庆、湖北、湖南、江西、安徽、江苏、上海 11 个省（自治区、直辖市），于崇明岛以东注入东海，全长 6 300 余公里，比黄河长 800 余公里，在世界大河中，其长度仅次于非洲的尼罗河和南美洲的亚马孙河，居世界第三位。

长江干流自西而东横贯我国中部。数百条支流辐辏南北，延伸至贵州、甘肃、陕西、河南、广西、广东、浙江、福建 8 个省（自治区）的部分地区。流域面积达 180 万 km^2，约占我国陆地总面积的 1/5，如图 1−1 所示。

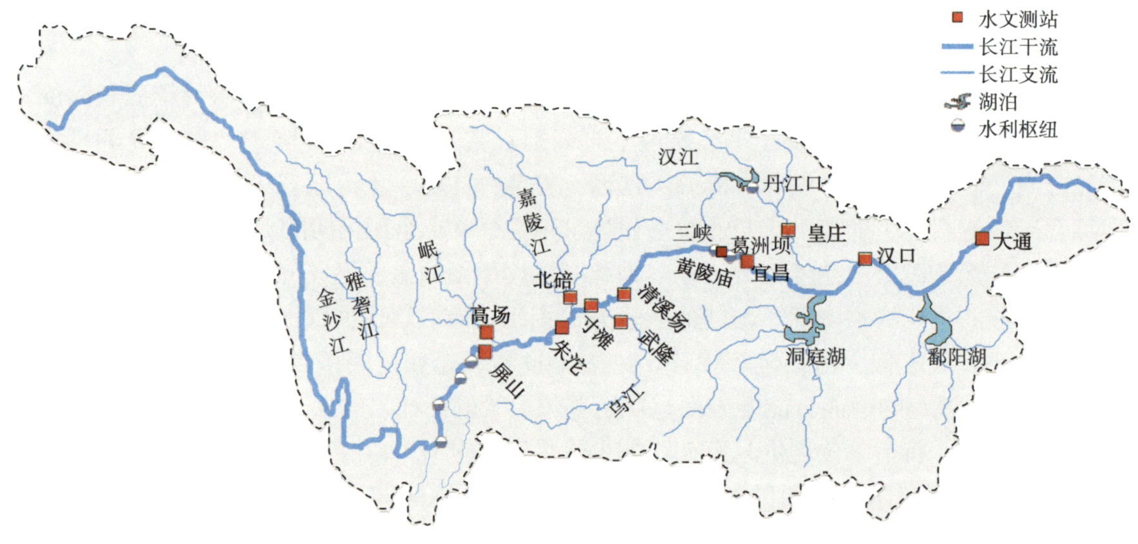

图 1−1　长江流域示意图

长江干流宜昌以上为上游，长 4 504km，流域面积为 100 万 km^2，其中直门达至宜宾称金沙江，长 3 464km。宜宾至宜昌河段俗称川江，长 1 040km。宜昌至湖口为中游，长 955km，流域面积为 68 万 km^2。湖口以下为下游，长 938km，流域面积为 12 万 km^2。

1.2.2　长江上游三峡工程概况

三峡工程是我国，也是世界上最大的水利枢纽工程，是开发和治理长江的关键性骨干工程。三峡工程水库正常蓄水位为 175m，总库容为 393 亿 m^3；水库全长 673.5km，平均宽度为 1.1km；水库面积达 1 084km^2。它具有防洪、发电、航运等巨大的综合效益。三峡工程采取“一级开发，一次建成，分期蓄水，连续移民”的建设方案。

三峡工程于 2003 年 6 月进入围堰蓄水期，坝前水位汛期按 135m、枯季 139m 运行；

2006 年汛后初期蓄水后，坝前水位按汛期 144m、枯季 156m 运行。自 2008 年以来，三峡水库于汛末进行 175m 试验性蓄水，工程进入 175m 试验性蓄水期。三峡水库蓄水至 175m 后，水库回水上延至江津，库区长度约为 673.5km，其中涪陵至江津段为变动回水区，大坝至涪陵段为常年回水区。

1.2.3 长江上游泥沙运动概况

（1）长江上游水沙特性

长江上游为长江流域主要侵蚀产沙带。全区涉及青、藏、云、贵、川、渝、陕、甘、鄂 9 省（自治区、直辖市），主要包括长江上游干流区和金沙江流域、岷江流域、沱江流域、嘉陵江流域、乌江流域。

长江上游流域水量丰沛，年输沙总量大。根据实测资料，宜昌站多年平均径流量为 4 390 亿 m^3，年平均流量为 13 900m^3/s，悬移质输沙量为 5.26 亿 t，沙质推移质输沙量为 862 万 t。

长江上游径流主要来源于金沙江和岷江，其中金沙江（屏山站）多年平均径流量约为 1 446 亿 m^3，岷江（高场站）多年平均径流量为 862 亿 m^3，嘉陵江（北碚站）、乌江（武隆站）、沱江（李家湾站）多年平均径流量依次为 656 亿 m^3、495 亿 m^3、120 亿 m^3。

长江上游主要产沙区为金沙江和嘉陵江，其中金沙江（屏山站）多年平均输沙量为 24 900 万 t；嘉陵江（北碚站）多年平均输沙量约为 11 040 万 t；岷江（高场站）、乌江（武隆站）、沱江（李家湾站）多年平均输沙量分别为 4 770 万 t、2 630 万 t、909 万 t。

（2）长江上游泥沙输移特性

长江上游输移的泥沙包括悬移质和推移质，其中悬移质占输移泥沙的绝大部分。以长江上游寸滩站为例，1990 ~ 2003 年，悬移质年均输沙量为 3.37 亿 t，推移质年均输沙量为 22 万 t，约占总输沙量的 0.65‰。三峡成库后，2003 ~ 2012 年，悬移质年均输沙量为 1.87 亿 t，推移质年均输沙量为 4.4 万 t，约占总输沙量的 0.23‰。

长江上游的卵石推移质在泥沙输移总量中的比例较低，但是在上游的泥沙冲淤、河床演变、航道条件变化等方面有着重要影响。尤其是，长江上游宜宾至重庆河段是世界上最长的可通航山区河流，是连接我国资源丰富的西部地区和经济发达的东部地区的重要组成部分，其航运效益显著，历来被称为黄金水道。然而，长江上游航道尺度受以卵石浅滩为主的碍航滩险限制，航运效益和潜力难以充分发挥。

因此，有必要系统研究以长江上游卵石为代表的推移质运动，为长江上游的防洪、航运和城市建设以及经济发展提供科学依据。

2 本书的研究目的及主要研究内容

2.1 研究目的

本书针对长江上游河段推移质泥沙的运动规律和对河床演变影响特性开展专题研究，其成果一方面补充了现有水力学和河流动力学方面的基础理论，另一方面对长江上游卵石滩险的航道整治工程建设和维护提供技术支撑。其成果将促进长江上游航道工程建设，进一步发挥长江黄金水道的航运效益。

2.2 主要研究内容

本书以长江上游河段卵石推移质为研究对象，从卵石的物理特性、起动条件、输移强度、沙波特征和典型滩段的卵石输移带分布特性等方面研究卵石运动规律。主要研究内容包括：

（1）卵石物理特性研究

本书收集了重庆上游河段九龙滩处的卵砾石实测数据，通过对样品形状系数的分析，得出椭球体饱满度的定义式，并分析其分布函数。根据6m高精度水槽中均匀砾石、煤两种颗粒起动试验数据，总结得出卵砾石颗粒几何形状对于起动的影响。

根据两种不同材质的模型沙在起动功率和起动流速方面的关系，总结出利用煤颗粒代替天然砾石颗粒做关于泥沙起动试验的可行性，并归纳出两种沙样试验结果的转换关系表达式。

（2）卵石起动条件研究

采用起动拖曳力、起动流速和起动功率三种途径对收集的资料进行分析，得出起动拖曳力和起动流速的公式结构不适合表达粗颗粒泥沙起动规律。采用起动功率方法进行分析，发现单宽流量无量纲数 q_{c*} 与比降 J 成倒数关系，进一步转化得到粗颗粒泥沙起动功率表达式：$W_{c*}=0.2$，验证了 Bagnold 和钱宁的想法。

（3）卵石输移强度研究

依据水槽试验的87组次结果和寸滩站实测推移质资料，比较 Mayer−Peter（1948）、Einstein（1948）以及 Einstein 修正式（2007），发现 Einstein 修正式（2007）的计算结果更符合实测和试验资料。

（4）卵石沙波形态研究

根据 28m 水槽的卵石沙波试验数据，对比前人的研究成果，可以得到卵石沙波各阶段的临界水流条件，其判别结果与法国 Chatou 实验室的研究结果基本一致。试验获得卵石沙波的尺度，包括波高、波长、坡比以及卵石沙波的推进速度。

（5）典型滩段的卵石输移带分布特性研究

长江上游河道卵石输移主要与河势、河道的水流条件有关。根据河势的不同，卵石滩段可以分为顺直型、弯曲型、放宽型和异岸输移型四种类别。其中：

①顺直型河段相对数量较少，水流条件较平顺，推移质输移带一般分布在河心深槽段。

②弯曲型河段最为常见，水流条件呈明显的弯道环流，推移质输移带主要分布在凸岸边滩碛翅。若遇局部暗碛礁石（猪耳碛），易改变局部水流条件而形成碍航浅滩。

③放宽型河段多为基岩形成的峡谷河段出口，水流条件呈现急流至缓流的明显转换，放宽段中部常见心滩将河道分为主槽和副槽。推移质输移带多分布在心滩碛翅主槽侧。

④异岸输移型河段较为常见，主要分布在“S”形连续反向弯道，水流条件呈现主流左右岸摆动折冲。推移质输移带基本沿弯道凸岸及其连接线分布，在两个弯道中部易因为深泓线不连贯和推移质输移淤积而出浅碍航。

根据以上分析成果可以看出，卵石推移质运动的主要影响因素、推移质输移带的分布和变化特性，对滩险碍航机理分析和整治措施的优化有重要作用。

第 2 篇

长江上游卵石物理特性研究

3 卵石物理特性研究概述

3.1 卵石物理特性的研究背景

3.1.1 卵石物理特性研究的学术意义

为合理利用、治理和开发河流，必须认识和掌握河流演变的客观规律性，并对其今后的发展趋势作出定性或定量的预测。要掌握河床演变的规律，就必须首先掌握河流中泥沙的基本特性和运动规律。泥沙基本特性是泥沙运动的前提，同时泥沙运动又是导致河床演变的主要因素，因此，研究泥沙基本特性和运动规律是研究河床演变的关键。关于这两方面的研究，自 18 世纪中叶就已开始，在这漫长的过程中，人们对泥沙基本特性和运动规律进行了大量的研究。在以往的研究中，研究对象主要是针对颗粒较细的泥沙，而关于颗粒粒径较大的卵砾石颗粒的研究则较少，由于其运动的特殊性和复杂性，所得研究成果以经验性的为主，难以得到有效的推广。目前一些大型航道整治工程，通常采用河工模型试验研究、数学模型计算以及野外调查洪水及卵砾石推移质等方法，为整治工程提供有关的设计参数。无疑，这是一项旷日持久、效率很低的工作方式，因此，加强对卵砾石基本特性和运动规律的研究具有重要的学术意义和实用价值。

3.1.2 卵石物理特性研究的工程价值

近年来，随着国家“西部大开发”战略的不断实施，长江上游地区经济迅速发展，对外贸易量大大增加，对水运交通运输的需求十分强烈，宜宾—宜昌段作为长江“黄金水道”的上游，对西部综合交通运输至关重要。

长江宜宾—宜昌段为典型的山区河流，存在急、浅、险各类滩险，对航运危害较大。重庆至宜昌航道长约 660km，地处丘陵和高山峡谷区，地势陡峻。三峡水库成库前，该段航道水流湍急，滩险密布，航道条件极为复杂，长江的“海损”事故多发生在此段。重庆至宜昌航道共有滩险 139 处，其中急流滩 77 处、险滩 39 处、浅滩 23 处，经过两次大的整治后，可以通行 1500 吨级的船舶。同时，三峡水库成库后，基本上淹没了上述滩险，一年中有半年以上时间库区航道为深水库调节，航道得到较大的改善。宜宾至重庆航道长约 385km，共有滩险 64 处，其中急流滩 3 处、险滩 6 处、卵石浅滩 55 处。经过三次大的整治，现可以通行 1000 吨级的船舶。

目前，对于长江上游地区复杂卵石浅滩的整治，一般采用物理模型模拟整治效果的方法。在长江宜宾至重庆河段共进行了 15 个滩物理模型试验（表 3–1），从物理模型试验研究成果与实际整治效果对比来看，物理模型试验在模拟卵石浅滩整治前后的水流变化情况方面具有较好的效果，但在模拟卵石是否回淤以及整治建筑物对局部枯水河槽影响方面效果不明显。结合物理模型试验中所选沙样均为煤颗粒的实际情况，经过反复考虑认为产生差异性的原因主要有以下两个方面。

叙渝段 15 个滩物理模型及实施效果概况　　表 3–1

序　号	名　称	航道里程 (km)	模型试验次数	整治工程实际实施次数	整治效果	完 成 单 位
1	猪耳碛	661.5	1	5	较差	清华大学
2	三角碛	671	1	5	较差	重庆西南水运工程科学研究所
3	砖灶子	676	1	5	良好	重庆西南水运工程科学研究所
4	小南海	700.8	1	5	优秀	重庆西南水运工程科学研究所
5	哑巴碛	799.5	1	2	良好	重庆西南水运工程科学研究所
6	东溪口	809	1	2	良好	重庆西南水运工程科学研究所
7	斗笠子	811.4	2	3	良好	重庆交通大学
8	叉鱼碛	868.5	1	3	良好	重庆西南水运工程科学研究所
9	神背嘴	873.2	2	5	良好	重庆交通大学
10	小米滩	906.6	1	5	良好	重庆西南水运工程科学研究所
11	金钟碛	912.5	1	3	良好	重庆西南水运工程科学研究所
12	秤杆碛	927.4	1	2	优秀	重庆西南水运工程科学研究所
13	风波碛	959	1	2	良好	重庆西南水运工程科学研究所
14	铜鼓滩	995.3	2	2	良好	重庆西南水运工程科学研究所
15	箵箕背	1 004.5	1	3	良好	交通运输部天津水运工程科学研究所

（1）模型试验所选沙样与天然沙之间存在差异

长江上游河段属于典型的山区河流，河床比降普遍较大，床沙颗粒较粗，多为卵砾石，同时在研究长江上游河段泥沙输移规律时，往往模拟的河段较长，为了保证模型的相似性，通常选用的比尺较大，根据比尺换算后所选模型沙多为轻质沙，常选用煤颗粒作为模型沙。长江上游河段这一类相对光滑度（水深 H/ 河床质粒径 D）较小的河流，在模型试验中若选用轻质沙，模型的相对光滑度将变得更小。如果模型水流中 $H/D<2$（这种情况极易发生），则此时模型属于中尺度粗糙或大尺度粗糙，其阻力特性与原形水流（小尺度粗糙）完全不同，将会影响模型的相似性。所以在研究长江上游河段泥沙输移规律时，应根据山区河流的独有特性，慎重考虑模型沙样的选取。

（2）卵砾石几何特性对起动的影响

卵砾石之间几何形状千差万别，它直接反映了颗粒的历史。长江下游河段床沙较细，在长时期的磨蚀作用下，颗粒多呈椭圆和扁平状；上游河段床沙颗粒较粗，颗粒形态各式各样，表面棱角较为突出。通常情况下，水槽试验中卵砾石起动达到起动标准时移动颗粒较少，那么单颗起动的确切值就显得十分重要，同时具有相同粒径、不同形状的两颗卵砾石的起动流速常有较大差别，因此在考虑卵砾石河床床面稳定以及输沙问题时，几何特性也是值得重视的因素。迄今为止，学者们所提出的泥沙起动流速公式已有 100 个左右，其中考虑到泥沙几何特性对起动流速影响的公式仅韩其为一个，但是韩其为的试验是将卵石颗粒铺设于平整河床之上，观察铺设颗粒的运动特性，没有真正意义上模拟出卵砾石在平整河床上的随机起动特性，所以本书将以天然卵砾石颗粒为试验样品，考虑颗粒几何特性对泥沙起动的影响因素，再选择、建立和修订起动公式。

据此，本章针对长江上游的卵石推移质物理特性，开展了卵砾石几何形状对起动的影响研究。

3.2 泥沙几何特性研究现状

泥沙几何特性主要包括颗粒大小、形状和组成三个方面，这些特性直接反映了泥沙的历史。例如，泥沙的大小与移动介质及流动速度有关，泥沙的形状和圆度则涉及移动介质、移动距离及移动强度，泥沙矿质组成能反映出泥沙可能的来源和搬运的距离。根据这些特性，可以初步分析研究泥沙的来源、受力冲刷、移动和沉积的过程。

3.2.1 泥沙颗粒形状特性研究现状

泥沙颗粒形状是各式各样的，常见的砾石、卵石外形比较圆滑，有圆球状的，有椭球状的，也有片状的，泥沙的这些不同形态，与它们在水流中的运动状态密切相关。较粗的颗粒沿河底推移前进，碰撞的机会较多，碰撞时动量较大，容易磨损成较圆滑的外形；较细颗粒随水流悬浮前进，碰撞的机会较少，碰撞时动量较小，不易磨损，往往具有棱角分明的外形。

沃德尔（H.Wadell，1943）[2] 用球体来表示颗粒的形状，其定义如下：

$$\Lambda = \frac{A'}{A} \tag{3-1}$$

式中：Λ——泥沙的球度；

A'——与沙粒同体积的球体表面面积；

A——沙粒的表面面积。

鉴于不易量测不规则物体表面面积，球体也可以用式（3-2）近似地表示：

$$\Lambda = \frac{D_n}{D_s} \tag{3-2}$$

式中：D_n——等容粒径；

D_s——外接球体直径，一般相当于泥沙颗粒的最大粒径。

有不少研究工作者试图用泥沙颗粒的最大、中间及最小粒径（分别用 a、b 及 c 表示）

的值来表示泥沙的形状，例如津格（Th.Zingg，1935）就根据比值 c/b 及 b/a 把泥沙分成圆片状、球状、刃状及圆棍状四种，如图 3−1 所示[3]。图 3−2 为津格的形状分类图和沃德尔所建议的球度与粒径比之间的关系[4]。由该图可见：圆片状与圆棍状颗粒的输移、沉积特性是很不一样的，但可以有相同的球度，这说明用球度作为描述形状的参数还是不完善的。这一类以粒径比表示形状的还有很多，表 3−2 中列出了其中较为有代表性的几种泥沙颗粒形状参数。

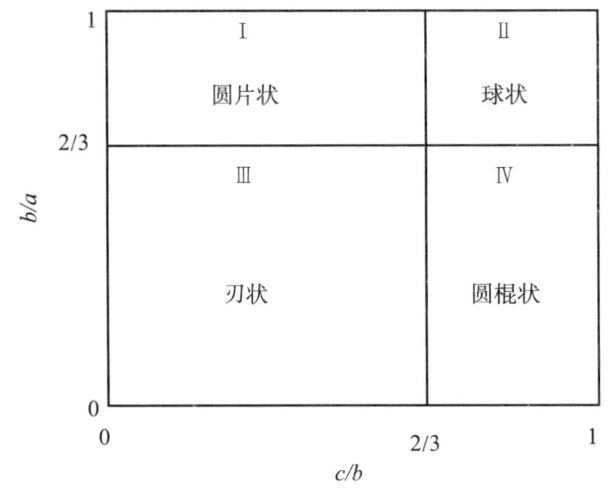

图 3−1　津格沙粒形状分类图

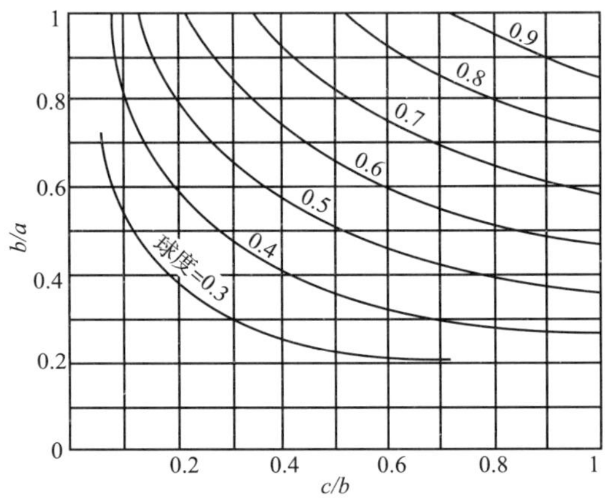

图 3−2　沃德尔球度与粒径比间的关系

泥沙颗粒形状参数表　　表 3−2

作　　者	参　　数	意　　义
科里（1949） 斯尼德及福克（1958）	$c/\sqrt{ab}$	形状系数
温特沃思（1922） Cailleux（1945）	$(a+b)/2c$	扁平度
克伦拜因（1942）	$[(b/a)^2(c/b)]^{1/3}$	球度
沃德尔（1943）	$\Pi'=(\Sigma r/R)/N$	圆度

圆度是表示泥沙颗粒棱角尖钝程度的参数，其实际测量是很繁琐的。克伦拜因对一些典型的颗粒用沃德尔的方法计算了圆度，并画成图 3−3，以此作为样本，根据对比可决定具体颗粒的圆度。实际适用情况表明：用这样的图得出的结果与用沃德尔方法计算的结果是十分相近的。应该指出，随着颗粒尺寸的减小和曲率半径 r 的减小，r 值的量测精度将显著降低。

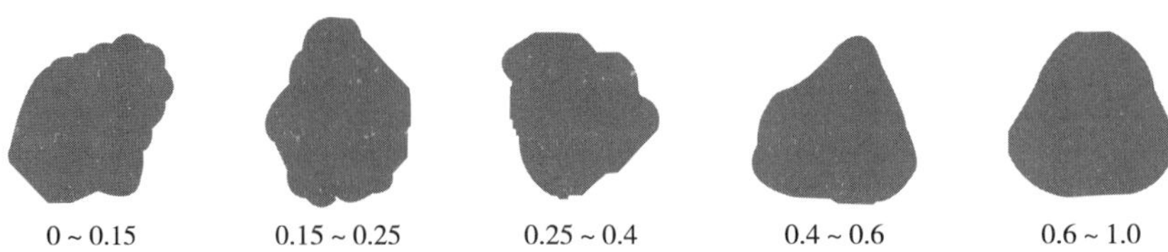

图 3−3　具有各种不同圆度的泥沙颗粒外形

3.2.2 泥沙颗粒大小特性研究现状

对于形状规则的几何体，其大小有一定明确的意义（诸如球体的直径、立方体的边长等），量测并无困难。对于泥沙颗粒这一类形状不规则的物体，仅仅指出它们的大小尤显不足，还必须说明量测所用的方法以及所得大小的定义，这样所得结果才有实用价值。

泥沙颗粒的大小通常用泥沙的直径表示。为了克服颗粒形状不规则而导致直径不易确定的难题，理论上采用等容粒径来代替泥沙的直径。所谓等容粒径，就是体积与泥沙颗粒相等的球体的粒径。设某一颗粒的体积为 V，则其等容粒径为：

$$d=\left(\frac{6V}{\pi}\right)^{1/3} \tag{3-3}$$

除了运用较为广泛的等容粒径外，泥沙的粒径也可用其长、中、短三轴长度的算术平均值 $(a+b+c)/3$ 或几何平均值 $(abc)^{1/3}$ 来表示。假定把泥沙看成椭球体，因椭球体的体积为 $\pi abc/6$，而球体的体积为 $\pi D^3/6$，令两者相等，可以得到：

$$d=\sqrt[3]{abc} \tag{3-4}$$

即椭球体的等容粒径为长、中、短轴长度的几何平均值。对颗粒较粗的天然卵砾石实测成果分析表明，沙粒的中轴长度和其长、中、短轴长度的几何平均值（即等容粒径）近似相等。

实际工作中，对于单颗颗粒较粗的卵石、砾石可以通过磅秤称重，再除以泥沙的重度，得到沙粒的体积，然后按照等容粒径公式求得等容粒径，或直接量得它的长、中、短三轴长度，再求其平均值；而对于粒径较细的颗粒，例如一般的沙土，更不用说粉土和黏土，按照上述的量测方法显然不可行，需要更为准确精密的测量手段和测量方法来测量，目前常用的方法有如下两种：

（1）沙粒

粒径为 0.062 ~ 32.0mm 的沙粒，一般采用筛析法。我国公制标准筛筛号和孔径的关系见表 3–3。不难设想，用筛析法量得的粒径应相当于各粒径组界限沙粒的中轴长度。如前所述，沙粒的中轴长度是比较接近等容粒径的，因此可以近似地看成等容粒径或直接称为筛径。

我国公制标准筛筛号和孔径关系表　　表 3–3

筛号	孔径(mm)	筛号	孔径(mm)	筛号	孔径(mm)	筛号	孔径(mm)	筛号	孔径(mm)	筛号	孔径(mm)
3	6.35	8	2.38	16	1.19	40	0.42	70	0.21	200	0.074
4	4.76	10	2	20	0.84	50	0.297	100	0.149	270	0.053
6	3.36	12	1.68	30	0.59	60	0.25	140	0.105	400	0.037

（2）粉粒和黏粒

粒径为 0.062mm 以下的粉粒和黏粒，已不可能进一步筛分，只能采用沉降法，如比重计法、粒径计法、吸管法等。这些方法的基本原理是：通过测量沙粒在静水中的沉速，按照粒径与沉速的关系式换算成粒径。所得粒径实际上为具有同样相对密度、同样沉速的球体直径，也叫沉降粒径。

3.2.3　泥沙颗粒组成特性研究现状

泥沙来源于岩石风化，而岩石是由不同矿物所构成，不同的风化作用和不同的颗粒大小都影响着泥沙的矿物组成。岩石经物理风化后而破碎，形成的漂石、卵石、砾石等较大颗粒往往比岩石中原有的矿物颗粒要大，因而仍保留岩石原有多种矿物成分，由原生矿物如石英、长石、云母等所组成，沙粒与岩石中原生矿物颗粒大小差不多，所以多为单矿物组成。

据资料分析，长江的悬移质泥沙是由轻矿物（相对密度 <2.9）、重矿物（相对密度 >2.9）、岩屑和杂质四部分组成，其中轻矿物为泥沙组成的主体，以石英、长石为主；重矿物主要包括角闪石等，含量一般为 10% ~ 20%；岩屑主要集中在大粒径级，并主要出现在长江上游干支流，含量为 10% ~ 30%，中下游已基本消失；杂质以植物碎屑居多，还有少量工业废弃物。

3.3　泥沙起动研究现状

河流中的泥沙，既可在河床上保持静止，也可在水流中运动。泥沙的起动条件是指泥沙由静止状态转为运动状态的临界条件。泥沙起动规律和起动流速的研究是泥沙运动、河床演变最基本的内容之一，具有很高的学术价值；同时在工程泥沙方面，包括水库变动回水区冲淤、坝下游河道冲刷、河床变形、护岸工程、渠道稳定性以及物理模型试验、数学模型计算等，起动流速也都是必需的工具和参数。因此，起动规律及起动流速研究在理论上和实际运用方面均具有很大意义。

泥沙起动的研究，实际上是研究泥沙颗粒直径、密度以及颗粒间密实程度、形状与水深、流速之间的关系。当然，要彻底研究清楚它们之间的关系，不仅限于这几个物理量，还必须深入泥沙起动的本质，从本质上揭示泥沙起动的根源，因而必须研究以下三个方面的问题。

（1）床面上泥沙所受到的作用力、颗粒位置（暴露于床面的情况）对其中一些力的影响、作用力的平衡条件、流速脉动与作用力和起动的关系，颗粒密实程度对作用力和起动的影响等。

（2）泥沙起动的精确含义，泥沙起动有无输沙率，它们是否服从输沙率的一般规律，输沙率与起动流速的关系如何等。

（3）泥沙起动具有一定的随机性，它是怎样的随机过程；其中哪些是随机变量；这些随机变量的统计规律如何；它们与起动流速输沙率的关系等。

第一方面是泥沙起动的基本内容；第二方面是深入揭示泥沙起动机理所必需的，同时涉及泥沙起动的一个关键问题——起动标准；第三方面可以阐述泥沙起动的偶然现象及它们与必然现象的联系，从而深刻理解其机理。

泥沙起动条件是很复杂的，自 1753 年布朗姆斯[1]（A.Brahms）提出泥沙起动流速与泥沙重量的 1/6 次方成正比的关系以来，不同学者根据其所考虑的影响因素及试验资料，提出了形式各异的计算式。更应指出的是，到目前为止，通过试验研究泥沙起动的过程多采用 Kramer[5] 的方法（1935）。因为对泥沙起动还没有得到一个公认的定量标准，这就导致通过试验得到的起动条件往往因人而异，具有很大的随机性，成果之间误差较大，但是这种误差仅仅是对公式参数的影响，真正的困难在于对泥沙起动问题本质机理的探讨和获取符合实际的认识及相应的计算方法。

泥沙颗粒的运动具有随机性与确定性。一方面，颗粒在床面位置的随机性是造成泥沙运动随机性的主要原因，并且作用在颗粒上的力和作用点等也是随机的。这样就会造成当水流条件小于临界起动条件时，床面上仍有可能存在一定的泥沙起动，而当水流条件大于临界起动条件时，床面上也存在没有起动的泥沙。另一方面，泥沙颗粒运动又具有必然性，不仅表现在影响它运动的要素上，同时泥沙运动作为随机变量具有统计规律特性，还表现在当某一泥沙颗粒的运动初始状况（如处于床面的位置、水流底速等）是已知值时，该颗粒的运动应是确定的。因此，可以认为作用在泥沙颗粒上某时刻的水流底速是不变的，即水流底速和颗粒在床面的位置等随机变量在每步运动中取一确定的值，则这次泥沙是否起动是确定的。对于其他次的运动也有相应的确定值，但每次运动之间则是不同的，将这些运动总体可以看作是一个随机样本，这样可使问题的研究得以简化。

如前所述，泥沙起动是一种随机现象。即使对均匀沙也不存在要动都动、要不动都不动的临界水流条件，对于非均匀沙，情况更加复杂。在一定的水流条件下，根本不存在某一明确的临界粒径，超过这一粒径的泥沙都静止不动，而小于这一粒径的泥沙都处于运动状态。因此，所谓的临界起动条件，实际上总是反映一定的输沙强度，或一定的颗粒处于运动状态的概率。为了对泥沙起动状况进行判断，经过长期关于泥沙起动的研究，目前许多学者也已提出了一些起动标准。现有的起动标准大致可分为定性和定量两大类。在定性标准中，最为著名的当属 Kramer 标准，他针对非均匀沙，把推移质运动分为四个阶段，即无泥沙运动、弱动、中动及普动，他本人以普动为起动标准。虽然定性标准比较直观，但是也存在很多的缺点，比如主观性强，操作中随意性大等。在定量标准中，以窦国仁[6]（1963）为代表提出了起动概率标准；他考虑了水流的脉动，提出了与 Kramer 三种泥沙运动强度相应的起动概率，即个别起动、少量起动及大量起动，其相应的起动概率分别为 0.013 5、0.022 7 及 0.159，并以少量运动状态为起动标准。冷魁[7]（1992，1993）以个别起动状态为起动临界条件，据此提出了以颗粒数计的判别标准。以 Taylor（1971）等[8]为代表提出了输沙率标准，他在平坦沙质床面的水槽中做了一些定量试验，得到泥沙在起动阶段的无因次输沙率资料，取 $q_s/\gamma_s/u_*D=0.02$ 作为起动标准。Wilcock[9，10]、White[11]（1982）共同的做法是，点绘不同水流条件下分组泥沙的输沙率与水流参数间的关系曲线，经内插或外延得到与规定输沙率对应的水流条件，以之作为相应的起动条件。美国水道试验站曾规定以推移质输沙率达到 $14\text{cm}^3/$（m · min）作为起动标准；Yalin[12]（1972）提出了无因次输沙率标准；韩其为[1]（1999）标准内涵与此相似，他对水槽及野外分别采用不同的无因次输沙率参数来作为起动标准。

其他定量标准有：彭凯等[13]（1986）提出的可动层标准，吴宪生[14]（1984）、王兴奎等[15]（1992）提出的推移质取样标准等。还有一些学者将起动标准定为一个常量，这是不合常理的，泥沙起动具有很大的随机性，不可能利用一个常量来对其加以描述。比如在水力因素不变的清水冲刷情况下，随床面粗化程度的加大，输沙率越来越小，即对同一粒径级的泥沙颗粒来说，起动数量或概率越来越小。定量标准在某种约定下不能完全反映泥沙起动的实质，在理论上还需进一步探讨。

3.3.1　均匀沙起动研究现状

迄今为止，学者们提出的均匀沙起动公式多达数十种，并且公式均经过实测资料的验证，但公式系数间仍存在较大的误差，原因何在？一部分学者将这种差异性仅归结为判断起动状态（个别起动、少量起动、大量起动）的不同，此观点仍值得商榷，但可以肯定的是，目前对泥沙起动的机理仍没有研究清楚，需要对其进行进一步的深入研究。

由于泥沙运动的复杂性，对其起动规律的研究，基本是从均匀沙开始。目前已取得了众多的研究成果。早在 1936 年，Shields[16] 通过无量纲拖曳力和颗粒雷诺数建立了著名的反映均匀沙起动规律的 Shields 曲线，沙莫夫[17] 得到了起动流速和水深的 1/6 次方成正比的关系。对均匀沙，从理论上讲，与起动临界条件相对应的输沙率应为 0，然而 Hellend-Hansen[18]（1974）的试验表明，即使在水力指标远较 Shields 所规定的泥沙起动指标为小的前提下仍有泥沙运动，只不过运动强度较小而已。

我国学者李保如[19]（1959）、窦国仁[20, 21]（1960，1999）、华国祥[22]（1964）、沙玉清[23]（1965）、张瑞谨[24]（1981）、唐存本[25]（1963）等先后对均匀沙沙起动作了研究，得到了相应的起动公式，曾对工程建设起到了指导性作用。目前，各种泥沙起动条件及其相应的表达式多达数十种，总体来说，各式在形式上差别不大，尽管各家公式的系数多是采用实测资料回归分析而得到，但其系数结构及其取值差别较大。如沙莫夫公式的系数 $k=4.6$[26]，秦荣昱公式（1996）的系数 $k=4.90$[27]，张瑞谨公式的系数 $k=5.39$[24]，华国祥公式的系数 $k=5.43$[22]，吴宪生公式的系数 $k=5.42$[14]。各家公式之间系数的差别主要由两个方面引起，一方面是由于各家公式资料选取的差别，另一方面是各家公式推求过程中考虑影响起动的因素不同。对于影响起动的众多因素，尤其是不同因素之间的相关关系仍需进一步研究。

3.3.2　粗颗粒泥沙起动研究现状

泥沙起动的水流条件一般用水深 H、流速 V 和比降 J 这 3 个基本要素来表示，床面颗粒对水流的影响利用河床糙率 n 来反映，这 4 个基本量可通过谢才—曼宁公式联系到一起。在研究粗颗粒泥沙起动时，颗粒大小、河床比降和水流特性是 3 个非常重要的参数。长江上游河段床沙主要是由悬沙和卵砾石（粒径区间为 0.1 ～ 200mm）组成，同时具有比降大、流速大等特点。

（1）粗颗粒泥沙起动研究

人们对粗颗粒泥沙起动流速研究比较早，Shields（1936）确定粗颗粒泥沙起动时[28]，认为：

$$\frac{\tau_c}{(\gamma_s-\gamma)D}=0.06 \tag{3-5}$$

式中：τ_c——临界拖曳力；

γ_s——泥沙重度；

γ——水体重度；

D——泥沙粒径。

后来经过 Miller(1977) [32],Tison(1948) [33] 等人的修正,认为其固定值为0.04 ~ 0.06。较早且较为可靠的粗颗粒泥沙起动流速室内试验首推 Meyer–Peter（1948）[34] 公式 $\frac{\tau_c}{(\gamma_s-\gamma)D}=0.047$，试验泥沙中含有粒径达 30mm 的卵石，在欧洲曾得到广泛应用。

苏联德而挈夫从泥沙的受力情况出发，并考虑脉动流速的影响，推出平均流速 V 和水深 H、粒径 D 的关系。我国窦国仁（1960）[20]、唐存本（1963）[25]、沙玉清（1965）[35] 等学者也采用该方法进行了研究。这种公式的结构为：

$$V_c=\mathrm{A}\left(\frac{H}{D}\right)^{m}\left(\frac{\gamma_s-\gamma}{\gamma}gD\right)^{1/2} \tag{3-6}$$

式中：V_c——临界起动流速；

H——水深；

D——泥沙粒径；

g——重力加速度，通常取 9.81m/s^2；

A、m——常数；

其余符号意义同前。

由于该公式结构简单，在工程实际中应用较为广泛。钱宁（1981）采用相同资料对这些公式进行比较，发现对于粗颗粒泥沙（D>5mm），各公式计算结果相差较大，很难判断哪一个公式更为可靠[35]。

（2）山区河流泥沙起动研究现状

山区河流的河床主要由粗颗粒的卵砾石组成，河床比降较大。Biili（1998）[38]，Whittaker（1957）[39]，Padmore（1995）[40] 在研究山区河流时，已经注意到河床比降对泥沙起动的影响。Padmore（1998）认为，山区河流的区段按照河床比降可分为[1]：

①缓流段或深槽段河床比降 J<0.02；

②浅滩段河床比降区间为 0.02<J<0.04；

③有漂石的粗糙浅滩段河床比降区间为 0.03<J<0.07；

④台阶段河床比降区间为 0.04<J<0.20。

由于山区河流的河床比降较大，其水力参数（如相对光滑度、弗劳德数）与平原河流有相当大的差别。Bettess（1999）[41]，suszka（1991）[42]，Bathrust（1985）[43] 认为，山区河流的泥沙输移特性和水流阻力特性主要决定于相对光滑度。Peakall（1996）[44]，Kilgore & Young（1993）[45] 在研究大颗粒泥沙起动时认为，泥沙起动拖曳力与沙粒雷诺数无关，而与相对光滑度和弗劳德数有关，公式为：

$$\frac{\tau_c}{(\gamma_s-\gamma)D}=f(H/D,\ \mathrm{Fr}) \tag{3-7}$$

式中：H/D——相对粗糙度，即水深与泥沙颗粒粒径的比值；

Fr——弗劳德数；

其余符号意义同前。

Maxwell（2000）在研究大比降山区河流时，认为泥沙起动的拖曳力无量纲数决定于弗劳德数[46]，其公式为：

$$\frac{\tau_c}{(\gamma_s-\gamma)D_{84}}=0.03\mathrm{Fr}^{1.29} \tag{3-8}$$

式中符号意义同前。

3.3.3　几何特性对泥沙起动影响研究现状

几何特性对泥沙起动影响研究主要是针对颗粒较粗的卵砾石颗粒，由于几何特性的随机性，使得目前关于这方面的研究普遍较少，关于这方面的研究学者比较著名的有宾景洁、韩其为等。卵石河床和卵石夹沙河床在天然河道和水库变动回水区占有相当比例，同时卵石的起动有其特殊性，因此研究卵石的几何特性及其起动规律，不仅对工程泥沙有很大意义，对泥沙起动规律研究也有相当价值。

有关卵石起动较早的一些研究，都是按一般泥沙起动概念进行的，对其中起动流速室内试验研究较早且较为可靠的首推 Meyer-Peter（1948）[34]。Linton 水利学实验室（1938）[47]也做了不少粗颗粒起动流速试验。窦国仁也曾在水槽中做过 D=24mm 的卵石试验[20]。考虑到天然河道卵石起动资料的重要性，张瑞谨[48]、华国祥[49]曾整理过长江上游与岷江上游的输沙率资料，得到过一些起动流速数据。在天然河道大卵石起动流速实测资料方面，Fahnenstoch（1963）[50]和 Helley（1969）[51]曾收集了两份重要资料，其特点是卵石粒径很大，达数百毫米。

由于卵石起动时的移动颗粒较少，单颗起动流速的确切值常常很重要，具有相同粒径不同形状的两颗卵石的起动流速常有很大差别，因此在考虑卵石床面稳定时，形状也是值得重视的因素。此外，由于卵石表面一般较为光滑，起动时在水流作用下，移动的卵石往往排列成致密的鱼鳞状，从而比一般疏松堆积的卵石难以起动。韩其为（1961）[52]为表示卵石的形状的影响定义了扁度 λ，即：

$$\lambda=\frac{\sqrt{ab}}{c} \tag{3-9}$$

式中：a、b、c——分别为卵石的长、中、短轴长度。

根据川江大量卵石量测得到 a/c 及 b/c 与 λ 的经验关系。扁度 λ 恰为美国《泥沙工程》（Vanoni，1975）[53]在研究形状对泥沙沉速影响时引用的参数的倒数。文献 [52] 还根据川江床面卵石调查结果，指出排列主要有两种，即排队（排成与水流方向一致的列队）和鱼鳞状排列，后者较为普遍。同时，排队和鱼鳞状排列还要求颗粒均匀性好，两者的 λ 平均值约为 2.2，而扁度大是大部分表面光滑卵石所具备的。颗粒均匀性则决定于水流分选，根据武汉水利电力大学与长江水利水电科学研究院沥青轻质卵石试验，宾景洁（1960）[54]提出扁度对流速的影响与粒径的方次相同，即：

$$V_c = KH^{1/6}D^{1/3}\lambda^{1/3} \tag{3-10}$$

式中：K——系数；

λ——泥沙颗粒的扁度；

其余符号意义同前。

对于平均扁度 λ 小于 2 的卵石，它的起动流速较圆卵石要增大至 1.25 倍。谢葆玲、王振中（1996）[55]等的试验指出，形成鱼鳞状排列的卵石的扁度平均为 2.3 ~ 2.4，排队的卵石起动流速系数较散乱堆积的将加大 1.19 倍，而鱼鳞状排列的将加大 1.39 倍。

在关于卵石形状的研究中，尤其应提到韩其为（1965）在岷江茫溪河（四川五通桥）的野外水槽中的工作[55]。这个试验做得很仔细，床面由卵石干砌而成，以便于测量卵石在床面的暴露度。每次试验时床面上放置 10 个颗粒直径 D 与扁度 λ 相同的卵石，放水 30min，恰好移动 2 ~ 4 颗算起动。这个试验得到卵石颗粒扁度对起动的影响情况[1, 37]，其公式为：

$$V_c = 0.642\lambda^{0.45}\vartheta\omega \tag{3-11}$$

式中：ϑ——底部水流时均流速与平均流速的换算关系；

ω——泥沙颗粒的沉降速度；

其余符号意义同前。

综上所述，对卵石起动的研究目前仍处于起步阶段，需要进行深入研究，尤其是对以下三个问题：第一，几何特性对起动的影响，这方面需要从理论上进行较为详细的分析；第二，对于山区河流的中下段，经过磨蚀，卵石表面一般较为光滑，扁度较大，床面鱼鳞状排列较为普遍，该较稳定的粗化层破坏流速是研究的热点，而是否有其他的形状参数对卵石起动有重要影响仍需要进一步的分析研究；第三，天然河道卵石起动流速对卵石物理特性的敏感性研究。

3.4 模型沙的研究现状

由于泥沙问题的复杂性，尤其是其自然属性极为特殊，使得十分准确的实体模拟，尤其是实体动床模拟还相当困难，仍有一些关键技术及基础理论方面的问题未能解决。目前，对实体模型试验，试验要求越来越高，内容也越来越广泛。在现阶段的模型试验中，又暴露出了一些新的技术问题，譬如：不同河型对水流挟沙能力及其比尺设计的影响问题；不同河型河道模型床沙的适配问题；现形河道模型相似率对大尺度、长模型的适应性问题等。关于含沙水流模型相似律的研究已引起人们较广泛的重视，有些学者开展了一些相关理论分析和试验观测，并取得了一定的进展。但在泥沙悬移相似条件、水流挟沙力比尺的确定、对流态的相似要求等方面，分歧很大，以至于模型设计具体的处理手法差异很大，因此很有必要开展深入研究。

经验与分析表明，保证模型与原型泥沙运动及河床变形相似的关键是选择合适的模型沙，而选择适宜的模型沙是一个比较困难的问题，因此全面了解模型沙特性形状是非常必要的。目前，国内外专家大多是从各自研究问题的特殊性出发对模型试验技术进行研究的，而进行系统的、基础性的实体模型模拟技术研究的相对较少，在讨论评价实体模型试验成果时，就模型沙性质对模型试验成果的影响提出疑问的，已经屡见不鲜。

随着泥沙模型试验理论和实践的发展，对于模型沙的研究随即产生，国内对模型沙的研究已展开并逐步深入。所谓模型沙的选择是指综合考虑研究问题性质、原型已知条件、模型几何比尺，以满足模型与原型的水沙运动相似为目的，选定模型沙的材料、重度和颗粒级配。若原型沙很粗时，模型沙可能采用与原型沙重度相同，而仅仅粒径缩小的天然沙。一般情况下，原型沙不够粗时，因为要满足悬移相似条件，模型沙的重度越大则颗粒要求越细。在做动床模型试验时，为了增大模型沙粒径，常常选用轻质沙和变态模型。轻质模型沙一般重度小、活动性强，可以较好地模拟河床泥沙的淤积和冲刷，既可以满足模型冲淤两种相似要求，又可以缩短物理模型河床变形实践，近年来，轻质模型沙已经可以为泥沙科研工作者所接受。虽然轻质沙的应用为河工模型试验带来了一定的方便，但采用轻质沙需要注意模型浑水中的固液体积比相对于原型严重失真，致使模型达不到流态相似等问题。

3.5　研究内容及技术路线

3.5.1　资料收集

（1）卵砾石椭球体饱满度数据整理

本书收集了重庆上游河段九龙滩处的卵砾石实测数据，通过对样品形状系数的分析，得出椭球体饱满度的定义式，并分析其分布函数。

（2）均匀砾石颗粒起动试验数据整理

本书根据 6m 高精度水槽中均匀砾石颗粒起动试验数据，总结得出砾石颗粒几何形状对于起动的影响。

（3）均匀煤颗粒起动试验数据整理

本书根据 6m 高精度水槽中均匀煤颗粒起动试验数据，总结得出煤颗粒几何形状对于起动的影响。

（4）砾石颗粒和煤颗粒关系研究

本书根据两种不同材质的模型沙在起动功率和起动流速方面的关系，总结出利用煤颗粒代替天然砾石颗粒做关于泥沙起动试验的可行性，并归纳出两种沙样试验结果的转换关系表达式。

3.5.2　分析方法

首先，本书根据九龙滩处实测的卵砾石数据，给出颗粒饱满度的定义，并分析椭球体饱满度的分布函数。

其次，根据 6m 水槽砾石颗粒和煤颗粒试验数据，分析颗粒几何形状对模型沙起动的影响，并考虑加入反映颗粒几何形状的参数。

最后，分析两种不同材质的模型沙在起动功率和起动流速方面的关系，并利用两种沙样试验结果的误差值推导出两者之间的转换关系式。

3.5.3 技术路线

本书第 2 篇的技术路线，见图 3-4。

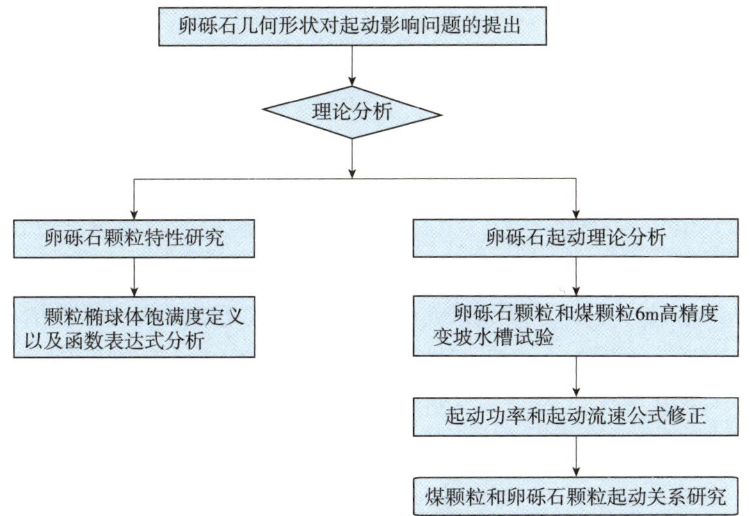

图 3-4　第 2 篇长江上游卵石物理特性研究技术路线图

4　卵砾石颗粒椭球体饱满度特性分析

4.1　概述

泥沙颗粒是指在流体中运动或受水流、风力、波浪、冰川及重力作用移动后沉积下来的固体颗粒碎屑，其中粒径介于 2 ～ 20mm 的为砾石颗粒，粒径介于 20 ～ 200mm 的为卵石颗粒。长江上游川江河段是以卵砾石推移质为主的典型山区河流，具有洪水暴涨暴落、水位流量变幅大和年输沙量大等特点，其河床演变规律直接影响滩险整治工程、通航工程及城镇防洪任务等。由于河床中卵砾石推移质受外力作用大小和磨蚀历时的差异性，使得其颗粒形状和大小存在较大的差异，常见颗粒外形比较圆滑，呈椭球体。这种颗粒外形特征间的差异性直接反映出颗粒受磨蚀历时的长短，颗粒搬运距离愈长，受磨蚀的机会愈多，颗粒外形越接近椭球体。

4.2　饱满度的定义及量测方法

4.2.1　问题的提出

常见的泥沙颗粒描述参数均从三轴长度之比出发来定义，比如形状系数 S.F.、扁平度和球度这三个参数均定性地描述了颗粒形状特性。不难发现，当三轴长度一定时，所求得的这三个参数值均为常数，那么按照以上三个数所确定的颗粒形状就应该是确定的。然而在实际量测过程中发现，即使是按照这三个参数所确定的泥沙颗粒之间仍然存在着以下两种差异（图 4-1）：

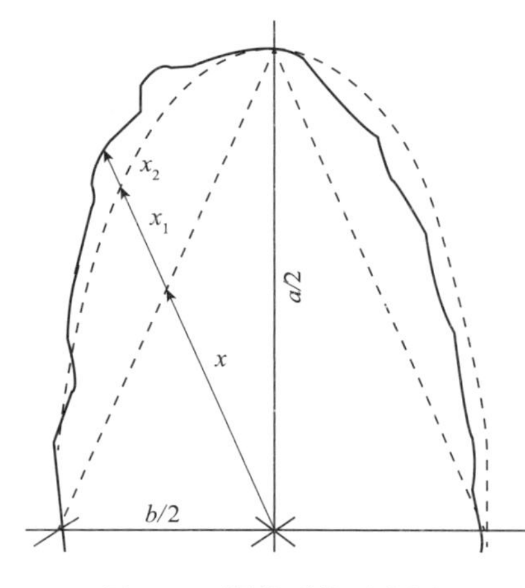

图 4-1　颗粒形状示意图

（1）当 $x<x_1<x_2$ 时，颗粒呈过饱满状态；

（2）当 $x<x_2<x_1$ 时，颗粒呈欠饱满状态。

其中，x_1 为按照长、中、短三轴确定的标准椭球体内径长度；x_2 为颗粒实际的内径长度；x 为按照长、中、短三轴确定的棱锥形内径长度。

结合当 a、b 和 c 值一定时泥沙颗粒形状仍存在着较大的差异这一现象，在描述颗粒形状特性时需要加入描述颗粒尖钝程度和饱满程度的参数——圆度。要确定圆度数值就要先获取内切圆 R、r 的数值，但在实际量测中，很难通过直接的手段获取 R、r 的值。尽管克伦拜因对一些典型的颗粒用沃德尔方法计算了圆度，但由于其所选标本的局限性和量测随粒径变化而产生的不可忽视的测量误差，很难在工程界得到广泛的运用。因此，迫切需要寻求一种新的参数形式能够便捷、有效地反映泥沙颗粒的饱满程度和圆滑程度。本书将从质量比的角度出发，根据泥沙颗粒形状不规则性的定义，提出椭球体饱满度的概念来描述颗粒的饱满程度和圆滑程度。

4.2.2 定义

在研究长江上游卵砾石特性时发现，在 a、b 和 c 三轴长度相当时，颗粒质量越大，颗粒的饱满程度越高，尖棱角数越少，外表越光滑。根据这一实际现象，本书提出椭球体饱满度 Π 来描述颗粒饱满程度，通过比较实测质量与理论计算质量的比值来加以判定，结合表 4–1 所列描述颗粒形状的参数表达形式均从三轴粒径这一角度出发的实际情况，将定义的质量比转化为与三轴长度相关的粒径比，具体表达形式如下：

$$\Pi=\left(\frac{M_1}{M_0}\right)^{1/3}=\left(\frac{V_1}{V_0}\right)^{1/3}=\frac{D_1}{D_0} \tag{4-1}$$

式中：M_1——颗粒实测质量；

M_0——标准椭球体颗粒质量；

V_1——颗粒实测体积；

V_0——标准椭球体颗粒体积；

D_1——颗粒实测等容粒径；

D_0——标准椭球体颗粒等容粒径（可取筛孔粒径）。

式（4–1）中 $M_1=M_0$ 适用于研究粒径较粗的卵石，卵石颗粒质量和三轴长度均可通过直接量测的方法获得，比较起来颇为方便；而 D_1/D_0 则适用于研究泥沙颗粒粒径小、数量多的情况，物理模型试验往往对于模型沙的需求量较大，试验中通常采用筛分法来获取模型沙，筛分所得沙样几何特性之间差异也很大，而且还不能通过直接量测的手段来对其进行描述，这就给试验中要确定模型沙的几何特性带来了很大的困难。根据前文中提及的颗粒中轴长度和其长、中、短三轴长度的几何平均值（即等容粒径）近似相等的这一现象，那么只要颗粒中轴长度或者等容粒径小于筛孔粒径，颗粒就能够通过筛孔，因此就可选用筛孔粒径作为该批次沙样标准椭球体的等容粒径，再测量分析随机抽取有限样品的实测等容粒径，利用两者的比值来描述该批次模型沙的几何特性。

根据上述表达形式计算所得结果，大致会产生以下三种情况：

（1）$\Pi=1$，即 $M_1=M_0$，$D_1=D_0$，表明颗粒外形为标准椭球体，表面圆滑，无尖棱角。

（2）$\Pi>1$，即 $M_1>M_0$，$D_1>D_0$，表明实际颗粒体积大于椭球体体积，呈外凸状，颗粒过饱满。

（3）$\Pi<1$，即 $M_1<M_0$，$D_1<D_0$，表明实际颗粒体积小于椭球体体积，呈内凹状，颗粒欠饱满。

4.2.3 量测方法

按式（4–1）计算 Π 值需要得到泥沙颗粒三轴长度、质量和筛孔孔径等。在确定颗粒饱满度 Π 时，需要通过现场选取泥沙样品，采用三轴量测法量测颗粒三轴长度，并用电子秤称量颗粒的实际质量 M_0，取得第一手实测资料，然后通过椭球体计算法计算颗粒体积 V_1 和颗粒质量 M_1，再根据椭球体饱满度的定义来确定颗粒的饱满度。

4.3 试验样品的选取

为了分析长江上游川江河段卵砾石推移质的几何特性，本书采用现场取样的方法，研究颗粒椭球体饱满度的分布特性。试验样品取自长江中上游重庆河段九龙滩处，利用方孔筛筛分样品颗粒，得到 3 个组次的试验样品，粒径分布区间分别为 81 ～ 387mm，9 ～ 12mm 和 6 ～ 9mm。卵石（粒径区间为 81 ～ 387mm）样品颗粒粒径普遍较大，在确定其几何特性时，采用直接量测法量测；6 ～ 9mm 和 9 ～ 12mm 样品颗粒则采用随机取样的方法来确定这批沙样的几何特性，具体数据见表 4–1 ～表 4–3。总的来看，试验样品颗粒粒径分布跨度大，基本符合卵石和砾石的粒径区间，样品取自重庆河段，能够反映出长江上游地区泥沙颗粒的基本特征，具体实测数据如表 4–1 ～表 4–3 所示。

卵石样品实测资料 表 4–1

编号	*a*	*b*	*c*	*m*	编号	*a*	*b*	*c*	*m*	编号	*a*	*b*	*c*	*m*
1	21	19	11	5.42	13	25	19	10	5.06	25	16.5	9.5	5	1.18
2	28	27	16	11.36	14	37	24	11	11.34	26	14	9.5	6	1.02
3	16	10	8	1.8	15	20	17	8	3.01	27	11.5	9.5	7	1.12
4	19	13	10	3.56	16	15	6	6	1.08	28	18	12.5	10.5	2.82
5	27	15	12	7.08	17	15	9	7	1.72	29	50	32	25	58.84
6	26	25	11	9.68	18	22	22	8	6.04	30	51	23	25	42.42
7	31	25	12	15.08	19	31	17	11	7.02	31	40	25	25	20.88
8	18	11	4	1.56	20	28	19	14	7.52	32	49	37	25	57.6
9	30	15	10	6.92	21	30	17	14	8.64	33	60	33	26	58.44
10	22	12	11	4.58	22	44	40	23	47.7	34	55	39	27	59.24
11	25	18	9	6.3	23	13	11	7	1.14	35	54	33	25	67.6
12	24	17	11	3.92	24	18	16	12	3.48					

注：*a*– 泥沙颗粒长轴长度；*b*– 中轴长度；*c*– 短轴长度；*m*– 泥沙颗粒质量。
a、*b*、*c* 的单位为 cm 或 m/kg。

粒径区间为 9 ～ 12mm 砾石样品实测资料 表 4-2

编号	*a*	*b*	*c*	*m*	编号	*a*	*b*	*c*	*m*
1	1.470	1.176	0.482	1.4	36	1.566	1.090	0.710	1.7
2	2.236	1.296	0.626	2.8	37	2.156	1.188	0.874	3.2
3	1.736	1.300	0.588	2.3	38	1.690	1.248	0.794	2.2
4	2.138	1.324	0.670	3.0	39	1.658	1.126	0.752	2.2
5	1.528	1.344	0.572	1.8	40	1.682	1.348	0.834	2.6
6	2.270	1.284	0.706	3.1	41	1.548	1.280	0.780	2.5
7	1.666	1.354	0.628	2.1	42	1.624	1.108	0.746	1.8
8	1.442	1.236	0.568	1.9	43	1.782	1.324	0.866	3.2
9	1.854	1.326	0.668	2.8	44	2.000	1.010	0.808	2.5
10	1.650	1.278	0.628	1.8	45	1.752	1.040	0.768	2.4
11	1.618	1.290	0.630	2.1	46	1.446	1.262	0.770	1.7
12	1.662	1.388	0.668	2.3	47	1.410	1.324	0.782	2.5
13	1.554	1.334	0.642	2.1	48	1.772	1.206	0.844	2.2
14	1.678	1.100	0.606	2.1	49	1.696	1.070	0.778	2.3
15	1.940	1.470	0.758	3.4	50	2.500	1.064	0.952	3.8
16	1.732	1.220	0.656	2.2	51	1.510	1.076	0.746	1.5
17	1.922	1.222	0.700	2.2	52	1.690	1.400	0.904	2.7
18	1.674	1.324	0.688	2.4	53	1.678	1.244	0.862	2.4
19	1.730	1.216	0.672	2.1	54	1.220	1.124	0.702	1.4
20	1.300	1.236	0.590	1.6	55	1.850	1.314	0.936	2.7
21	1.668	1.226	0.668	2.2	56	1.824	1.168	0.878	2.8
22	1.614	1.322	0.726	2.2	57	1.746	1.258	0.894	3.0
23	1.840	0.962	0.662	2.1	58	1.600	1.216	0.846	2.2
24	2.134	1.312	0.850	3.9	59	1.918	1.010	0.856	2.5
25	1.894	1.252	0.786	3.0	60	2.022	1.086	0.916	2.9
26	1.560	1.260	0.716	2.3	61	1.432	1.254	0.832	1.9
27	2.072	1.330	0.854	4.0	62	1.414	1.232	0.822	2.0
28	1.520	1.380	0.752	2.7	63	2.342	1.150	1.026	4.1
29	1.784	1.324	0.800	3.3	64	1.484	1.142	0.820	1.8
30	1.712	1.230	0.756	2.2	65	1.952	1.180	0.962	3.3
31	1.420	1.090	0.656	1.7	66	1.662	1.210	0.900	2.2
32	1.500	1.150	0.696	1.9	67	1.474	1.076	0.816	1.6
33	1.824	1.100	0.754	2.6	68	1.676	1.270	0.948	2.7
34	1.764	1.146	0.762	1.7	69	1.530	1.132	0.856	1.9
35	1.814	1.122	0.774	2.6	70	1.830	1.230	0.982	3.2

续上表

编号	*a*	*b*	*c*	*m*	编号	*a*	*b*	*c*	*m*
71	1.778	0.980	0.864	1.9	86	1.976	1.088	1.040	3.6
72	1.854	1.204	0.982	2.5	87	1.494	1.180	0.942	2.3
73	1.952	1.090	0.960	3.0	88	1.276	1.176	0.870	1.6
74	1.970	1.020	0.936	2.5	89	1.226	1.002	0.800	1.5
75	1.716	1.088	0.906	2.4	90	1.736	1.134	1.014	2.9
76	1.728	1.190	0.956	1.8	91	1.776	1.130	1.038	2.9
77	1.310	1.220	0.846	1.6	92	1.262	1.254	0.936	2.0
78	1.582	1.180	0.918	2.6	93	1.492	1.030	0.934	1.7
79	1.564	1.102	0.892	2.1	94	1.234	1.192	0.934	1.8
80	1.486	1.236	0.924	2.3	95	1.580	1.234	1.090	2.7
81	1.694	1.370	1.064	2.6	96	1.500	1.000	0.958	1.9
82	1.332	1.110	0.854	1.5	97	1.478	1.214	1.064	2.3
83	1.452	1.094	0.886	1.9	98	1.450	1.054	1.014	1.8
84	1.408	1.118	0.882	1.8	99	1.382	1.104	1.040	2.2
85	2.116	1.246	1.150	3.1	100	1.734	1.040	1.242	2.2

注：*a*- 泥沙颗粒长轴长度；*b*- 中轴长度；*c*- 短轴长度；*m*- 泥沙颗粒质量。
a、*b*、*c* 的单位为 cm 或 m/kg。

粒径区间为 6 ~ 9mm 砾石样品实测资料 表 4-3

编号	*a*	*b*	*c*	*m*	编号	*a*	*b*	*c*	*m*
1	0.404	0.372	0.238	0.4	17	0.832	0.594	0.288	0.7
2	0.564	0.414	0.284	0.5	18	0.780	0.602	0.304	0.8
3	0.742	0.463	0.210	0.8	19	0.824	0.604	0.288	0.8
4	0.698	0.426	0.274	0.8	20	0.886	0.534	0.308	0.5
5	0.638	0.524	0.254	0.7	21	0.682	0.556	0.406	0.6
6	0.750	0.586	0.218	0.8	22	0.664	0.576	0.422	0.7
7	0.718	0.452	0.306	0.8	23	0.782	0.494	0.420	0.9
8	1.084	0.468	0.204	0.4	24	0.904	0.568	0.316	0.5
9	0.726	0.522	0.278	0.7	25	0.748	0.684	0.328	0.9
10	1.108	0.582	0.164	0.5	26	0.692	0.512	0.474	0.8
11	0.848	0.530	0.244	1.1	27	1.044	0.484	0.342	0.9
12	0.738	0.718	0.214	0.7	28	0.990	0.614	0.306	1.0
13	0.700	0.588	0.308	1.0	29	0.972	0.550	0.352	0.9
14	0.758	0.472	0.366	0.8	30	1.074	0.504	0.350	1.1
15	0.848	0.528	0.306	0.9	31	1.008	0.614	0.308	1.0
16	0.848	0.560	0.296	0.8	32	1.066	0.606	0.338	0.8

续上表

编号	a	b	c	m	编号	a	b	c	m
33	0.822	0.814	0.456	0.4	67	1.184	0.810	0.526	0.8
34	1.502	0.704	0.292	0.4	68	1.076	0.754	0.624	0.5
35	0.962	0.840	0.434	0.4	69	1.168	0.766	0.566	0.9
36	1.060	0.800	0.418	0.4	70	1.352	0.810	0.464	0.8
37	0.928	0.696	0.600	0.5	71	1.226	0.784	0.532	0.7
38	1.080	0.732	0.510	0.5	72	1.042	0.852	0.578	0.9
39	1.040	0.730	0.532	0.6	73	1.316	0.774	0.510	0.8
40	1.058	0.726	0.528	0.5	74	1.100	0.720	0.674	0.7
41	0.888	0.868	0.542	0.6	75	1.056	0.890	0.574	0.5
42	0.950	0.818	0.540	0.6	76	1.000	0.756	0.716	0.6
43	0.870	0.766	0.632	0.7	77	1.088	0.902	0.556	0.7
44	0.914	0.754	0.614	0.5	78	0.924	0.892	0.666	0.6
45	1.002	0.820	0.516	0.5	79	1.246	0.704	0.626	0.9
46	1.088	0.830	0.470	0.7	80	1.132	0.838	0.604	0.6
47	0.848	0.768	0.664	0.5	81	1.148	0.762	0.664	0.8
48	0.870	0.724	0.690	0.5	82	1.102	1.020	0.522	0.5
49	1.100	0.844	0.472	0.6	83	1.220	0.900	0.540	1.2
50	0.956	0.716	0.644	0.5	84	1.080	0.854	0.646	0.7
51	1.004	0.756	0.584	0.6	85	1.196	0.770	0.654	0.8
52	0.962	0.704	0.658	0.6	86	1.012	0.940	0.654	0.6
53	0.874	0.754	0.680	0.4	87	1.010	0.956	0.658	0.8
54	0.980	0.800	0.574	0.6	88	1.132	0.846	0.674	1.0
55	1.044	0.752	0.586	0.7	89	1.320	0.918	0.536	1.0
56	0.992	0.824	0.566	0.7	90	1.018	0.826	0.782	0.7
57	0.920	0.800	0.630	0.6	91	1.220	0.784	0.702	0.8
58	0.918	0.720	0.708	0.6	92	1.084	0.898	0.710	0.6
59	0.890	0.786	0.674	0.6	93	1.294	0.940	0.588	1.1
60	1.008	0.794	0.590	0.7	94	1.390	0.812	0.634	1.2
61	0.958	0.828	0.600	0.5	95	1.110	0.918	0.706	1.1
62	0.966	0.828	0.606	0.6	96	1.074	0.800	1.006	0.5
63	1.026	0.810	0.586	0.6	97	1.510	0.928	0.622	1.2
64	1.272	0.820	0.472	0.8	98	1.476	0.884	0.678	1.5
65	1.050	0.706	0.676	0.7	99	1.588	0.928	0.610	1.2
66	1.248	0.976	0.414	0.8	100	1.318	0.906	0.754	1.3

注：a– 泥沙颗粒长轴长度；b– 中轴长度；c– 短轴长度；m– 泥沙颗粒质量。

a、b、c 的单位为 cm 或 m/kg。

4.4　椭球体饱满度特性分析

（1）卵石颗粒 Π 值分布情况

本次研究所选卵石样品共计 35 颗，采用直接量测法确定其 Π 值。卵石样品 Π 值主要介于 0.84 ～ 1.13 之间，其中 Π<0.9 的有 5 颗，约占 14.3%；0.9 <Π<1.1 的有 28 颗，约占 80%；Π>1.1 的有 2 颗，约占 5.7%。样品中 0.9 <Π<1.1 的近似椭球体颗粒数占据了颗粒总数的绝大部分，因此在计算卵石颗粒代表粒径时可选用椭球体计算理论进行计算，同时，35 颗卵石样品饱满度在 Π=1 两侧近似呈对称分布，过饱满一侧数据略微集中，但是仍然与饱满度的定义吻合较好，见表 4–4。

卵石颗粒 Π 值计算成果表　　表 4–4

编　号	Π	编　号	Π	编　号	Π	编　号	Π	编　号	Π
1	0.962 4	8	1.124 4	15	0.927 9	22	0.947 6	29	1.020 3
2	0.878 5	9	1.035 4	16	1.130 1	23	0.936 8	30	1.014 6
3	1.005 0	10	1.044 2	17	1.095 2	24	0.899 1	31	0.844 9
4	1.013 3	11	1.039 4	18	1.040 3	25	1.028 1	32	0.971 7
5	1.016 9	12	0.857 5	19	0.956 2	26	0.973 5	33	0.935 8
6	0.992 4	13	0.916 2	20	0.900 0	27	1.018 6	34	0.903 9
7	1.053 9	14	0.942 8	21	0.955 9	28	0.951 6	35	1.030 9

（2）砾石颗粒 Π 值分布情况

砾石颗粒包含 6 ～ 9mm 和 9 ～ 12mm 两种，Π 值分布于 0.42 ～ 1.35 之间，样品中 0.9<Π<1.1 的近似椭球体形为 112 颗，占据了砾石颗粒总数的绝大部分；Π>1.1 的过饱满颗粒有 52 颗，约占 26%；Π<0.9 的欠饱满颗粒有 36 颗，约占 18%。从 Π 值的整体分布情况来看，椭球体饱满均匀分布于 Π=1 两侧，近似呈对称状，这与椭球体饱满度的定义相吻合。椭球体饱满度与形状系数的关系如图 4–2、图 4–3 和表 4–5 所示，三种沙样虽然形状系数之间相互交叉，但外形上存在着差异性，条形颗粒外形比较容易辨别，绝大部分条形颗粒 Π>1.1，形状系数介于 0.36 ～ 0.72 之间；Π<1.1 中包含标准椭球体和近似椭球体两种颗粒，根据这两种颗粒的样品量测结果表明，其中一部分颗粒具有近似相等的形状系数，但 Π 值之间存在不小的差异，再加上实际操作中不可能通过 Π 值选取模型沙，只能通过肉眼从外形上加以区分，标准椭球体颗粒主要选取外形比较圆滑的颗粒，而近似椭球体颗粒主要考虑外形上有缺陷的颗粒，这就导致两种颗粒形状系数部分存在交叉，从 S.F. 的平均值来看，标准椭球体颗粒形状系数大于近似椭球体颗粒，其中 0.9<Π<1.1 的主要以标准椭球体颗粒为主，形状系数主要介于 0.45 ～ 0.87 之间，平均值为 0.66，Π<0.9 的主要是外形有缺陷的近似椭球体颗粒，形状系数主要介于 0.32 ～ 0.80 之间，

平均值小于标准椭球体颗粒，为 0.53。

砾石样品 Π 值计算成果表 表 4–5

椭球体饱满度 Π 值	颗粒数目（个）	百分比（%）	S.F. 区间	S.F. 平均值
<0.9	36	0.18	0.32 ~ 0.80	0.53
0.9 ~ 1.1	112	0.56	0.45 ~ 0.87	0.66
>1.1	52	0.26	0.36 ~ 0.72	0.51

注：表中数据包含 6 ~ 9mm 和 9 ~ 12mm 两种砾石颗粒数据。

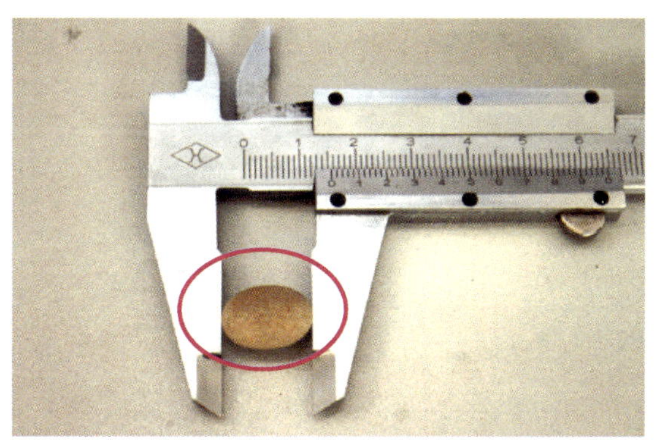

图 4–2 标准椭球体示意图

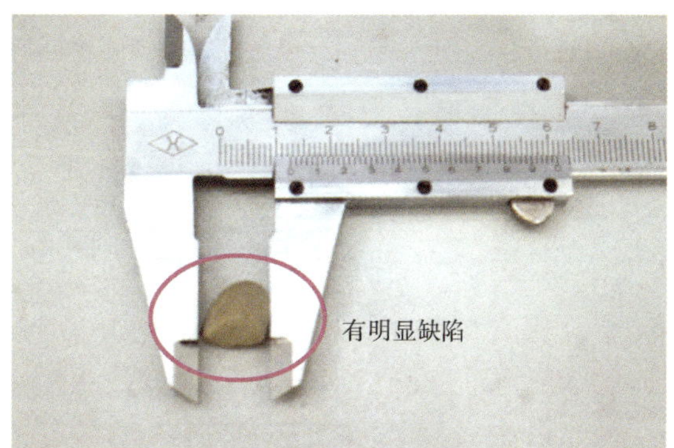

图 4–3 近似椭球体示意图

自然界中常见的随机变量的分布类型有十多种，其中正态分布和 T 分布为对称分布，而 γ 分布、F 分布、X^2 分布和 Poisson 分布为单偏态非对称分布。从卵砾石颗粒椭球体饱满 Π 值的分布特征，特别是对称性和分布形态的自由度变化来看，属于正态分布。

正态分布函数的原型为：

$$F(x)=\frac{1}{\sqrt{2\pi}\sigma}e^{\frac{-(x-\mu)^2}{2\sigma^2}}, \quad -\infty<x<+\infty \tag{4–2}$$

式中：x——椭球体凹凸度；

μ——代表正态曲线沿 $x=\mu$ 对称；

σ——样品颗粒的样本标准差。

其中，μ 主要决定分布曲线主体在 x 轴上的位置。根据椭球体凹凸度的定义，当 $M_1=M_0$ 时，$\Pi=1$，而其余情况下 Π 值则均匀分布于 $\Pi=1$ 的两侧，同时由于 μ 反映了正态分布曲线的对称性，μ 的取值为卵石颗粒为标准椭球体时的椭球体饱满度，此时 $\mu=1$；σ 主要决定分布曲线的峰度和偏态特征，可根据样本标准差的公式计算。

$$\sigma=S=\sqrt{S^2}=\sqrt{\frac{1}{n-1}\sum_{i=1}^{n}(x_i-\bar{x})^2} \tag{4–3}$$

根据卵砾石样品颗粒数据，可求出 σ 的值分别为 0.020 54 和 0.183 89，那么卵砾石椭球体饱满度的正态分布函数也随之确定（图 4−4、图 4−5），函数表达式为：

$$F(x)=\frac{1}{\sqrt{2\pi}\sigma}e^{\frac{-(x-\mu)^2}{2\sigma^2}}$$

其中：$\mu=1$；

$\sigma_{卵石}=0.02054$，81mm<D<387mm；

$\sigma_{砾石}=0.18389$，3.3mm<D<14.5mm。

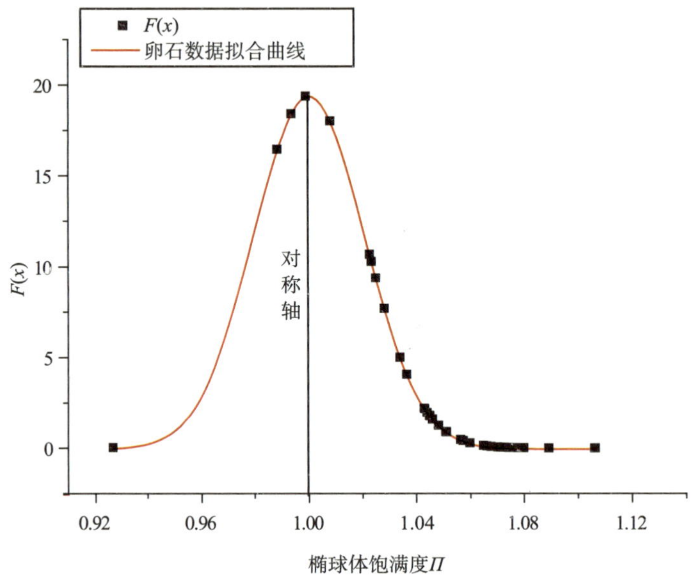

图 4−4　卵石 Π 值的正态函数曲线图

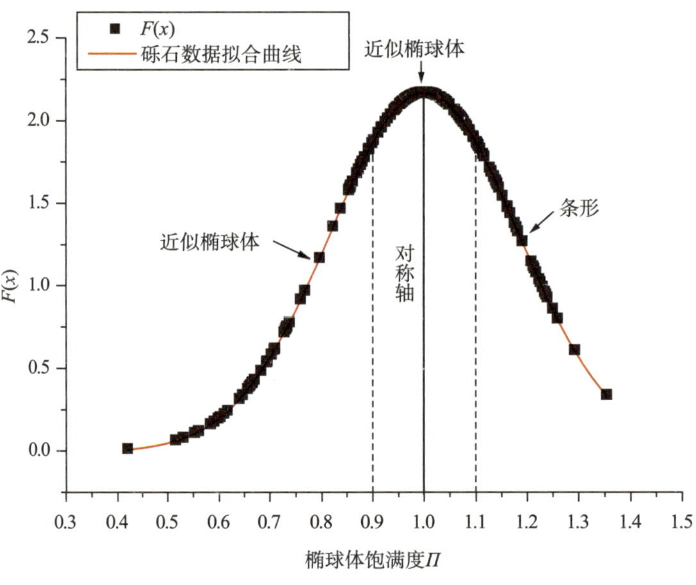

图 4−5　砾石 Π 值的正态函数曲线图

4.5 小结

经过对 3 组卵砾石样品颗粒几何特性的分析，得出以下两点结论：

（1）卵砾石样品颗粒的椭球体饱满度 Π 值近似呈正态分布，并且在区间内连续，其表达式为：

$$F(x)=\frac{1}{\sqrt{2\pi}\sigma}e^{\frac{-(x-\mu)^2}{2\sigma^2}} \tag{4-4}$$

其中：$\mu=1$；

$\sigma_{卵石}=0.02054$，$81\text{mm}<D<387\text{mm}$；

$\sigma_{砾石}=0.18389$，$3.3\text{mm}<D<14.5\text{mm}$。

（2）所选卵石颗粒标准椭球体（$0.9<\Pi<1.1$）占 80%，砾石颗粒所占比重为 56%，低于卵石颗粒所占比重，这就说明试验选用沙样中标准椭球体颗粒仍然占据绝大多数，这与长江上游山区河流河床卵砾石的基本特性基本相符合，卵石颗粒体积大、质量重，基本未受到磨蚀作用的影响，颗粒饱满程度普遍较高。而砾石颗粒由于粒径小，颗粒的形态上千差万别，同时重庆河段属于长江上游，颗粒受磨蚀的机会偏少，这就形成了砾石颗粒外形的多样化。

5 卵砾石饱满度差异对起动条件的影响研究

5.1 概述

泥沙起动问题是研究河床演变规律的基础，同时也是确定通航指标和航道整治工程各项参数的重要依据。早在 1753 年，A.Brahms 提出泥沙起动流速与泥沙重量的 1/6 次方成正比[37]，这一关系与当代对泥沙起动条件的认识是一致的，并在水利工程和河流整治工程中运用。后来，研究者注意到底部颗粒的绕流不对称，引进了上举力，最早提出上举力存在并给出其表达式的是阿波诺夫（1925）[57]，他根据粗颗粒试验证实水流对床面泥沙的上举力与河底流速成正比。

迄今为止，学者们所提出的无黏性颗粒泥沙起动公式已有近百个，但由于自然界的河流千差万别，其河流形态、河床组成和水流条件均存在较大差异，所得到的起动规律也不尽相同，尽管各家公式都通过了理论分析及实测资料验证，但由于验证资料不同，在具体应用时，选择公式仍比较困难。1936 年，Shields 把当时正流行的量纲分析方法应用到泥沙起动中，提出了著名的 Shields 曲线[58]，后来经过 Muller、Mantz 等许多学者修正后得到 Shields 修正曲线[59]，该修正曲线至今仍具有重要的指导意义。山区河流比降较大，床沙颗粒较粗，其沙粒雷诺数很大，一般达上千，甚至上万，而 Shields 修正曲线的主要试验点在沙粒雷诺数小于 400 的范围内，沙粒雷诺数已经远远超出 Shields 修正曲线的适用范围，如果再采用该公式，将会引起很大的误差。还有一些学者认为，天然河流中床面剪切力收集比较困难，从而对 Shields 起动拖曳力公式作了进一步分析，转化为推求起动流速公式。但就同一种结构形式的起动流速公式，各家公式所采用的起动系数和参数也各不相同。

目前，虽然许多学者仍在不断推出新的公式，然而对于已有各家公式之间的差异性的研究则相对较少，这就给实际工程运用中选用泥沙起动公式带来了一定的难度。与此同时，这些公式对泥沙起动过程中某些现象还不能给出合理的解释，产生这些分歧的主要原因在于泥沙起动问题存在着很大的随机性，对于起动机理的认识存在较大的困难。

5.2 泥沙起动机理

泥沙起动就是当水流逐步加强到超过一定限度以后，床面的泥沙颗粒开始脱离静止状态而进入运动状态，相应的临界水流条件称为泥沙的起动条件。影响泥沙起动的因素较多，主要有水流条件和泥沙条件两个方面。对于水流条件的研究，早期多采用断面平均流速，该法虽然能够满足生产生活实际的需要，但是对于研究泥沙起动的机理仍略显不足。后来，学者们通过更为先进的设备发现水流的脉动性对泥沙的起动有很大的影响，所以在后期的研究中大部分均考虑水流脉动性的影响，使得水流条件在表达形式上更趋向合理。在泥沙条件方面，河流中河床表面是由无数不同的泥沙颗粒组成，它们的大小、形状、密度、方位以及相互之间所处的位置的排列组合均千差万别，在同一个时刻，各处泥沙颗粒的受力情况不一样，在同一个地点、不同时刻泥沙颗粒的受力情况也不一样，即使是较为简单的均匀沙，也不是要动都动，要不动都不动，而对于混合沙来说，情况则更为复杂。

非均匀沙的起动是一个发展变化的非恒定过程。随着水流的逐渐增大，床沙颗粒由静止到细颗粒开始运动、再发展到中等颗粒运动、较大颗粒开始运动，直到最大颗粒开始运动，即相应的床沙由部分颗粒运动、部分静止的状态进入到床沙全部运动的输移状态。目前对非均匀沙起动研究的结论一般认为：较细颗粒受粗颗粒的隐蔽作用，较同粒径均匀沙难于起动；粗颗粒则因暴露作用而经受较大的水流作用力，故比同粒径均匀沙难于起动。

基于目前泥沙起动规律研究现状及存在的问题，以及泥沙起动是一种非恒定的随机过程的观点，笔者认为：在研究泥沙起动时，除了应考虑水流条件、泥沙暴露度等对起动的影响，还需进一步深入考虑泥沙颗粒自身特性的影响，也就是说，研究泥沙的起动应考虑泥沙的几何特性及受力情况，颗粒在床面上的排列及所处的位置，泥沙颗粒的隐暴度，泥沙的形状特性等因素，最关键的就是要搞清楚这些因素在泥沙起动机理中的作用和泥沙的起动标准。

5.3 泥沙起动判别标准

关于泥沙起动研究，长期以来积累了大量成果，但其中有一个基础性问题——泥沙起动的标准，目前尚未解决。事实上，由于泥沙起动的随机性，即使对均匀沙也不存在要动都动、要不动都不动的情形；而非均匀沙则更加复杂。在以往的研究中，对泥沙运动提出过一些判断标准，但各家试验资料之间，实验室资料与野外资料之间，以及公式计算值与实测值之间，常常存在较大的偏离。究其原因，除了泥沙运动所固有的复杂特性外，一个重要的原因是起动标准不一致。

5.3.1 细颗粒泥沙的起动标准

（1）概率标准

以窦国仁为代表提出了起动概率标准[6]。他是以近底流速 u_0 来作为标志泥沙起动的水力指标的，在分析中考虑了水流的脉动，但忽略了起动地流速 u_c 的概率分布。根据他的分析得到与 Kramer 提出的三种床沙起动状态相应的概率，即个别起动、少量起动及大量起动，其相应的起动概率，分别为 0.013 5、0.022 7 和 0.159，故可以取某一定常的起动概率作为判断泥沙起动的标准。

（2）颗粒数标准

Yalin（1977）将$\varepsilon=\frac{m}{At}\sqrt{\frac{\rho D^2}{\gamma_s-\gamma}}$作为泥沙起动标准[12]，式中 m 为在时间 t 内从河床面积 A 范围内冲刷他移的泥沙颗粒数。对于不同粒径的泥沙来说，应该取一个定常的 ε 值，即以相当于某一种泥沙运动强度作为统一的起动判别标准。这样，对两种密度相同、粒径相差 10 倍的泥沙进行起动试验时，为了使两组试验的 ε 值保持相等，粒径较大的那一组试验的 m/At 必须较粒径较小的那一组小 $10^{5/2}$ 倍。

（3）输沙率标准

输沙率标准就是约定一定的推移质输沙率作为起动临界状态。美国水道实验站曾规定以推移质输沙率达到 $14\text{cm}^3/(\text{m}\cdot\text{min})$ 作为起动标准；韩其为、何明民等的标准内涵与此相似，其中韩其为通过分析多家资料将无因次输沙率 $\lambda_{q,c}=0.219\times10^{-3}$ 作为水槽沙、泥试验的起动标准[60]。

Taylor（1971）提出了一种输沙率标准[8]，他在平坦沙质床面的水槽中做了一些定量试验，得到了泥沙在起动阶段的无因次输沙资料，经分析，取无因次输沙率作为起动标准。

$$\frac{q_s}{\gamma_s u_* d}=0.02 \tag{5-1}$$

式中：q_s——单宽输沙率；

γ_s——泥沙干重度，通常 $\gamma_s=\rho_s\times g$；

u_*——摩阻流速；

d——泥沙粒径。

Parker（1982）定义无量纲输沙率作为非均匀沙的起动标准[61]：

$$W_i^*=\frac{(\gamma_s/\gamma-1)\,gq_{si}}{\rho_s u_*^3 P_i}=0.002 \tag{5-2}$$

式中：W_i^*——第 i 组泥沙的无量纲输沙率；

γ——水的干重度；

P_i——第 i 组泥沙百分率；

q_{si}——第 i 组泥沙的单宽输沙率；

ρ_s——泥沙的密度，一般取 2 650kg/m^3；

其余符号意义同前。

该方法在欧美比较流行，Kuhnle（1994）通过泥沙含沙量与输出电压成正比的关系，采用此标准测出了各组泥沙的起动无量纲输沙率[62]。

5.3.2　卵砾石泥沙起动标准

韩其为（1984）[37]研究了长江寸滩、万县、宜昌 3 站的野外资料及数十家室内资料，确定了室内、野外以及非均匀沙的起动标准分别为：

$$\frac{V_c}{\omega}=0.433 \tag{5-3}$$

$$\frac{V_c}{\omega}=0.55 \tag{5-4}$$

$$V_{c,i}=0.268F_b^{-1}\left(0.3\times10^{-6},\ \frac{D_i}{D_{mean}}\right)\psi_i\omega_i \tag{5-5}$$

式中：V_c——起动流速；

ω——泥沙沉速；

ω_i——第 i 组泥沙沉速；

ψ_i——第 i 组泥沙水流参数；

F_b——函数，可在韩其为的制表中查出；

D_i——第 i 组泥沙的粒径；

D_{mean}——平均粒径。

冷魁（1993）以个别起动状态作为泥沙的临界条件，据此提出了均匀沙和非均匀沙以个别颗粒数计的判别标准。

5.3.3 试验起动标准的确定

泥沙起动标准的确定不仅要符合泥沙运动的基本规律，还要符合工程泥沙研究的需要。对于细颗粒泥沙，现在可以做到相对定量的判断，Kuhnle（1994）可以测得输沙率很小的情况，采用式（5–1）和式（5–2）的无量纲输沙率作为判断泥沙起动的标准可以达到一定的精度。而对于粗颗粒泥沙，由于研究较少，其判别标准还处于探索阶段，由于颗粒在紊流情况下的沉速可以确定，韩其为根据长江野外资料和实验室资料确定的判别标准，按照式（5–3）～式（5–5）确定的起动标准从某种意义上讲更像是起动流速的确定。

（1）起动公式的选择

由于本次试验要分析几何形状对起动的影响，因此试验中需要给出一个定量的标准来判定是否达到起动的标准。通过比较上述起动标准间的差异性，结合砾石颗粒粒径大、质量重的实际特点，床面上颗粒起动为少数颗粒起动，故本书选用 Taylor（1971）定义的无量纲输沙率为 0.02 作为试验泥沙起动的标准。试验中达到 Taylor 无量纲输沙率达 0.02 时颗粒仅滚动 2 ～ 3 颗，另外泥沙起动具有随机性，这就给试验人员测量数据和观察现象带来了困难。为了方便判别是否达到起动标准，本书将 Taylor（1971）的泥沙起动标准加以转化，即将输沙率转化为砾石颗数，通过观察 10min 内所滚动颗数来初步控制试验，这样就使得试验中判别起动标准更为人性化，加强了试验的可操作性。

（2）粗颗粒起动初步判别试验

试验在图 5–1 所示的 6m 高精度变坡水槽内进行，试验段长 1.4m，宽 0.25m。试验选取粒径为 9 ～ 12mm 的砾石颗粒和煤颗粒，水槽坡度分别为 17‰和 3‰，上下游分别固化粒径为 3 ～ 6mm 的砾石颗粒，以此保证进口段、试验段和出口段的糙率近似一致，如图 5–2 所示。试验放水前，首先铺制试验段粗颗粒泥沙，再用铝合金板压实，确保试验段粗颗粒与固定段高度平齐。试验共选取 3 级流量，采取没有补给条件下的泥沙起动试验，具体数据见表 5–1。

泥沙起动标准试验数据表　　表 5-1

沙样	流量 Q (L/s)	水深 H (m)	流速 V (m/s)	比降 J	摩阻流速 u_* (m/s)	时长 T (min)	粒径 D (m)	单颗泥沙平均质量 M (g)	起动颗粒数量（颗）	Taylor
砾石颗粒	3.997	0.025 0	0.639	0.017	0.064 6	10	0.010 82	2.76	1	0.008 8
	4.912	0.029 3	0.671	0.017	0.069 9	10	0.010 82	2.76	3	0.024 4
	5.919	0.032 4	0.730	0.017	0.073 5	10	0.010 82	2.76	7	0.054 1
煤颗粒	2.060	0.030	0.274	0.003	0.032 1	10	0.010 82	0.83	3	0.018 0
	2.519	0.036	0.281	0.003	0.035 0	10	0.010 82	0.83	7	0.038 6
	2.947	0.038	0.316	0.003	0.035 7	10	0.010 82	0.83	9	0.048 7

图 5-1　试验水槽示意图 1

图 5-2　试验水槽示意图 2

砾石颗粒第 1 组流量为 3.997L/s，流速为 0.639m/s，水流稳定 10min 后，发现 1 颗起动，床面有少部分颗粒凸起并随水流波动而不断摇晃；第 2 组流量为 4.912L/s，试验时间内有 3 颗起动，起动的颗粒沿床面运行一段距离后停顿下来，属于推移质中的接触质；第 3 组流量为 5.919L/s，水流稳定 10min 后，发现 7 颗起动，部分颗粒沿床面翻滚运动至水槽末端的接沙漏斗处，属于推移质中的跃移质。

煤颗粒第 1 组试验流量采用 2.06L/s，试验时间内有 3 颗起动；第 2 组流量为 2.519L/s 时，有 7 颗煤颗粒起动，起动的煤颗粒多沿床面滑行，有个别煤颗粒飞入水槽末端的接沙漏斗处；第 3 组流量为 2.947L/s，有 9 颗煤颗粒起动，由于此时水流强度相对较大，煤颗粒的运动多呈跃起或者连续翻滚状，并且床面有多颗煤颗粒晃动。

从以上分析认为，砾石颗粒第 2 组试验无量纲输沙率为 0.024 4，基本满足 Tayor 起动标准的要求，并且此时的砾石颗粒属于接触质，符合对泥沙起动的一般含义，因此砾石颗粒的初步判别标准定为起动 2 ~ 3 颗；而煤颗粒在第 4 组试验所得无量纲输沙率最为接近 Tayor 起动标准，同时该流量下煤颗粒的运动仍以滚动为主，并未出现“飞行”的现象，考虑到煤颗粒体积大、质量轻的特点，单颗煤颗粒的质量对于输沙率的影响相对较小，因此将煤颗粒的初步判别标准定为 3 ~ 5 颗。对于其他不同几何特性的沙样，采用质量互等定理加以转换，在试验过程中要实时观测输沙率是否满足 0.02 的标准，若发现不满足的情况，应及时调整流量，尽量使试验成功。根据 58 组试验所得数据的情况来看，采用初步判别法基本能够满足 0.02 的输沙率标准。

(3) 起动流量的确定

在粒径、比降相同的情况下，不同流量有不同的输沙率，到底采用哪一组流量作为起动的水力参数，涉及泥沙的起动标准问题，本书采用运用较为广泛的 Tayor 起动标准。在做输沙试验时，控制某级流量的 Tayor 无量纲输沙率刚好为 0.02 是非常困难的，本次试验通过多组试验，满足在 0.02 上下的流量皆有，内插无量纲输沙率 0.02 所对应的流量，再根据水位流量关系内插水深。在 D=10.82cm，J=0.017 和 0.003 的情况下共进行了 6 组初判输沙率试验，利用实测水位流量关系，得到满足 Tayor 无量纲输沙率为 0.02 时的流量和水位值，在后续试验数据处理时均按照这种方法确定试验的 Q_c 和 H_c。如图 5–3 所示。

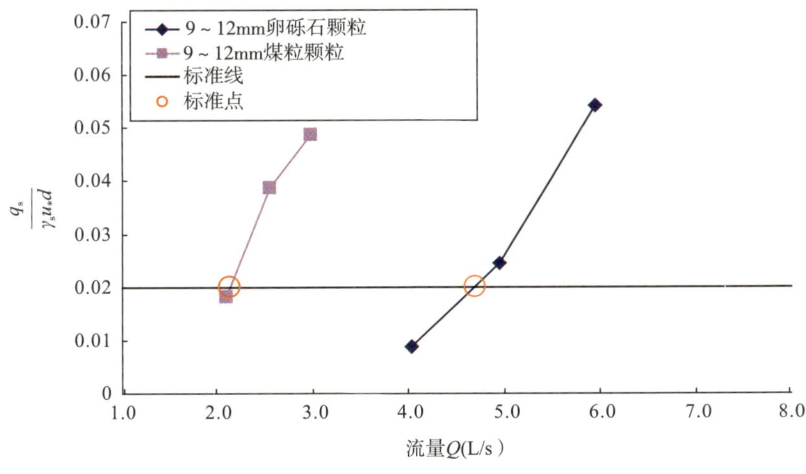

图 5–3 $q_s/(\gamma_s u_* d)=0.02$ 对应的流量

5.4 起动公式理论分析

粗颗粒泥沙颗粒之间不存在黏结性，泥沙起动主要受水流条件的影响。泥沙开始运动时的水力指标可以用拖曳力、流速和功率三个指标来表示。

5.4.1 无黏性均匀沙起动拖曳力

早在 1936 年，希尔兹就从作用在床面泥沙颗粒上的力的平衡出发，推导出无黏性均匀沙的起动拖曳力公式。任意选取沿水流方向的断面进行受力分析，如图 5–4 所示。取颗粒直径为 D（按球体计算），则作用在床面上单个泥沙上的力一般为水流拖曳力 F_D、上举力 F_L、水下重力 W。其表达式为：

$$W=(\gamma_s-\gamma)\frac{\pi D^3}{6} \tag{5–6}$$

$$F_D=C_D\frac{\pi D^2}{4}\cdot\frac{\rho u_d^2}{2} \tag{5–7}$$

$$F_L = C_L \frac{\pi D^2}{4} \cdot \frac{\rho u_d^2}{2} \tag{5-8}$$

式中：W——泥沙颗粒的水下重力；

F_D——水流拖曳力；

F_L——上举力；

C_D、C_L——阻力系数；

D——泥沙粒径；

u_d——底部流速；

其余符号意义同前。

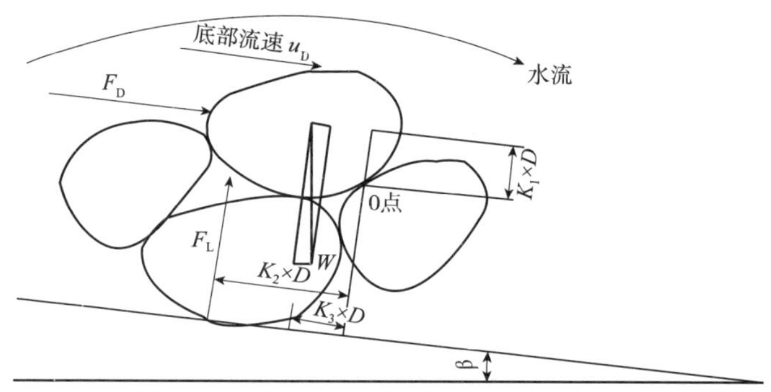

图 5-4　河床泥沙颗粒受力情况分析

泥沙颗粒起动形式多为滑动或滚动，目前研究对此多有争论。Sung-UK Choi 等认为，在滑动、滚动及跳跃三种起动模式中，滚动属于临界条件最低的模式，故采用滚动模式，得到无黏性颗粒 D 绕某支点滚动的平衡方程为：

$$F_D K_1 D + F_L K_2 D + (W\sin\beta) K_1 D = (W\cos\beta) K_3 D \tag{5-9}$$

当 β 较小时，公式（5-9）可写为：

$$F_D K_1 D + F_L K_2 D = W K_3 D \tag{5-10}$$

式中：$K_1 D$——F_D 的力臂；

$K_2 D$——F_L 和 W 的力臂；

其余符号意义同前。

将式（5-6）～式（5-8）代入式（5-9）中，整理得：

$$\rho u_d^2 = (\gamma_s - \gamma) D \frac{4}{3} \cdot \frac{K_3}{(K_1 C_D + K_2 C_L)} \tag{5-11}$$

通过对底部流速的处理来简化式（5-11）。Shields（1936）分析了 χ 与沙粒雷诺数有关，$\chi = f(u_* D/\nu)$，当床面处于粗糙区时，$\chi = 1.0$。底部流速可取 $y = \alpha D$ 处的流速，其中 α 为接近于 1 的一个系数。对于粗颗粒，α 可取值为 1.0，所有参数代入公式中，则底部流速 u_d 可表示为：

$$u_d = f_1\left(\frac{u_* D}{\nu}\right) \tag{5-12}$$

将式（5–12）代入式（5–11），经整理得希尔兹起动拖曳力公式：

$$\frac{\tau_c}{(\gamma_s-\gamma)D}=f\left(\frac{u_*D}{\nu}\right) \tag{5–13}$$

式中：τ_c——临界拖曳力，临界无量纲拖曳力$\Theta_c=\tau_c/[(\gamma_s-\gamma)]D$。

函数f的形式需要通过试验确定。

5.4.2 均匀沙起动流速公式

采用起动拖曳力的最大的缺点是公式中包含了坡降，而对天然河流来说，坡降的量测要求较高的精度，一般量测达不到精度要求，它不像平均流速那样，是水文站经常测验的项目。同时，流速场和剪力场之间存在着一定的关系，所以在知道了泥沙的起动拖曳力以后，可以转而推求起动流速。

垂线平均流速可表示为指数形式：

$$\frac{U}{u_*}=A\left(\frac{h}{K_s}\right)^n \tag{5–14}$$

式中：U——流速；

u_*——摩阻流速，$u_*=\sqrt{ghJ}$；

A——待定常数；

h——水深；

n——指数，根据理论分析和实测资料的验证，一般为 1/6；

K_s——床面糙率尺度，一般假定$K_s=D$。因为：

$$\tau_c=\rho u_*^2 \tag{5–15}$$

将式(5–14)、式(5–15）代入式(5–13）得：

$$\frac{U}{\sqrt{\frac{\rho_s-\rho}{\rho}}}=\sqrt{f\left(\frac{u_*D}{\upsilon}\right)}A\left(\frac{h}{D}\right)^n \tag{5–16}$$

根据实测资料，当u_*D/υ较大时，$f(u_*D/\upsilon)$接近于一个常数，则式（5–16）为：

$$U=A\sqrt{\frac{\gamma_s-\gamma}{\gamma}gD}\left(\frac{h}{D}\right)^n \tag{5–17}$$

式中：A——起动流速系数；

n——指数；

其余符号意义同前。

均匀沙起动流速多采用这种形式，式（5–17）中起动流速系数A和指数n，各家取值不同，如武汉水利电力学院取A=1.34，n=0.14；沙漠夫取A=1.14，n=1/6；华国祥取A=1.35，n=1/6。

5.4.3 均匀沙起动功率公式

泥沙颗粒因水流的作用而发生运动。显然，要使泥沙以一定的速度运动前进，水流必须对泥沙做功，消耗一定的水流能量。把推移质输沙率和水流在单位时间内所消耗的能量联系起来，是研究推移质运动的一个重要方向。在泥沙的起动问题中，正如可以用水流对泥沙的作用力的某一临界值来表达泥沙的起动条件一样，也可以用水流为维持泥沙运动所做的功率的某一临界值来标志泥沙的起动条件。

单位宽度、单位长度的水体在单位时间内所损失的势能：

$$W_0=\gamma hJU=\gamma qJ \tag{5-18}$$

式中：q——单宽流量。

拜格诺曾根据美国水道试验站所做的中值粒径为 0.59mm 的试验结果，推导出函数关系式如下：

$$\frac{\gamma_s-\gamma}{\gamma}g_b=K(W_0-W_c) \tag{5-19}$$

式中：W_0——单位水体的功率；

W_c——泥沙起动所需功率；

g_b——泥沙输移强度。

这样从功率的角度出发，粗颗粒泥沙的起动条件可以写成：

$$\frac{W_c}{\frac{\gamma}{g}\left(\frac{\gamma_s-\gamma}{\gamma}gD\right)^{\frac{3}{2}}}=常数 \tag{5-20}$$

式中：W_c——使泥沙起动所需要的功率。

拜格诺发现，W_c与粒径的 3/2 次方成比例，这个常数根据试验确定。在一定比降下，式（5-20）又可以改写为：

$$q_c=常数\times\frac{\left(\frac{\gamma_s-\gamma}{\gamma}gD\right)^{\frac{3}{2}}}{gJ} \tag{5-21}$$

肖克立奇（A．Schoklitsch）曾根据水槽试验资料得出泥沙的起动条件为：

$$q_c=0.019\,4\,\frac{D}{J^{\frac{4}{3}}} \tag{5-22}$$

5.5　小结

（1）确定了试验泥沙颗粒起动的初步判别标准：粒径为 9 ~ 12mm 砾石颗粒的起动标准定为起动 2 ~ 3 颗，粒径为 9 ~ 12mm 煤颗粒的起动标准定为起动 3 ~ 5 颗，而对其他的模型沙，采用质量互等定理的方法换算。

（2）试验中起动流量的选取，根据实测水位流量关系，采用多组试验数据内插的方法确定，所有试验数据均转换为统一的标准，得到满足 Tayor 无量纲输沙率为 0.02 时的流量值，为后续试验数据分析提供方便。

（3）针对试验所测数据的情况，本书将研究卵砾石几何特性对起动流速、起动功率的影响，并建立相对应的修正公式。

6　试验方案设计

模型试验方法是研究泥沙起动现象的主要途径，从1861年杜保阿开始研究泥沙起动以来，学者们在泥沙运动力学领域取得了长足的进展，但至今仍对一些关键性问题的认识尚不成熟，有待进一步的探索。1986年钱宁对泥沙研究现状作了总结，认为产生这种情况主要有两个方面的原因：一是泥沙运动本身的复杂性，二是一些关键的量测技术还不能满足研究的需要[64]。由于泥沙研究还不能完全从理论上去解释，即使试验条件相同，采用不同的公式得出的结果相差仍很大；同时这些公式的建立都得到试验资料的验证，有的甚至与实测资料吻合度较高，但是在运用到解决实际工程问题时误差仍较大，这就使得在工程界难以寻求一种标准来量化泥沙运动。

为了探求泥沙颗粒几何特性对泥沙起动影响的内在原因，本书仍采用模型试验的方法，在重庆交通大学水利水运重点实验室6m高精度变坡玻璃水槽内完成。试验系统由变频器、变坡水槽、水泵、超声水位计和计算机五部分组成，试验过程通过计算机控制，由计算机发出目标指令给变频器，变频器转换信号控制水泵转速，达到与目标相近的试验流量；电磁流量计实时监控流量变化过程，并不断将数据反馈给计算机；超声水位计监测水位变化过程。整个测量系统可以实现自动化操作，同时具有对水流无干扰、实时和反应速度快的特点。

6.1　试验装置

6.1.1　概化水槽介绍

本试验在重庆市水利水运重点实验室6m高精度变坡玻璃水槽中进行，水槽的供回水示意图见图6–1，水槽平面图见图6–2。变坡水槽的入口是流量测控系统，由电磁流量计和计算机组成。

为防止水泵提升水流的波动对试验结果有影响，本次试验在水槽的进口处设置两种消能形式：一是在进口水流蓄水池内安设玻璃珠，利用玻璃珠的压载消除局部上升水流的绝大部分动能；二是在固定段前段设置过流板，过流板由直径为1cm的水管拼合而成，主要用于消除压载后水流剩余的动能，使水流平稳地进入固定段。

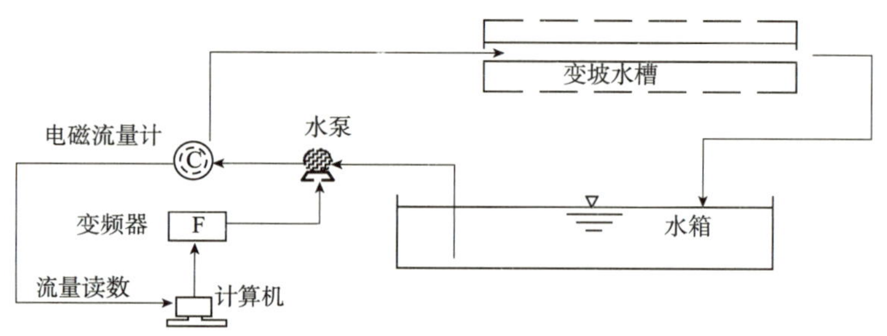

图 6-1　变坡水槽供回水系统示意图

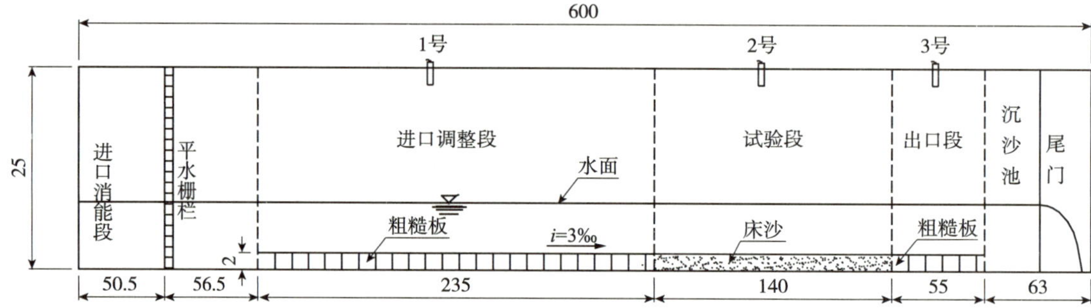

图 6-2　试验水槽平面布置图（尺寸单位：cm）

6.1.2　流量测量系统

6m 高精度水槽系统试验过程中的流量主要由计算机控制，计算机不断将目标流量信号转换为频率信号发给变频器，再由变频器发出信号给水泵控制其转速，经过三者之间不断的调整，最终使实际流量接近目标流量。变频器在流量控制系统中担当媒介作用，不仅接收计算机发的信号，并将信号传递给水泵，变频器信号转换的准确性直接影响试验的成功与否。因此在试验前，应首先将变频器和流量计之间的数量关系加以标定，如图 6-3、图 6-4 所示。

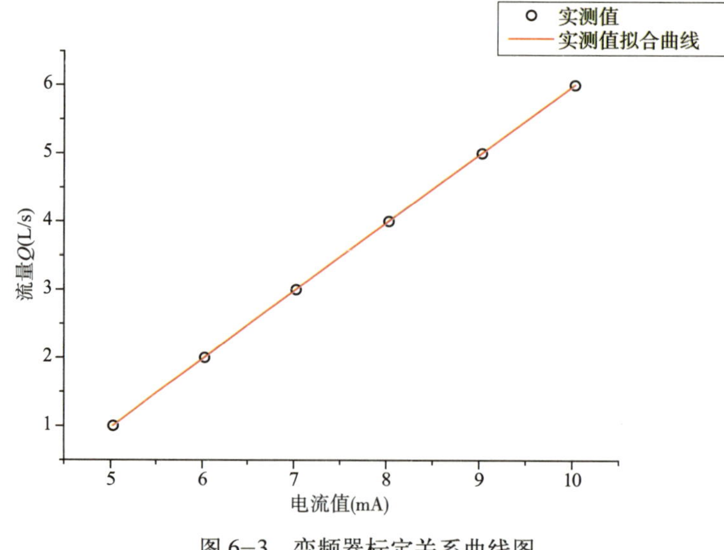

图 6-3　变频器标定关系曲线图

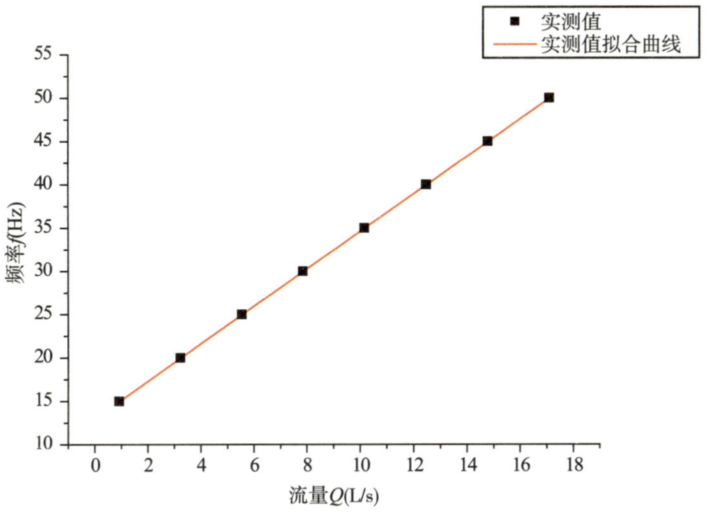

图 6–4　变频器标定关系曲线图

（1）流量器标定式及标定曲线

$$Q=1.5572x-6.27 \tag{6-1}$$

式中：Q——水泵出流量（L/s）；

x——电流值（mA）。

（2）变频器标定式及标定曲线

$$Q=2.163398f+13.024058 \tag{6-2}$$

式中：Q——水泵出流量（L/s）；

f——频率（Hz）。

6.1.3　水位测量系统

试验采用超声水位计（图 6–5）进行水位测量，水槽沿程共布设 3 个超声水位探头，安装高度距离水面均不小于 5cm。超声水位计原理为探头发送的超声波遇到水面反射以后返回探头，根据超声波发送以及返回的时间即可得到探头与水面之间的距离。

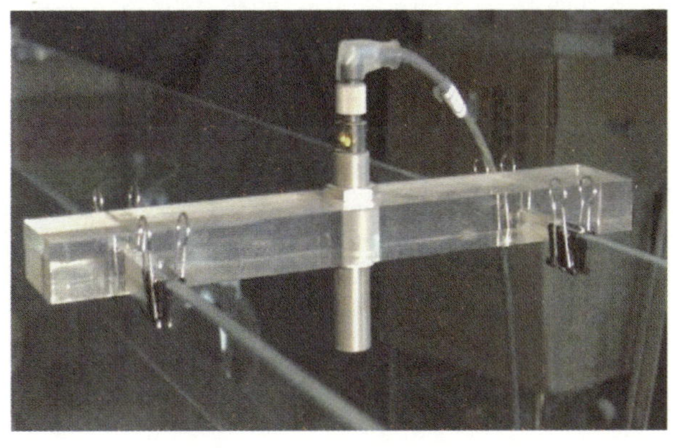

图 6–5　超声水位计

为了确保超声水位计所测电压与水位关系的准确性，在试验前对 3 个超声水位计进行了率定，即通过改变探头下部物体的高度来获取不同的电压值，通过数学拟合得到电压与高度的函数表达式，率定数据如表 6–1 所示。

超声水位计率定数据表　　表 6–1

次数	1　号		2　号		3　号	
	电压值（V）	高度（m）	电压值（V）	高度（m）	电压值（V）	高度（m）
1	1.214	0.012	1.552	0.016	1.236	0.199
2	1.124	0.011	1.459	0.015	1.142	0.192
3	1.032	0.010	1.367	0.014	1.048	0.184
4	0.939	0.009	1.273	0.013	0.954	0.176
5	0.848	0.008	1.180	0.012	0.861	0.169

经过数学拟合得到 3 个超声水位计的标定曲线：

1 号　$$y=0.086\,476x+0.094\,264 \tag{6-3}$$

2 号　$$y=0.083\,910x+0.098\,250 \tag{6-4}$$

3 号　$$y=0.082\,071x+0.097\,946 \tag{6-5}$$

式中：y——水位高度（m）；

x——水位计电压值（V）。

6.2　试验水流特征值的确定和试验沙的选取

6.2.1　流量

结合水槽试验的实际情况，本次研究采用流量范围为 1 ~ 10L/s，采用精度为 1% 的电磁流量计实时监测流量的变化过程。

6.2.2　水深及宽深比

要求设计试验水槽满足水流流动的二维性。明渠水流的二维性通常用宽深比（B/H）来判断。宽深比的大小可以决定水力半径的计算和边壁对水流的影响程度。

水力计算采用下式：

$$R=\frac{A}{X}=\frac{BH}{B+2H}=\frac{H}{1+2\frac{H}{B}} \tag{6-6}$$

当宽深比较大时，$R\approx H$。在实验室确定宽深比时，不同研究者确定的值不同，一般为 5 ~ 10，本书采用的宽深比为 5。

6.2.3　试验沙的选取

本次试验用沙包含天然砾石和煤颗粒两个部分，天然砾石取自长江上游重庆河段九龙滩处，而煤颗粒则取自荣昌精煤。所选沙样在运回实验室后，经过6mm、9mm和12mm三种方孔筛筛分，得到两个粒径组次的试验用沙，分别为6～9mm和9～12mm。

试验中要研究砾石颗粒几何形状对起动的影响，就必须将泥沙颗粒的几何形状加以量化，以便进一步筛分。根据第2章中椭球体饱满度与形状系数的关系可知，条形颗粒外形独特，可以直接进行筛选，而标准椭球体和近似椭球体颗粒可根据其外形的光滑性和缺陷性来选取。经过挑选后的三种形状砾石颗粒如图6−6所示。

根据100颗9～12mm混合砾石样品实测形状系数的分布情况大致可分为三个部分，其中S.F.<0.55的有38颗，0.55<S.F.<0.7的有43颗，S.F.>0.7的有19颗；实测100颗6～9mm混合沙样品，S.F.<0.55的有42颗，0.55<S.F.<0.7的有37颗，S.F.>0.7的有21颗。总的来讲，S.F.<0.7的颗粒数占了绝大多数，而标准椭球体的颗粒数量则较少，同时，两种混合沙样S.F.的分布情况与图6−6中所包含的三种形态相对应。因此，本书定义三种颗粒形状，其中S.F.<0.55为条形颗粒，0.55<S.F.<0.7为近似椭球体颗粒，S.F.>0.7为标准椭球体颗粒，以确保试验砾石能够反映出颗粒几何形状上的差异性。

试验中煤颗粒的选取仍采用与天然砾石相同的方法，以此来保证煤颗粒粒径与天然砾石相等，经6mm、9mm和12mm三种方孔筛筛分后得到6～9mm和9～12mm两个粒径组次的试验用煤。从煤颗粒的形状来看，煤颗粒与天然砾石颗粒差异较大，多呈方块形，同样，筛分后可分为三种形状：条形、标准方块形和近似方块形，如图6−7所示。

图6−6　同种粒径三种形状沙样图

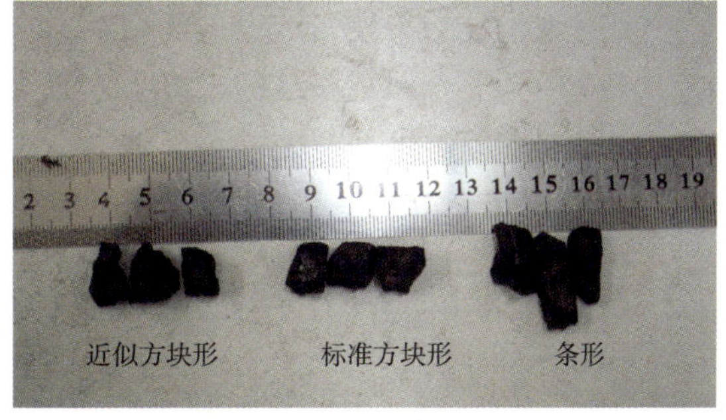

图6−7　同种粒径三种形状煤颗粒示意图

根据100颗9～12mm混合煤颗粒样品实测形状系数的分布情况来看，大致可分为三个部分，其中 S.F.<0.50的有35颗，0.50<S.F.<0.62的有27颗，S.F.>0.62的有58颗；实测100颗6～9mm混合煤颗粒样品，S.F.<0.50的有28颗，0.50<S.F.<0.62的有36颗，S.F.>0.62的有36颗。总的来讲，煤颗粒数目在形状系数S.F.<0.50和S.F.>0.62时数量较多，与卵砾石相比煤颗粒的S.F.值有明显下降的趋势，颗粒多以条形和方块形存在。同样地，定义三种颗粒形状：S.F.<0.50为条形颗粒，0.50<S.F.<0.62为近似方块形颗粒，S.F.>0.62为标准方块形颗粒。

表6−2中列出了试验沙椭球体饱满度与形状系数的数值。从平均值的分布情况来看，砾石颗粒Π值与S.F.吻合较好，标准颗粒Π值介于0.9～1.1之间，近似椭球体颗粒Π值小于0.9；6～9mm条形颗粒Π值大于1.1；而9～12mm条形颗粒Π值大于1.0。

从选沙的实际情况来看，标准椭球体颗粒和近似椭球体颗粒是按照形状系数进行筛选的，因此所选颗粒存在 Π 值交叉的情形，这与第 2 章中所得结果相类似。尽管如此，标准椭球体颗粒与近似椭球体颗粒在形状方面的差异性比较明显，基本满足试验的研究要求。煤颗粒由于形状多呈现方块形，故筛选时以方块形为参照进行筛选，经过筛选后的颗粒 Π 值和 S.F. 的关系与砾石颗粒的基本一致，符合试验的要求。

试验沙特征值　　表 6–2

模型沙样	天然砾石颗粒			煤　颗　粒		
	近似椭球体	标准椭球体	条形	近似方块形	标准方块形	条形
6 ~ 9mm Π	0.878	0.956	1.101	0.948	0.993	1.147
6 ~ 9mm S.F.	0.622	0.685	0.548	0.620	0.678	0.472
9 ~ 12mm Π	0.806	0.937	1.028	0.857	0.962	1.083
9 ~ 12mm S.F.	0.559	0.656	0.466	0.526	0.664	0.465

6.3　试验水槽设计

6.3.1　模型布置

（1）水位计的布设

试验中为了确保试验段的水流为近似均匀流，将 3 个水位计进行了布设，布设位置见图 6–8，两端固定段分别设置一个水位计，试验段中部设置一个水位计。通过 3 个水位计实测数值来调节尾门，保障试验段为近似均匀流。

图 6–8　水位计布设图

（2）比降的选取

由于试验选用了砾石颗粒和煤颗粒两种类型的泥沙，砾石颗粒体积小、密度大，颗粒起动需要的水流强度较大，同时结合山区河流比降较大的特点，比降设置为1%、1.3%、1.5%、1.7%和1.9%；煤颗粒由于体积大、密度小，颗粒起动需要的水流强度较小，在大比降情况下，煤颗粒呈“飞行”状态，难以准确模拟泥沙起动的真正内涵，将比降设置为1‰、2‰、3‰和4‰。

（3）模型沙的铺设

试验在图6-8所示的水槽内进行，水槽长6m，宽0.25m，水槽前端和后端为固定点，中间为1.4m长的试验段，试验段内铺满同种模型沙，并且保证试验段与固定段床面平齐，防止试验水流由固定段进入试验段时出现跌水的情况，试验水槽尾部设有接沙口。

（4）需要测量的试验数据

试验中的水深、流速、水面比降等均由计算机测量。河床上泥沙起动颗粒颗数由试验人员观测，观测时长标准为水流稳定后10min。同时，每次试验结束后，取出滚入接沙池的泥沙颗粒，通过三轴量测法量测颗粒三轴长度并称量颗粒质量。

6.3.2 试验步骤

以9～12mm原始沙样颗粒，初始比降1.3%试验组合情况为例介绍。

（1）初步计算起动流量

在试验开始前，根据试放水中所得水深和流量关系，按照沙莫夫起动流速公式计算，初步得出原始沙样达到起动标准所需流量为4.5L/s，在放水过程中初始流量的选取应比计算流量低1～2L/s。

（2）试验段河床平整

首先将试验用的9～12mm原始沙样颗粒满铺于河床中，再利用长为1.0m的铝合金板平整河床，平整过程中为了确保沙洋排列的随机性，不能人为排列河床颗粒。待平整河床后，利用精度为0.1mm的钢尺测量进口端与出口端的高度，验证其是否在同一平面上。

（3）试验放水及数据测量

根据试验前确定的初始流量放水，先从流量为3L/s起放，待电磁流量计稳定后观察3个水位计读数是否保持一致，若出现较大差异时需调节末端处的尾门，减小后部接沙池处水位差。在水位稳定后，试验人员坐于试验段中部，手持计时器和计数本，通过目测记录10min内河床上滚动的泥沙颗粒数量，以便试验后分析。

（4）试验沙洋量测

试验放水完毕后，从接沙池处取出冲入其中的泥沙颗粒，由于存在泥沙达到起动标准时没有泥沙进入接沙池的可能，在试验过程中，通常加放1～2个流量级，以便试验数据的比较和沙样的采取。

沙样采取完毕后，用毛巾将其擦拭干或用烤箱将其烘干，减少水对颗粒质量的影响，再利用游标卡尺量测沙样的三轴长度，并利用精度为0.1g的电子秤称量沙样质量，以便试验后续分析。

在其他组次试验中，完全重复上述试验步骤。试验共设计54组，试验组合情况见表6-3。

试验组合　　表 6–3

序　号	外形特性	产　地	相对密度	比　降	组　次
1	近似椭球体	长江天然砾石	2.65	1% ~ 1.9%	10
2	标准椭球体	长江天然砾石	2.65	1% ~ 1.9%	10
3	条形	长江天然砾石	2.65	1% ~ 1.9%	10
4	近似方块形	荣昌精煤	1.35	1‰ ~ 4‰	8
5	标准方块形	荣昌精煤	1.35	1‰ ~ 4‰	8
6	条形	荣昌精煤	1.35	1‰ ~ 4‰	8

6.4　小结

（1）试验系统所确定的水槽比降和模型沙选取合理，能够反映出天然卵砾石和煤颗粒起动的特性。

（2）为了研究泥沙几何特性对起动的影响，选择两种模型沙、三种几何特性和多种比降进行水槽试验，希望通过 54 组的水槽试验，能够反映出泥沙几何特性的影响情况。

（3）安排试验步骤，测量和记录有效试验数据，对 54 组试验进行拍照记录。

7 试验结果分析

根据第 5 章的粗颗粒泥沙起动理论分析，描述泥沙开始运动的水力指标有拖曳力（剪切力）、平均流速、起动功率三种形式。其中，起动功率指标是新的概念，理论上和具体公式在形式上都不够完整，目前没有得到广泛采用；平均流速和拖曳力指标经过长期的研究，在理论上基本已经成熟，尤其是平均流速在实际工程中已得到广泛的运用。在以往的研究中，学者们多考虑水深 H、流速 V、比降 J 和河床糙率 n 这四个因素对泥沙起动的影响，往往忽略颗粒几何形状的影响，但从试验结果得知，颗粒形状对起动会产生较大的影响，形状越接近椭球体的颗粒，起动所需的能量越大。因此，本书将对目前运用较广的起动流速公式和尚待进一步研究的起动功率公式分别进行研究，在公式中引入描述颗粒几何形状的参数加以修正，总结归纳出适合山区河流天然卵砾石运动的公式形式。

7.1 试验数据整理

试验中临界起动流量的选取，采用第 3 章中所提及的方法，根据多组试验数据内插满足 Tayor 无量纲输沙率为 0.02 时的水位流量值，确保试验数据均满足统一的标准。本书整理了 30 组天然砾石颗粒和 24 组煤颗粒试验数据，以此分析几何形状对起动的影响。卵砾石颗粒试验选用粒径 6 ~ 9mm 和 9 ~ 12mm 两组，每个粒径组包含 S.F.<0.55、0.55<S.F.<0.7 和 S.F.>0.7 的三种不同几何形状的试验样品，坡降为 1%、1.3%、1.5%、1.7% 和 1.9% 5 组，试验共计 30 组；煤颗粒试验仍选用 6 ~ 9mm 和 9 ~ 12mm 两组，每个粒径组包含 S.F.<0.50、0.50<S.F.<0.62 和 S.F.>0.62 的三种不同几何形状的试验颗粒，坡降为 1‰、2‰、3‰和 4‰ 4 种，共计 24 组。试验起动流量的确定图见图 7–1，整理后的试验数据如表 7–1 和表 7–2 所示。

煤颗粒水槽试验数据结果 表 7–1

模型沙样	流量 Q (L/s)	水深 H (m)	比降 J	摩阻流速 u_* (m/s)	a (cm)	b (cm)	c (cm)	Taylor	Parker
6 ~ 9mm 近似方块形	2.28	0.039	0.001 5	0.024	1.08	0.68	0.49	0.02	0.000 97
	1.38	0.025	0.002 5	0.025	0.99	0.77	0.47	0.02	0.000 89
	1.36	0.024	0.003 5	0.028	1.07	0.78	0.51	0.02	0.000 66
	1.08	0.017	0.004 3	0.027	1.02	0.77	0.47	0.02	0.000 74

续上表

模型沙样	流量 Q (L/s)	水深 H (m)	比降 J	摩阻流速 u_*(m/s)	a (cm)	b (cm)	c (cm)	Taylor	Parker
6 ~ 9mm 条形	2.36	0.039	0.001 5	0.024	1.44	0.78	0.51	0.02	0.000 97
	1.43	0.026	0.002 5	0.025	1.45	0.79	0.47	0.02	0.000 87
	1.43	0.024	0.003 5	0.029	1.37	0.79	0.46	0.02	0.000 66
	1.05	0.016	0.004 3	0.026	1.4	0.7	0.47	0.02	0.000 79
6 ~ 9mm 标准方块形	2.47	0.04	0.001 5	0.024	1.05	0.72	0.56	0.02	0.000 94
	1.73	0.029	0.002 5	0.027	0.98	0.74	0.54	0.02	0.000 75
	1.59	0.026	0.003 5	0.03	0.98	0.74	0.57	0.02	0.000 60
	1.05	0.016	0.004 3	0.026	1.02	0.78	0.57	0.02	0.000 77
9 ~ 12mm 近似方块形	3.71	0.051	0.001 5	0.027	1.62	1.31	0.73	0.02	0.001 02
	3.08	0.041	0.002 5	0.031	1.81	1.22	0.77	0.02	0.000 75
	2.1	0.031	0.003 5	0.033	1.79	1.27	0.8	0.02	0.000 70
	1.87	0.026	0.004 3	0.033	1.8	1.26	0.81	0.02	0.000 68
9 ~ 12mm 条形	4.18	0.056	0.001 5	0.028	2.54	1.2	0.78	0.02	0.000 95
	3.53	0.044	0.002 5	0.033	2.66	1.09	0.73	0.02	0.000 69
	2.98	0.038	0.003 5	0.036	2.04	0.97	0.68	0.02	0.000 57
	2.11	0.027	0.004 3	0.034	2.08	1.04	0.71	0.02	0.000 45
9 ~ 12mm 标准方块形	4.56	0.06	0.001 5	0.029	1.32	1.14	0.83	0.02	0.000 88
	3.55	0.044	0.002 5	0.033	1.71	1.17	0.88	0.02	0.000 69
	2.99	0.037	0.003 5	0.036	1.52	1.16	0.83	0.02	0.000 58
	2.18	0.028	0.004 3	0.034	1.49	1.16	0.91	0.02	0.000 44

注：a- 泥沙颗粒的长轴长度；b- 中轴长度；c- 短轴长度。

砾石颗粒试验数据表　　表 7–2

模型沙样	流量 Q (L/s)	水深 H (m)	比降 J	摩阻流速 u_*(m/s)	a (cm)	b (cm)	c (cm)	Taylor	Parker
6 ~ 9mm 近似椭球体	5.031	0.035	0.010 5	0.06	1.01	0.82	0.56	0.02	0.000 71
	4.465	0.031	0.013	0.063	1.11	0.81	0.57	0.02	0.000 64
	3.766	0.024	0.015	0.06	1.08	0.83	0.57	0.02	0.000 71
	3.652	0.025	0.017	0.064	1.13	0.8	0.59	0.02	0.000 61
	2.928	0.022	0.019 2	0.065	1.15	0.82	0.6	0.02	0.000 60
6 ~ 9mm 条形	5.388	0.037	0.010 5	0.061	1.48	0.87	0.6	0.02	0.000 67
	4.47	0.03	0.013	0.062	1.45	0.8	0.6	0.02	0.000 66
	3.811	0.026	0.015	0.062	1.55	0.84	0.64	0.02	0.000 66
	3.773	0.026	0.017	0.066	1.46	0.82	0.59	0.02	0.000 59
	3.302	0.024	0.019 2	0.067	1.48	0.78	0.6	0.02	0.000 57

续上表

模型沙样	流量 Q (L/s)	水深 H (m)	比降 J	摩阻流速 u_*(m/s)	a (cm)	b (cm)	c (cm)	Taylor	Parker
6 ~ 9mm 标准椭球体	6.215	0.041	0.010 5	0.065	0.96	0.82	0.64	0.02	0.000 60
	4.681	0.032	0.013	0.064	0.98	0.82	0.64	0.02	0.000 62
	4.199	0.028	0.015	0.064	1.02	0.76	0.64	0.02	0.000 62
	3.956	0.026	0.017	0.065	1.07	0.85	0.68	0.02	0.000 59
	3.72	0.026	0.019 2	0.069	1.05	0.82	0.67	0.02	0.000 53
9 ~ 12mm 近似椭球体	7.611	0.046	0.010 5	0.069	1.54	1.2	0.85	0.02	0.000 74
	5.996	0.035	0.013	0.067	1.73	1.23	0.9	0.02	0.000 78
	5.474	0.034	0.015	0.07	1.65	1.07	0.88	0.02	0.000 71
	4.99	0.029	0.017	0.07	1.7	1.23	0.89	0.02	0.000 71
	4.656	0.026	0.019 2	0.07	1.62	1.15	0.88	0.02	0.000 71
9 ~ 12mm 条形	7.834	0.046	0.010 5	0.069	2.36	1.22	0.84	0.02	0.000 74
	6.27	0.037	0.013	0.068	2.21	1.17	0.83	0.02	0.000 75
	5.778	0.035	0.015	0.071	2.37	1.22	0.79	0.02	0.000 69
	5.192	0.032	0.017	0.073	2.25	1.2	0.88	0.02	0.000 66
	4.838	0.028	0.019 2	0.072	2.24	1.21	0.87	0.02	0.000 67
9 ~ 12mm 标准椭球体	9.34	0.053	0.010 5	0.074	1.62	1.28	1.01	0.02	0.000 64
	8.264	0.043	0.013	0.074	1.49	1.21	0.95	0.02	0.000 64
	7.874	0.041	0.015	0.077	1.49	1.21	0.97	0.02	0.000 59
	5.431	0.031	0.017	0.072	1.59	1.21	1	0.02	0.000 67
	4.728	0.026	0.019 2	0.07	1.55	1.2	0.97	0.02	0.000 71

注：a- 泥沙颗粒的长轴长度；b- 中轴长度；c- 短轴长度。

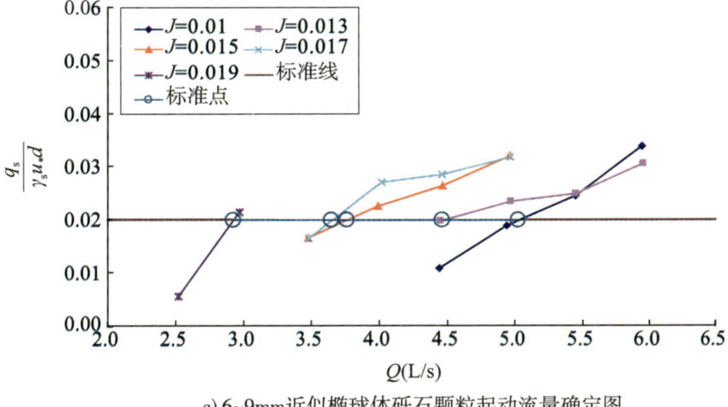

a) 6~9mm近似椭球体砾石颗粒起动流量确定图

图 7-1

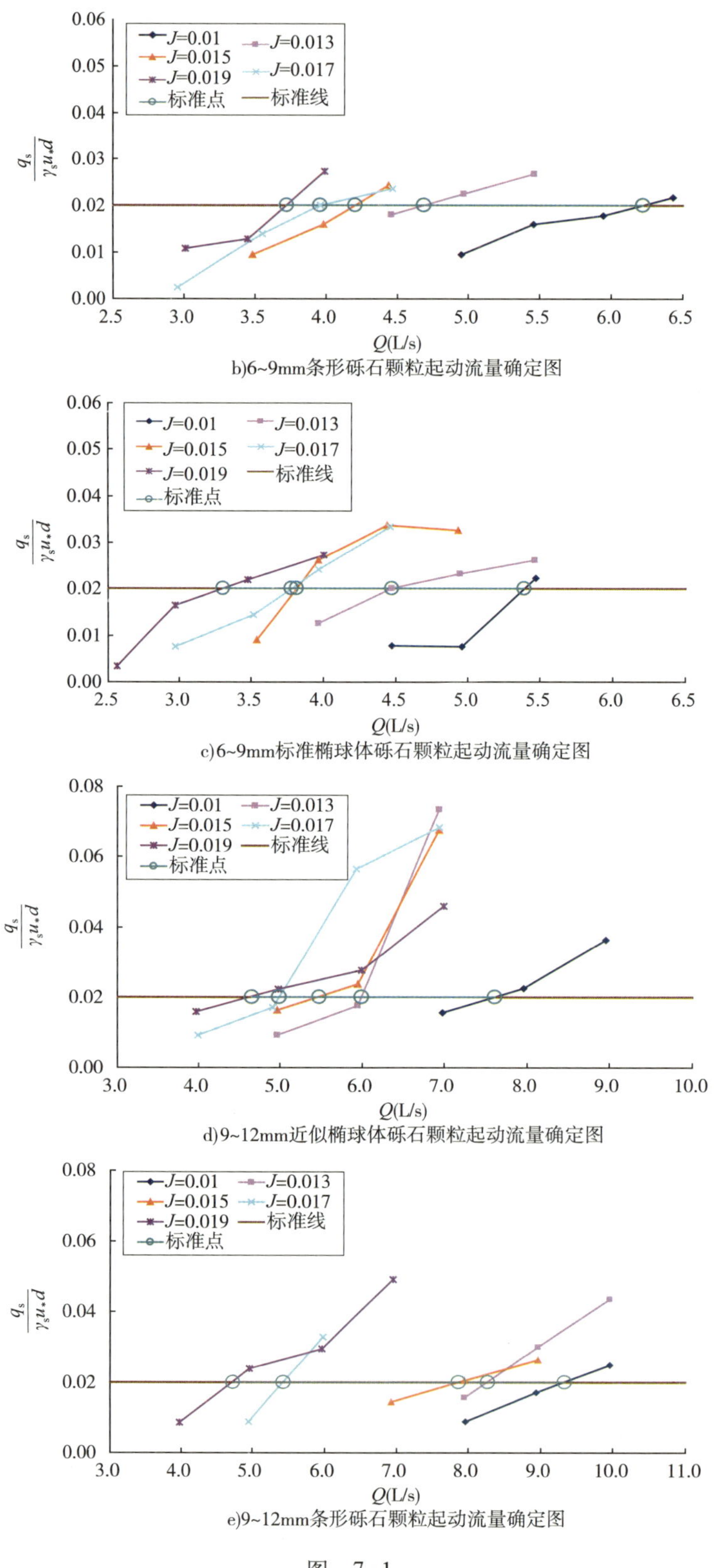

b)6~9mm条形砾石颗粒起动流量确定图

c)6~9mm标准椭球体砾石颗粒起动流量确定图

d)9~12mm近似椭球体砾石颗粒起动流量确定图

e)9~12mm条形砾石颗粒起动流量确定图

图　7-1

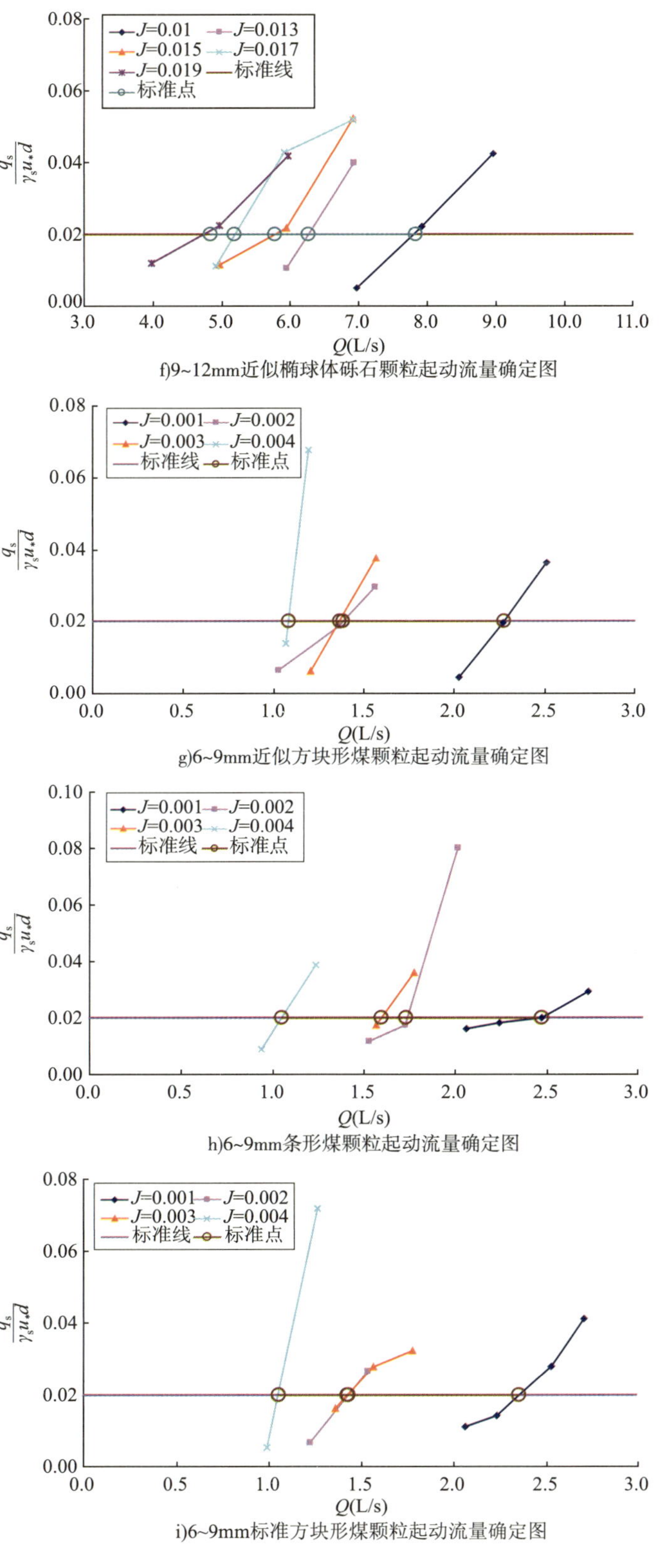

f)9~12mm近似椭球体砾石颗粒起动流量确定图

g)6~9mm近似方块形煤颗粒起动流量确定图

h)6~9mm条形煤颗粒起动流量确定图

i)6~9mm标准方块形煤颗粒起动流量确定图

图 7-1

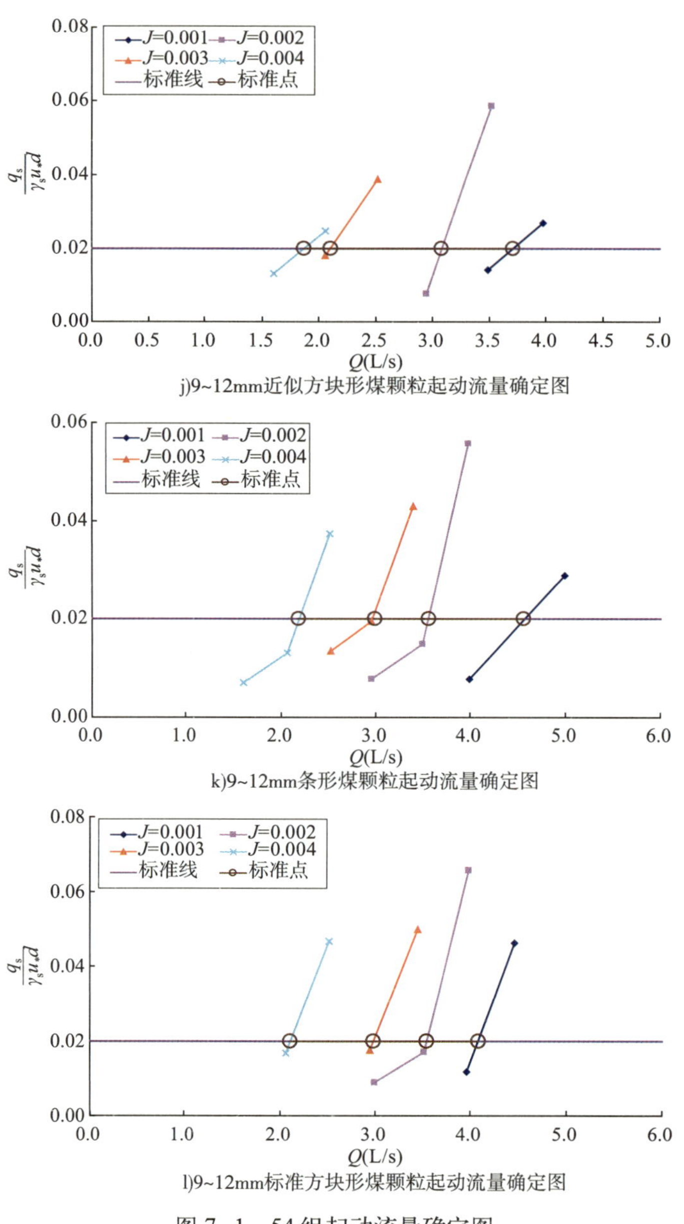

j)9~12mm近似方块形煤颗粒起动流量确定图

k)9~12mm条形煤颗粒起动流量确定图

l)9~12mm标准方块形煤颗粒起动流量确定图

图 7−1　54 组起动流量确定图

7.2　公式理论分析

为了探求颗粒几何形状对起动的影响关系，本书将对经典理论公式进行分析和修正。下面的理论分析将以目前研究尚未成熟的起动功率公式为例，对于泥沙的起动功率公式，在相同水流条件（Q、J）和粒径（D）的情况下，均匀砾石临界起动功率值应趋近于一个常数，然而对 30 组卵砾石起动试验数据整理时发现，即使是相同粒径不同几何形状的砾石颗粒在相同水流条件下临界起动功率值仍存在着差异性，差异性分布情况如图 7−2 和图 7−3 所示。同时，为了方便进行后续的数据分析，将式（7−1）等式两边相除，得到临界无量纲起动功率数 W_*，具体表达形式见式（7−2）。

$$W_c = 常数 \times \frac{\gamma}{g}\left(\frac{\gamma_s-\gamma}{\gamma}gD\right)^{3/2} \tag{7-1}$$

$$W_* = \frac{VHJ}{\sqrt{g[D(\gamma_s-\gamma)/\gamma]^3}} \tag{7-2}$$

式（7−2）中临界无量纲起动功率数 W_* 在水流条件一定的情况下同样应趋近于常数值。根据夏文颖《长江上游卵石起动规律研究》一文中定义的临界单宽无量纲流量数 $q^*=q/\sqrt{gD^3}$ 表明，只要分析 q^* 与 J 之间的函数关系就可以推导出 W_*。为了方便分析数据，对夏文颖定义的临界单宽无量纲流量数加以修正，在 q^* 表达式中加入反映颗粒水下质量的 $[(\gamma_s-\gamma)/\gamma]^3$ 这一常数项，那么 q^* 就转变为 $q/\sqrt{g[(\gamma_s-\gamma)D/\gamma]^3}$。

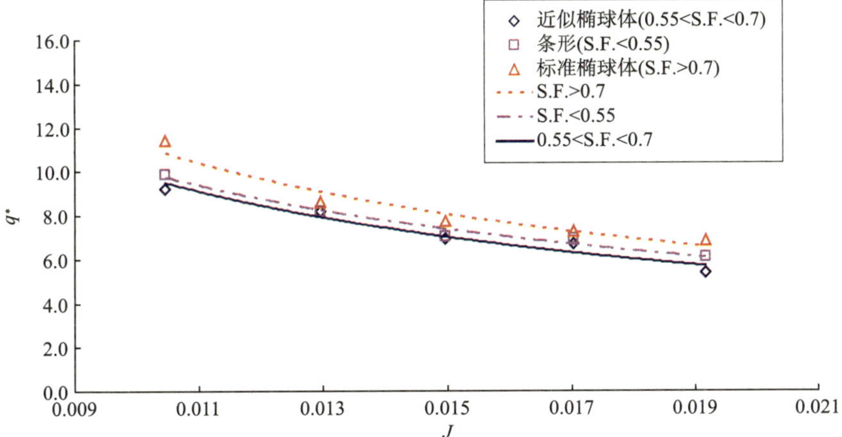

图 7−2 6 ～ 9mm 卵砾石颗粒 q^* 与 J 关系图

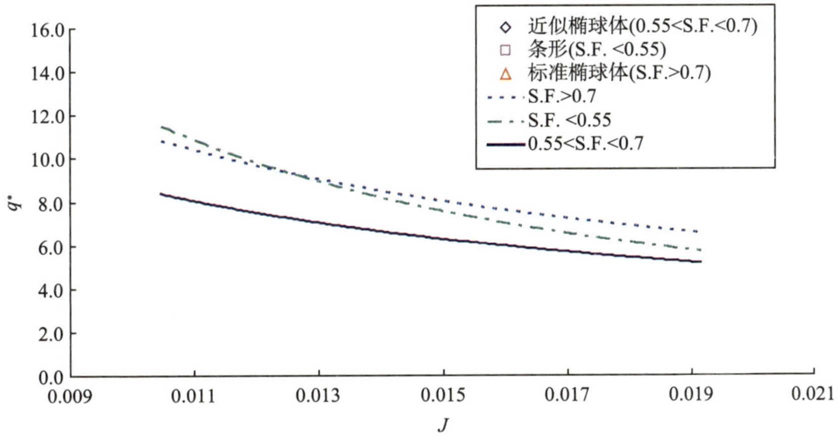

图 7−3 9 ～ 12mm 卵砾石颗粒 q^* 与 J 关系图

图 7−2 和图 7−3 反映了两种粒径三种不同几何形状的砾石颗粒临界单宽无量纲流量数的分布情况。从整体趋势来看，6 种沙样的 q^* 值均呈现出随着比降的增加而不断减小的

趋势，这与理论分析中坡降越大颗粒起动所需功率值越小的规律相符合；从实测数值分布来看，相同粒径三种不同几何形状在相同 J 的情况下，起动所需 q^* 值之间仍存在较大差异，尤其是图 7-3 中 9 ~ 12mm 卵砾石颗粒在坡降为 0.01 时，q^* 的差异值达到最大值为 1.27，这就表明颗粒几何形状对起动有一定的影响，因此在研究粗颗粒泥沙起动时应该加入反映颗粒几何形状的参数。

图 7-4 描述了砾石颗粒 W_* 与 S.F. 关系，图中实测数据点分布凌乱，大部分数据偏离拟合曲线较远，曲线拟合度较低，仅为 0.227，达不到拟合的要求，这就说明 W_* 与 S.F. 之间不是简单的乘幂关系，实测数据中可能还存在其他的影响因素，需要对试验数据进行进一步分析处理。从图 7-4 中数据点的数值分布来看，6 ~ 9mm 和 9 ~ 12mm 卵砾石颗粒起动所需 W_* 值均呈现出标准椭球体颗粒大于条形颗粒，而近似椭球体颗粒最小的现象。不难发现，试验所得结果与目前的主流研究成果相悖，在不考虑颗粒排列的情况下，颗粒质量越重起动所需的 W_* 值就应该越大，而试验成果显示，质量最大的条形颗粒 W_* 值却小于质量次之的标准椭球体颗粒。对于试验结果中呈现出的反常现象，笔者经过反复研究，认为产生这种差异性最主要的原因除了几何形状外，颗粒质量的影响不可忽略。

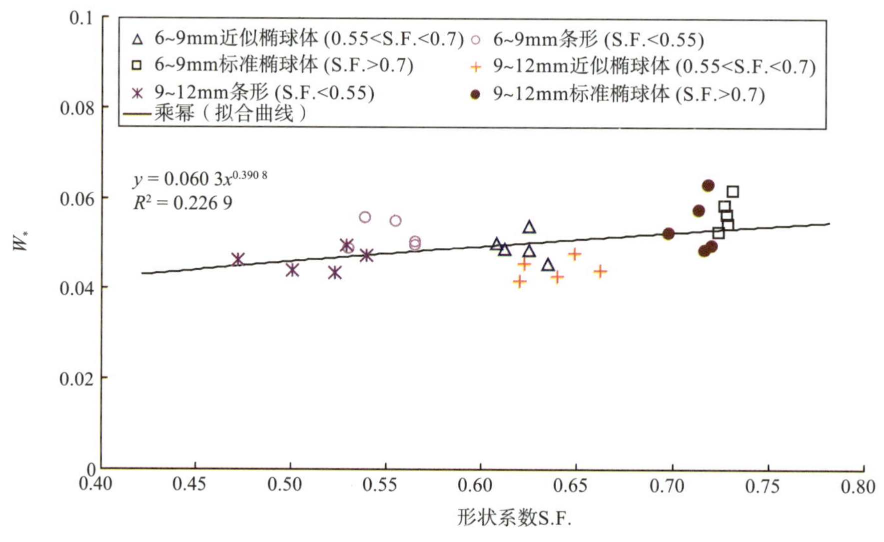

图 7-4　卵砾石颗粒 W_* 与 S.F. 关系图

（1）颗粒几何形状的影响

颗粒几何形状对起动的影响主要反映在平整河床后颗粒的排列方式上。河床中卵砾石颗粒的排列呈现随机性，很难通过量化的手段来加以描述，但在试验中观测发现，不同几何形状的颗粒在排列上也呈现不同的规律性。试验中为了确保试验段床沙高度与前后固定段平齐，在铺设床沙时采用 1m 铝合金板均匀压实的方法，经过碾压后的平整河床有可能会出现卵砾石颗粒在河床上排列出现无嵌套的情况，颗粒平躺于河床表面，如图 7-5 和图 7-6 所示，这种形式存在的颗粒在试验中最先摇晃和起动，其中近似椭球体颗粒这种排列居多，近似椭球体颗粒外形不规则，部分颗粒棱角突出，颗粒间仅有棱角部分相互嵌套，起动时所需克服的嵌套力较小，因此在相同粒径下颗粒起动所需要的 q^* 值最小；条形颗粒长轴值普遍较长，呈条状，由于床沙铺设厚度仅 2.5cm，条形颗粒多以平铺和斜靠的方式排列，颗粒间嵌套较为普遍，如图 7-7 所示，那么在相同粒径下起动时需要克服较大的嵌套力，所需要的 q^* 值居中；标准椭球体颗粒外形圆滑，在河床中近似呈鱼鳞状排列，成层状分布，颗粒之间排列紧凑，相互嵌套，如图 7-8 所示，起动时需要克服较大的嵌套力，所需 q^* 值最大。

图 7-5 近似椭球体颗粒排列平面示意图

图 7-6 近似椭球体颗粒排列立面示意图

图 7-7 条形颗粒排列示意图

图 7-8 标准椭球体颗粒排列示意图

（2）颗粒质量的影响

表 7-3 中列出了相同粒径不同形状的均匀沙之间质量存在着较大的差异，其质量分布情况为 $M_{条形} > M_{椭球体} > M_{近似椭球体}$，颗粒质量的差异直接导致起动所需水流条件的不同，颗粒质量越重，起动所需要的水流强度就越大，按照这种传统的理论分析，条形颗粒起动所需功率值应最大，标准椭球体颗粒次之，近似椭球体颗粒最小。试验成果表明，条形颗粒 W_* 值小于标准椭球体颗粒 W_* 值，然而试验所得结果与颗粒几何形状影响下的分析结果相同，这就表明颗粒起动主要受颗粒克服嵌套力所耗能量和颗粒克服质量所耗能量之和共同影响，其中颗粒几何形状对起动的影响占主导地位，颗粒质量的影响占次要地位。

颗粒几何形状对起动的影响作为本次试验研究的主要目的，但目前所得试验数据中包含颗粒质量和颗粒几何形状两个方面的影响因素，在以往关于双影响因素的研究中，通常采用单因素分析法来降低两者相互影响的情况，本书也采用单因素分析法来分析试验数据。要分析颗粒几何形状这个单因素对起动的影响情况，首先必须确保起动颗粒具

有相同质量，这样才能保证分析数据是由单因素造成的。考虑到众多起动公式中均引入 $[(\gamma_s-\gamma)\ gD]\ /\gamma$ 这一项，它的物理意义是指泥沙颗粒在水下所受重力的大小，这一项就从侧面反映出颗粒质量的影响，但从重力项的结构来看，重力项与颗粒的粒径成正比，这就涉及颗粒粒径的选取。对于试验中选用的均匀卵砾石而言，粒径可选用起动颗粒的等容粒径和筛孔粒径来代替，若选用筛孔粒径，能够保证所有起动颗粒重力项相等这一前提，然而根据表 7-3 中所列颗粒质量的情况，相同筛分粒径不同几何形状颗粒间质量存在较大的差异，分布情况为 $M_{条形}>M_{椭球体}>M_{近似椭球体}$，若单纯选用筛分粒径来保证重力项相等仍不能够体现出颗粒质量引起的临界起动功率值之间的差异性，这种处理方法可能会引起等式性质发生变化，因此此处粒径选择为等容粒径，由于试验后对起动颗粒进行了取样，要获取等容粒径较为容易。

结合到第 2 章所提及的椭球体饱满度 Π 这一参数，它能够反映颗粒在具有相同三轴长度时颗粒质量的差异性，其公式如下：

$$\Pi=\left(\frac{M_1}{M_0}\right)^{1/3}=\left(\frac{V_1}{V_0}\right)^{1/3}=\frac{D_1}{D_0} \tag{7-3}$$

式中：V_0——颗粒实测体积；

V_1——标准椭球体颗粒体积；

M_0——颗粒实测质量；

M_1——标准椭球体颗粒质量；

D_1——颗粒实测等容粒径；

D_0——标准椭球体颗粒等容粒径（可取筛孔粒径）。

为了实现起动颗粒重力项相等和起动功率公式中体现出质量的影响因素这一目标，特将所选取的等容粒径 D_1 变形为（$D_1\,D_0/D_0$），这样等容粒径就变为 ΠD_0，通过这样的变形，不仅可实现研究颗粒几何形状对起动影响的前提，还能够在起动功率公式中反映出不同形状颗粒质量的影响情况，同时能够确保公式不会因为引入了椭球体饱满度而产生新的误差。引入 Π 参数后的起动功率公式如式（7-4）所示：

$$W_c=常数\times\frac{\gamma}{g}\left(\frac{\gamma_s-\gamma}{\gamma}g\Pi D_0\right)^{3/2} \tag{7-4}$$

结合起动功率的无量纲公式，将式（7-4）右边加以简化，将 W_c 转换为无量纲的 W_*。

$$W_c=\gamma vhj=常数\times\gamma\left(\frac{\gamma_s-\gamma}{\gamma}\right)^{3/2}\sqrt{gD_0^3}\,\Pi^{3/2} \tag{7-5}$$

$$W_*=\frac{VHJ}{\sqrt{g[D_0\times(\gamma_s-\gamma)/\gamma]^3}}=常数\times\Pi^{3/2} \tag{7-6}$$

为了进一步探求颗粒几何形状对卵砾石起动的影响情况，笔者引入了描述颗粒几何形状的参数——形状系数，其表达式为 $S.F.=c/\sqrt{ab}$，式中，a、b 和 c 分别为颗粒的长、中、短轴长度，并建立能够反映颗粒几何形状的起动功率公式。

$$W_* = \frac{VHJ}{\sqrt{g[D_0\times(\gamma_s-\gamma)/\gamma]^3}} = A(S.F.)^n \Pi^{3/2} \tag{7-7}$$

式中：Π——椭球体饱满度；

D_0——筛孔代表粒径；

S.F.——形状系数；

A、n——待定系数（通过最小二乘法确定）；

其余符号意义同前。

7.3 砾石颗粒几何形状对起动的影响研究

7.3.1 对起动功率公式的影响

根据对以上公式进行理论分析可知，要得出无量纲起动功率数和几何形状的关系就必须首先知道椭球体的饱满度值，因此本书整理了30组砾石颗粒试验数据和椭球体饱满度Π值。具体数据见表7-3和表7-4。

30组砾石颗粒起动功率试验数据表　　表7-3

沙　样	比降J	起动颗粒质量M(g)	起动颗粒粒径D(m)	形状系数S.F.	无量纲起动功率W_*	单宽无量纲流量q^*	饱满度Π
6～9mm近似椭球体	0.010 5	0.52	0.007 9	0.634 5	0.045 6	4.358	1.005 8
	0.013	0.60	0.008	0.607 7	0.050 1	3.868	1.013 7
	0.015	0.60	0.007 9	0.611 9	0.047 8	3.262	1.011 7
	0.017	0.65	0.008 1	0.624 9	0.055 7	3.164	1.029 5
	0.019 2	0.71	0.008 2	0.625	0.048 6	2.536	1.047 9
6～9mm条形	0.010 5	0.96	0.009 1	0.530 8	0.048 8	4.667	1.158 5
	0.013	1.07	0.008 9	0.565 5	0.050 2	3.872	1.127 6
	0.015	1.18	0.009 4	0.565 3	0.049 4	3.301	1.194 1
	0.017	0.99	0.008 9	0.539	0.055 6	3.268	1.131 8
	0.019 2	0.91	0.008 8	0.555 1	0.052 8	2.86	1.122 0
6～9mm标准椭球体	0.010 5	0.60	0.007 9	0.728 5	0.056 3	5.384	1.012 0
	0.013	0.70	0.008	0.723 8	0.052 5	4.055	1.018 3
	0.015	0.62	0.007 9	0.729	0.054 4	3.638	1.002 6
	0.017	0.84	0.008	0.727 3	0.058 3	3.427	1.017 5
	0.019 2	0.75	0.008 3	0.731 2	0.054 8	3.222	1.054 2
9～12mm近似椭球体	0.010 5	2.20	0.010 9	0.639 7	0.039	4.074	1.003 1
	0.013	2.49	0.011	0.619 8	0.041 6	3.209	1.018 6
	0.015	2.33	0.011	0.661 8	0.043 8	2.93	1.018 6
	0.017	2.55	0.011	0.622 3	0.045 5	2.671	1.018 4
	0.019 2	2.29	0.010 8	0.648 7	0.047 7	2.492	0.993 7

续上表

沙　样	比降 J	起动颗粒质量 M (g)	起动颗粒粒径 D (m)	形状系数 S.F.	无量纲起动功率 W_*	单宽无量纲流量 q^*	饱满度 Π
9 ~ 12mm 条形	0.010 5	3.20	0.013 4	0.501 1	0.043 8	4.194	1.240 5
	0.013	3.03	0.012 9	0.523 6	0.043 5	3.356	1.189 7
	0.015	3.37	0.013 1	0.472 2	0.046 3	3.093	1.208 3
	0.017	3.51	0.013 2	0.539 7	0.047 3	2.779	1.224 5
	0.019 2	3.51	0.013 3	0.529 6	0.053 9	2.589	1.226 2
9 ~ 12mm 标准椭球体	0.010 5	2.60	0.012 2	0.698	0.052 3	5	1.127 5
	0.013	2.36	0.012	0.713 4	0.057 3	4.424	1.106 5
	0.015	2.27	0.012	0.718 4	0.061 2	4.215	1.110 4
	0.017	2.62	0.012 4	0.720 6	0.049 5	2.907 4	1.146 2
	0.019 2	2.46	0.012 1	0.716 6	0.057 9	2.531	1.121 6

不同几何形状砾石的 Π 平均值　　表 7–4

天然砾石颗粒		近似椭球体颗粒	标准椭球体颗粒	条形颗粒
6 ~ 9mm	原床面	0.878	0.956	1.101
	起动颗粒	1.022	1.021	1.147
9 ~ 12mm	原床面	0.948	0.993	1.147
	起动颗粒	1.010	1.122	1.218

从河床中起动颗粒 Π 值来看，条形颗粒由于外形独特，沙样 Π 值分布情况较为明显，同时，其起动颗粒 Π 值普遍大于其他两种颗粒，这与砾石颗粒饱满度的分布情况相符合；近似椭球体颗粒和标准椭球体颗粒 Π 值比较接近，6 ~ 9mm 时两者近似相等，9 ~ 12mm 时标准椭球体颗粒大于近似椭球体颗粒。起动颗粒 Π 值出现的这种现象与第 2 章中砾石颗粒饱满度的分布情况是相对应的，试验中近似椭球体为外形上存在缺陷的颗粒，颗粒 Π 值与标准椭球体颗粒存在交叉，同时起动颗粒的 Π 值普遍高于原床面值，形成这一现象的主要原因在于起动颗粒为交叉部分颗粒，这部分颗粒提高了 Π 的数值。

根据前面理论分析的处理结果，用双参数最小二乘法求解式（7–7）中待定系数 A、n，曲线拟合图和函数表达式如图 7–9 和式（7–8）所示。

$$W_*=0.0702\,(\mathrm{S.F.})^{0.988}\Pi^{1.5} \tag{7–8}$$

图 7–9 中实测数据点均匀分布于乘幂曲线两侧，虽然有个别组次试验数据偏离曲线较远，但不影响试验的整体结果，其中误差较大的主要是 9 ~ 12mm 标准椭球体颗粒和 6 ~ 9mm 近似椭球体颗粒，形成较大偏差的主要原因可能在于试验数据量测和试验控制方面；同时，曲线拟合度为 0.73，远远大于图 7–3 中只考虑颗粒几何形状影响的情况，这就表明试验所得卵砾石起动规律是重量和形状共同作用的结果。

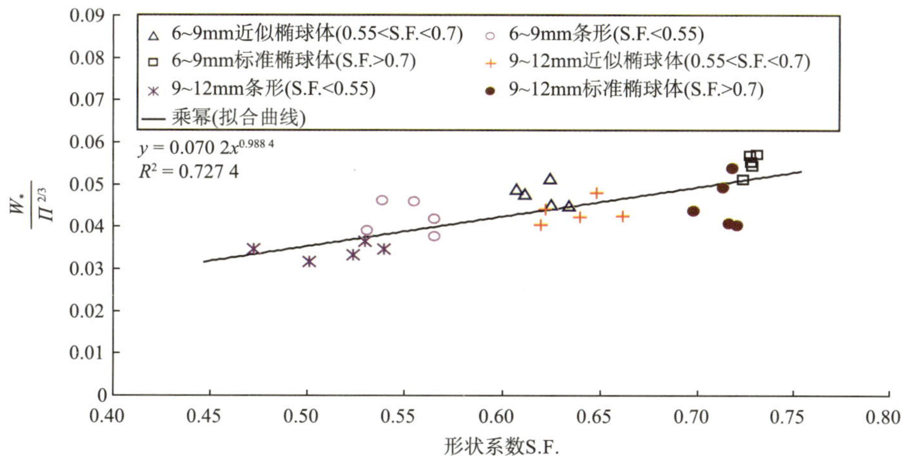

图 7–9　砾石颗粒起动功率拟合曲线图

7.3.2　对起动流速公式的影响

根据指数流速形式，起动流速公式形式为：

$$U_c = A\sqrt{\frac{\gamma_s-\gamma}{\gamma}gD\left(\frac{h}{D}\right)^{1/6}}$$

由于公式本身就考虑了颗粒水下重力的影响，所以在研究颗粒几何形状对泥沙起动流速影响情况时仍采用起动功率的类似分析方法，在等式中引入椭球体饱满度 Π 和形状系数 S.F.，然而等式右边还包含颗粒床面相对光滑度这一项，试验中选用的粒径相同的均匀的砾石颗粒，只是颗粒几何形状上存在差异，在同种沙样、相同比降的情况下，试验中水位的变幅为 ±0.5mm 左右，而砾石颗粒粒径取最小值在 6 ~ 9mm 范围内，床面相对光滑度变幅在 ±0.067 左右，变化值很小，那么就可以认为该项在相同沙样、相同比降时为常数项，此处粒径选用筛孔粒径。同时，Π 和 S.F. 均为无量纲量，它们的引入只会使公式的内容更加丰富，不会引起公式量纲的变化，还能确保公式的物理内涵不发生改变。引入椭球体饱满度 Π 和形状系数 S.F. 后的起动流速公式为：

$$U_c = A(\mathrm{S.F.})^n\sqrt{\frac{\gamma_s-\gamma}{\gamma}g\Pi D_0\left(\frac{h}{D_0}\right)^{1/6}} \tag{7-9}$$

式中：Π——颗粒椭球体饱满度；

D_0——筛孔粒径；

S.F.——形状系数；

A、n——待定系数，可通过双参数最小二乘法确定。

同时，为了使数据比较更为方便，定义无量纲起动流速数 $U_0 = \sqrt{\frac{\gamma_s-\gamma}{\gamma}gD_0\left(\frac{h}{D_0}\right)^{1/6}}$。30 组砾石颗粒起动流速试验数据整理结果如表 7–5 所示。砾石颗粒起动流速拟合曲线图如图 7–10 所示。

砾石颗粒起动流速结果表　　表 7–5

沙　样	形状系数 S.F.	起动颗粒粒径 D (m)	无量纲起动流速 U_0	考虑饱满度和形状系数的起动流速 U_c	沙莫夫公式	华国祥公式
6 ~ 9mm 近似椭球体	0.618 9	0.007 9	0.457 6	0.572 8	0.521 7	0.617 8
	0.607 7	0.008 0	0.448 2	0.575 9	0.510 9	0.605 0
	0.611 9	0.007 9	0.429 8	0.611 7	0.489 9	0.580 2
	0.624 9	0.008 1	0.433 4	0.596 3	0.494 0	0.585 0
	0.625	0.008 2	0.424 6	0.522 2	0.484 1	0.573 2
6 ~ 9mm 条形	0.530 8	0.009 1	0.461 2	0.585 1	0.525 8	0.622 6
	0.565 5	0.008 9	0.446 1	0.592 6	0.508 6	0.602 3
	0.565 3	0.009 4	0.435 8	0.581 3	0.496 9	0.588 4
	0.539	0.008 9	0.434 4	0.586 7	0.495 3	0.586 5
	0.555 1	0.008 8	0.426 7	0.551 2	0.486 4	0.576 0
6 ~ 9mm 标准椭球体	0.728 5	0.007 9	0.469 6	0.605 4	0.535 4	0.634 0
	0.723 8	0.008 0	0.450 6	0.584 7	0.513 7	0.608 3
	0.729	0.007 9	0.440 4	0.601 2	0.502 1	0.594 6
	0.720 4	0.008 0	0.434 3	0.616 6	0.495 1	0.586 3
	0.731 2	0.008 3	0.428 1	0.560 9	0.488 0	0.577 9
9 ~ 12mm 近似椭球体	0.639 7	0.010 9	0.528 8	0.633 9	0.602 8	0.713 9
	0.619 8	0.011 0	0.510 1	0.675 8	0.581 5	0.688 6
	0.661 8	0.011 0	0.505 8	0.649 4	0.576 6	0.682 8
	0.622 3	0.011 0	0.494 5	0.677 4	0.563 8	0.667 6
	0.648 7	0.010 7	0.484 8	0.712 6	0.552 6	0.654 4
9 ~ 12mm 条形	0.501 1	0.013 4	0.532 9	0.679 2	0.607 5	0.719 4
	0.523 6	0.012 9	0.513 2	0.681 2	0.585 1	0.692 9
	0.472 2	0.013 1	0.508 0	0.667 5	0.579 1	0.685 8
	0.539 7	0.013 2	0.500 8	0.654 0	0.570 9	0.676 0
	0.529 6	0.013 3	0.493 3	0.724 3	0.562 3	0.665 9
9 ~ 12mm 标准椭球体	0.698	0.012 2	0.545 8	0.701 6	0.622 2	0.736 9
	0.713 4	0.012	0.526 8	0.767 5	0.600 6	0.711 2
	0.718 4	0.012	0.520 4	0.764 6	0.593 3	0.702 5
	0.720 6	0.012 4	0.499 9	0.691 3	0.569 8	0.674 8
	0.716 6	0.012 1	0.493 8	0.773 2	0.562 9	0.666 6

通过双参数最小二乘法拟合得到包含颗粒几何形状参数的起动流速公式为：

$$U_c = 1.500\mathrm{S.F.}^{0.332} U_0 \Pi^{1/2} \tag{7-10}$$

式中：U_c——考虑饱满度和形状系数的起动流速；

U_0——无量纲起动流速；

Π——椭球体饱满度；

S.F.——形状系数。

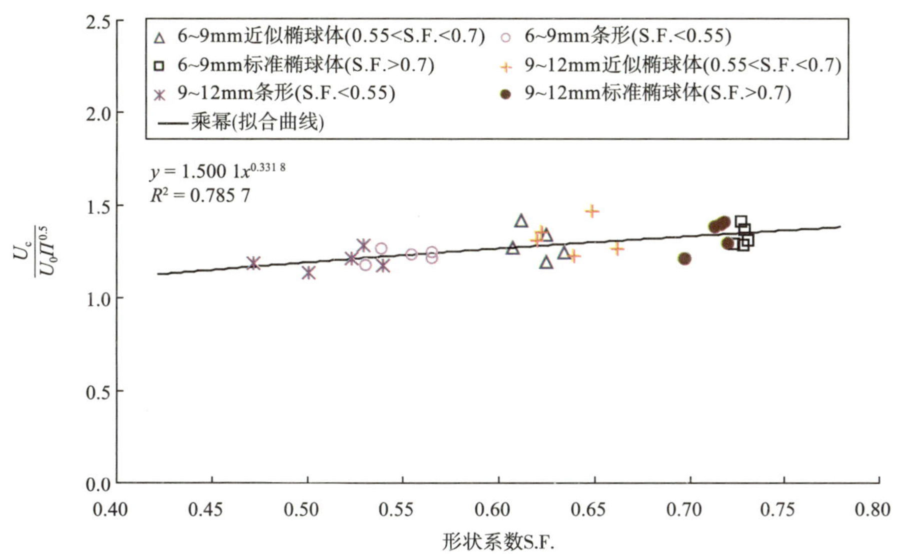

图 7-10 砾石颗粒起动流速拟合曲线图

7.4 煤颗粒几何形状对起动的影响研究

煤颗粒样品取自荣昌，其重度为 13 ~ 18kN/m^3，煤颗粒较粗，呈粒状，表面有棱角。煤颗粒作为试验用沙具有以下特点：重度较小，性能比较稳定；造价不太高；水下休止角适中；煤颗粒由于质量较轻，达到临界起动条件所需要的水流条件较小。但是作为模型沙，煤颗粒也有一些不利的因素，如质地较脆，颜色比较黑，不易观察泥沙及水流运动情况。在试验过程中，为了保证水流的可视度，试验中每间隔 2 ~ 3d 就需要更换蓄水池的水，确保肉眼可以观察到煤颗粒何时达到临界起动条件，同时煤颗粒质地较脆、易碎，在铺设床沙时与卵砾石略微不同，首先利用 25cm × 10cm 的抹子抹平床沙，然后再使用 1m 长铝合金板碾平床沙，确保碾压过程不会破坏煤颗粒的几何形状。为了探求煤颗粒几何形状对起动的影响情况，笔者整理了 24 组煤颗粒水槽试验数据，据此对几何形状的影响加以研究。

7.4.1 对起动功率公式的影响

煤颗粒几何形状对起动功率的影响仍然采用天然砾石颗粒的试验方法进行处理，首先分析只考虑形状系数对起动功率的影响，如图 7-11 所示。

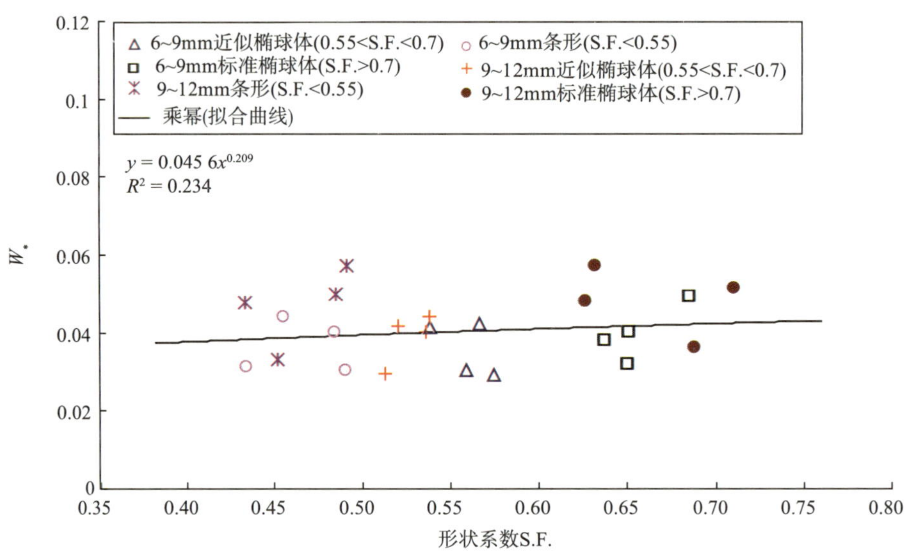

图 7-11　煤颗粒 W_* 与 S.F. 关系图

图 7-11 描述了煤颗粒 W_* 与 S.F. 的关系，由图可见，实测数据点分布凌乱，大部分数据偏离拟合曲线较远，曲线拟合度较低，仅为 0.234，达不到拟合的要求，这就说明煤颗粒起动功率值只考虑形状系数对起动的影响是不够的，在分析时需要按照天然砾石颗粒的分析方法加入煤颗粒质量的影响，再通过转换双影响因素为单影响因素的方法，将起动颗粒重力项转换到相等的基础上，这样所得成果才能够反映出煤颗粒几何形状的影响。按照这种思路，对 24 组试验数据进行处理，处理后的数据见表 7-6 和表 7-7。

煤颗粒起动功率数据成果表　　表 7-6

沙　样	J	起动颗粒 M (g)	起动颗粒 D (m)	S.F.	W_*	q^*	Π
6 ~ 9mm 近似方块形	0.001 5	0.22	0.007 1	0.574 3	0.029 3	20.187	0.899 3
	0.002 5	0.35	0.007 1	0.558 6	0.030 4	12.272	0.899 5
	0.003 5	0.24	0.007 5	0.565 7	0.042 3	12.091	0.953 6
	0.004 3	0.23	0.007 1	0.537 8	0.041 3	9.584	0.905 3
6 ~ 9mm 条形	0.001 5	0.36	0.008 2	0.490 2	0.030 3	20.887	1.045 2
	0.002 5	0.24	0.008 0	0.433 2	0.031 5	12.702	1.024
	0.003 5	0.24	0.007 9	0.454 8	0.044 3	12.659	1.000 1
	0.004 3	0.29	0.007 7	0.483 9	0.040 2	9.322	0.974 5
6 ~ 9mm 标准方块形	0.001 5	0.26	0.007 5	0.65	0.031 8	21.927	0.957 5
	0.002 5	0.33	0.007 3	0.637	0.038	15.355	0.927 3
	0.003 5	0.28	0.007 4	0.684 5	0.049 5	14.14	0.947 3
	0.004 3	0.24	0.007 6	0.650 4	0.040 2	9.326	0.972 6

续上表

沙　样	J	起动颗粒 M (g)	起动颗粒 D (m)	S.F.	W_*	q^*	Π
9 ~ 12mm 近似方块形	0.001 5	0.8	0.011 5	0.512 7	0.029 6	20.358	1.061 3
	0.002 5	1.03	0.011 9	0.520 3	0.041 8	16.9	1.096 2
	0.003 5	0.83	0.012 1	0.535 5	0.040 3	11.52	1.121 1
	0.004 3	1.02	0.012 1	0.537 4	0.044 2	10.257	1.122 9
9 ~ 12mm 条形	0.001 5	1.41	0.013 3	0.451 2	0.033 2	22.897	1.227 5
	0.002 5	1.37	0.012 8	0.432 4	0.047 9	19.364	1.179 3
	0.003 5	0.9	0.011 0	0.490 8	0.057 1	16.327	1.015 7
	0.004 3	1.4	0.011 5	0.484 7	0.049 8	11.556	1.061 2
9 ~ 12mm 标准方块形	0.001 5	0.94	0.010 7	0.687 1	0.036 3	25.012	0.990 5
	0.002 5	1.05	0.012 0	0.625 9	0.048 2	19.462	1.112 5
	0.003 5	0.91	0.011 3	0.631 4	0.057 3	16.375	1.042 3
	0.004 3	0.97	0.007 1	0.709 9	0.051 6	11.967	1.069 1

不同几何形状煤颗粒的 Π 平均值　　表 7–7

煤　颗　粒		近似椭球体颗粒	标准椭球体颗粒	条 形 颗 粒
6 ~ 9mm	原床面	0.948	0.993	1.147
	起动颗粒	0.914	0.951	1.011
9 ~ 12mm	原床面	0.857	0.962	1.083
	起动颗粒	1.100	1.054	1.121

从河床中起动煤颗粒 Π 平均值来看，条形颗粒 Π 值仍然大于其他两种颗粒；近似椭球体颗粒与标准椭球体颗粒 Π 值比较接近，这与煤颗粒自身的物理特性有关，煤颗粒多呈方块形，颗粒薄厚不一，在选择标准煤颗粒时主要从外形上加以区分，这就使得 Π 值之间不可避免地出现交叉，甚至 9 ~ 12mm 出现了近似方块形颗粒 Π 值大于标准方块形颗粒的情况。但根据形状系数来看，三种颗粒形状系数之间差异明显，基本符合选沙要求。

根据前面理论分析的处理方法用双参数最小二乘法求解式（7–7）中待定系数 A、n，曲线拟合图和函数表达式如图 7–12 和式（7–11）所示。

$$W_* = 0.054\,5(\mathrm{S.F.})^{0.705\,7}\Pi^{1.5} \tag{7–11}$$

图 7–12 中实测数据点均匀分布于乘幂曲线两侧，尽管煤颗粒实测数据值之间偏差较大，但不影响整体结果，同时曲线拟合度为 0.73，远大于图 7–11 中只考虑煤颗粒几何形状影响的情况，这也就反映出试验分析方法的正确性。煤颗粒实测数据值之间差异较大的原因主要在煤颗粒起动标准的控制和试验设备精度两个方面。在煤颗粒起动标准的控制上，本书采用的是输沙率标准，并将输沙率标准通过质量互等的方法转换为煤颗粒颗数作为初步判别标准，这样就使得试验的可操作性得以加强，但这也存在着另外一些问题，譬如：

煤颗粒的重度较小，而煤颗粒起动的输沙率是通过试验完毕后取样颗粒的平均质量与所观测颗粒颗数乘积而得，往往微小的水流条件变化均可能导致较多煤颗粒起动，这样就使得试验者观察和颗粒计数上存在着不可避免的误差；在试验设备精度方面，6m 高精度变坡水槽尾门采用多转轮并联的形式，由于煤颗粒重度小，起动试验选用的坡降较小，为了确保试验段为均匀流，就需要不停调节尾门，在调节尾水过程中常常出现空转的现象，从而使尾水调节变得十分困难，虽然使用了楔形木条固定转轮的方法，但调节过程中仍存在着不可避免的误差，再则试验中均匀流水位的确定采用明渠均匀流连续性方程 $Q=AV$ 和曼宁公式 $V=(1/n)R^{2/3}j^{1/2}$ 联解求得，由于试验中糙率很难确定，所以估算出来的均匀流水位值可能与实际有偏差，这同样会使煤颗粒的起动产生误差。

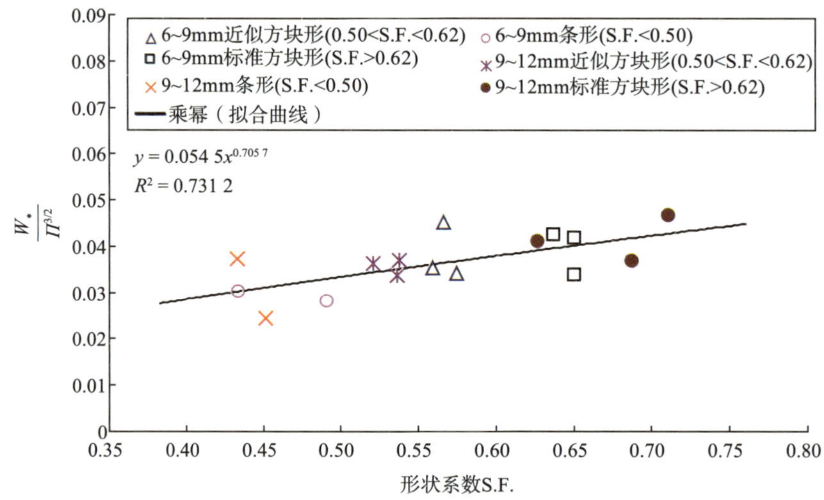

图 7-12 煤颗粒起动功率拟合曲线图

7.4.2 对起动流速公式的影响

对于起动流速的影响研究仍然采用砾石颗粒的处理方法，首先对 24 组试验数据进行计算处理，计算结果见表 7-8。

煤颗粒起动流速数据成果表 表 7-8

沙样	S.F.	起动颗粒 D(m)	U_0	U_c	沙莫夫公式	华国祥公式
6～9mm 近似方块形	0.574 3	0.007 1	0.232 7	0.531 1	0.628 9	0.9
	0.558 6	0.007 1	0.222 4	0.492 1	0.582 7	0.9
	0.565 7	0.007 5	0.231 8	0.489 3	0.579 5	0.95
	0.537 8	0.007 1	0.250 4	0.463 4	0.548 8	0.91
6～9mm 条形	0.490 2	0.008 2	0.241 1	0.531	0.628 8	1.05
	0.433 2	0.008 0	0.479 3	0.434 3	0.514 3	1.02
	0.454 8	0.007 9	0.240 2	0.490 8	0.581 2	1
	0.483 9	0.007 7	0.260 6	0.458 2	0.542 6	0.97

续上表

沙　样	S.F.	起动颗粒 D(m)	U_0	U_c	沙莫夫公式	华国祥公式
6 ~ 9mm 标准方块形	0.65	0.007 5	0.245 5	0.533 7	0.632	0.96
	0.637	0.007 3	0.235 5	0.506 4	0.599 7	0.93
	0.684 5	0.007 4	0.243 7	0.496 7	0.588 2	0.95
	0.650 4	0.007 6	0.255 4	0.459 8	0.544 5	0.97
9 ~ 12mm 近似方块形	0.512 7	0.011 5	0.289 3	0.618 5	0.732 4	1.06
	0.520 3	0.011 9	0.304 1	0.594 6	0.704 2	1.1
	0.535 5	0.012 1	0.270 9	0.568 7	0.673 4	1.12
	0.537 4	0.012 1	0.29	0.551 5	0.653 1	1.12
9 ~ 12mm 条形	0.451 2	0.013 3	0.300 3	0.626 8	0.742 3	1.23
	0.432 4	0.012 8	0.318 2	0.603 7	0.714 9	1.18
	0.490 8	0.011 0	0.314 9	0.587 8	0.696 1	1.02
	0.484 7	0.011 5	0.314 3	0.555 1	0.657 3	1.06
9 ~ 12mm 标准方块形	0.687 1	0.010 7	0.306 7	0.633 9	0.750 7	0.99
	0.625 9	0.012 0	0.320 2	0.603 6	0.714 8	1.11
	0.631 4	0.011 3	0.322 1	0.585 9	0.693 8	1.04
	0.709 9	0.007 1	0.312 6	0.558 8	0.661 8	1.07

利用上面的实测数据，采用最小二乘法计算参数 A 和 n，得出适合煤颗粒的反映几何特性影响因素的起动流速公式如式（7−12）所示，煤颗粒起动流速拟合曲线图如图 7−13 所示。

$$U_c = 1.399\text{S. F.}^{0.278\,4} U_0 \Pi^{1/2} \tag{7-12}$$

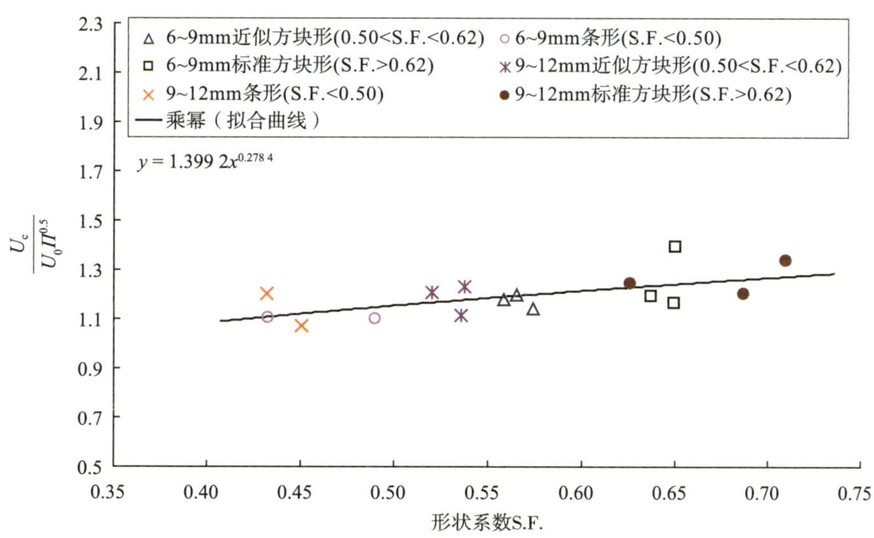

图 7−13　煤颗粒起动流速拟合曲线图

7.5　砾石颗粒与煤颗粒关系研究

众所周知，由于天然卵砾石与煤颗粒自身物理化学特性和力学特性的差异性，在选用其作为模型试验用沙时，所得试验结果存在着很大的差异性。天然卵砾石颗粒具有重度大、物理化学性能稳定和造价低等特点，在许多研究山区河流和粗泥沙河流的试验中得到了广泛运用。煤颗粒具有重度小、物理化学性能稳定、造价不太高和水下休止角适中等特点，运用较为广泛，但是选用煤颗粒作为模型沙也有诸多不利因素，如质地较脆，试验过程中颗粒会逐渐磨碎；颜色太黑，不易观察泥沙及水流运动情况等。目前，在大多数动床河工模型设计中，常选用天然沙和煤颗粒作为模型沙，为了探求两种模型沙在颗粒起动方面的差异性，笔者整理了 54 组试验数据，从功率和流速两方面出发，分析两种沙样之间的差异性，并建立转换关系式，以此为后续的模型试验提供参照。

7.5.1　起动功率方面的关系

天然砾石与煤颗粒在起动方面的差异性主要是由其自身物理化学特性所引起的。通过整理 54 组水槽试验数据，首先将分析两种型沙的临界无量纲起动功率数与形状系数的关系；然后总结两者之间存在的误差情况，并建立转换关系，为以后模型试验提供方便。两种沙样的 $W_*/\Pi^{2/3}$ 与 S.F. 的函数关系图如图 7−14 和图 7−15 所示。

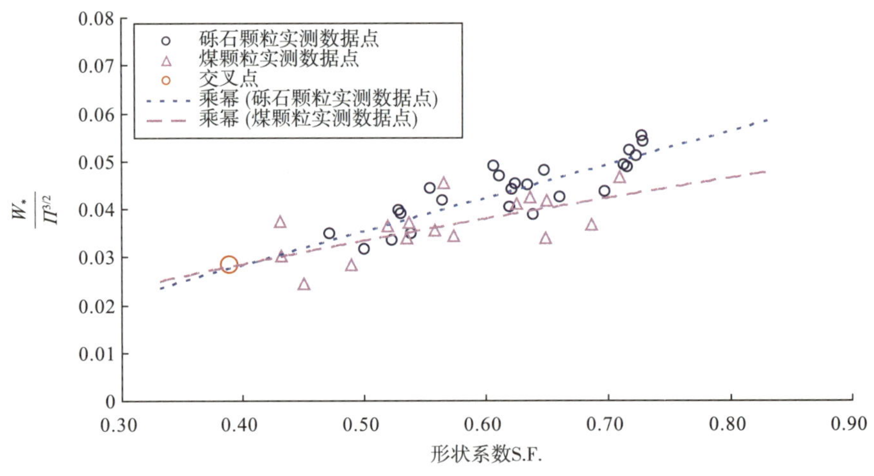

图 7−14　两种沙样 $W_*/\Pi^{2/3}$ 与 S.F. 关系图

图 7−14 中列出了砾石颗粒和煤颗粒 $W_*/\Pi^{2/3}$ 间的误差值与 S.F. 的关系，两种模型沙样实测点之间相互交叉，并且根据这些数据所拟合的乘幂曲线相差较小，两曲线在 S.F. 为 0.38 处相交，这就说明在研究中选用煤颗粒代替天然沙做泥沙起动方面的试验是可行的，但也必须认识到两种沙样之间所存在误差，在处理试验结果时需要对其转换，使试验数据符合天然沙的起动特性。图 7−15 中列出了砾石颗粒与煤颗粒 $W_*/\Pi^{2/3}$ 的误差分布情况，误差值随着 S.F. 的不断增大而增大，近似呈直线分布，拟合曲线函数表达式为

$\Delta_{功率}$=0.025 4S.F.−0.009 6（式中，$\Delta_{功率}$为两种沙样 $W_*/\Pi^{1.5}$ 值之差）。所以，在进行数据处理时只需要给出试验中煤颗粒的三轴长度值，再根据转换公式计算，就可以实现煤颗粒向天然砾石颗粒的转换，这就解决了以往研究中由于模型沙不同而试验成果不能互通的问题，以此为模型试验选沙和模型试验数据处理提供方便。

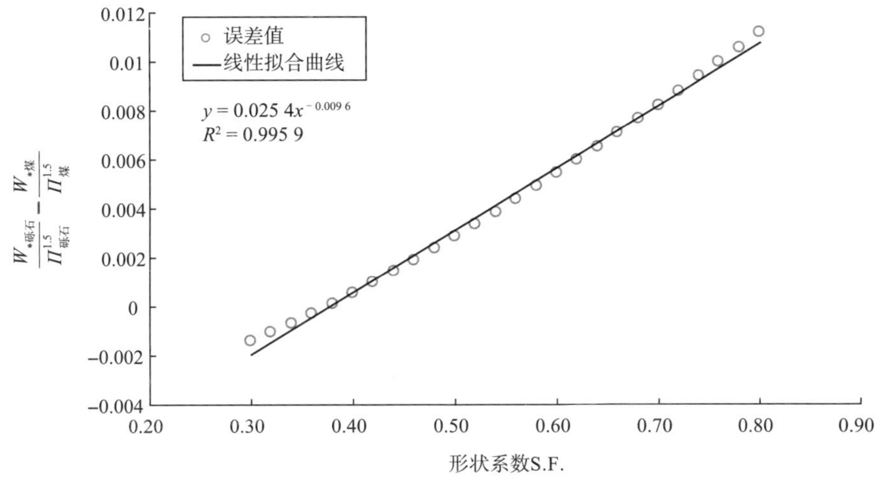

图 7−15　两种沙样 $W_*/\Pi^{1.5}$ 误差值与 S.F. 关系图

7.5.2　起动流速方面的关系

根据前文中所提出的能够反映颗粒几何形状和质量双重影响因素的起动流速修正公式 $U_c=A'\ U_0\ \text{S.F.}^n\Pi^{0.5}$，不难发现式中 U_0 在水流条件和沙样种类一样的情况下近似为一常数值，结合到前面章节所列出的两种沙样饱满度的平均值均接近于 1，彼此之间相差很小的实际情况，将修正公式变形为 $U_c/(U_0\Pi^{0.5})=A'(\text{S.F.})^n$，可将等式左边看成近似等于常数项 A 值，等式右边饱满形状系数这一项，通过拟合 A 与 S.F. 之间的关系，可以得出能够反映形状系数影响的常数项 A'，使得常数项的内涵更加丰富。由于煤颗粒和砾石颗粒自身物理特性的差异性，两者在临界起动流速 U_c 上存在着不小的差异，那么要归纳出两种沙样在起动流速方面的关系，就不能比较 U_c 值间的差异性，但可以从两种沙样 A' 值上的差异以及与沙莫夫、华国祥的经典理论 A 值间的差异这两个方面入手，随后通过两者之间的误差值建立转换关系，以此为以后的试验提供帮助。

试验中临界起动流速取当泥沙输沙率达到 Taylor 无量纲输沙率起动标准时的断面平均流速，经典公式计算流速则是根据目前运用较为广泛的沙莫夫和华国祥理论公式计算而得，试验实测 A' 值与经典 A 值的分布情况如图 7−16 所示。

图 7−16 中列出了两种模型沙实测 A' 值与经典理论 A 值的分布情况，从整体趋势来看，两种沙样实测值随着形状系数的不断增大而增大，其中大部分实测 A' 值介于经典理论 A 值所夹范围 1.14 ~ 1.35 内，与理论成果吻合较好；从 A' 值的分布情况来看，实测值均匀分布于拟合曲线两侧，砾石颗粒实测值普遍大于煤颗粒，但随着形状系数的减小，两沙样 A' 值误差有减小的趋势，同时砾石颗粒在 S.F.=0.43 和 S.F.=0.74 时实测值分别等

于沙莫夫和华国祥理论 A 值，煤颗粒在 S.F.=0.48 时实测值等于沙莫夫经典值，其后随着 S.F. 的不断增大实测值无限趋近于华国祥理论值。图 7-17 中列出了砾石颗粒与煤颗粒 $U_c/(U_0\Pi^{0.5})$ 的误差分布情况，误差值随着 S.F. 的不断增大而增大，近似呈直线分布，拟合曲线函数表达式为：

$$\Delta_{流速}=0.1446\mathrm{S.F.}-0.0351$$

式中：$\Delta_{流速}$——两种沙样 $U_c/U_0\Pi^{0.5}$ 之差。

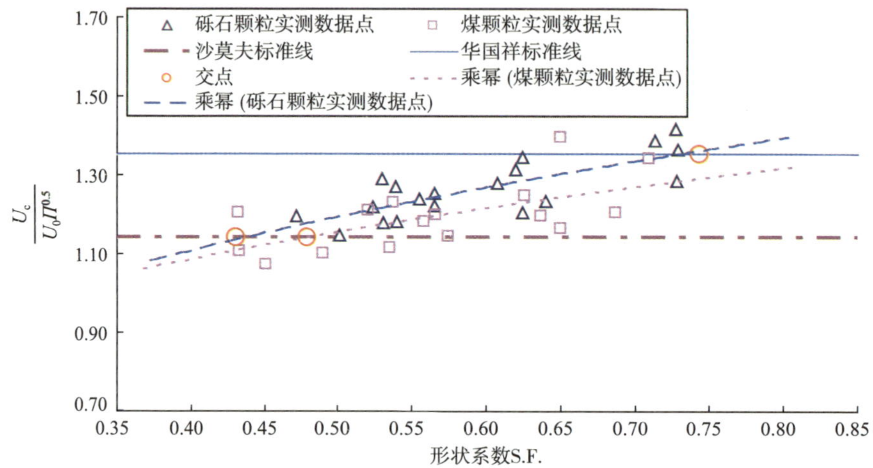

图 7-16　两种沙样 $U_c/(U_0\Pi^{0.5})$ 与 S.F. 关系图

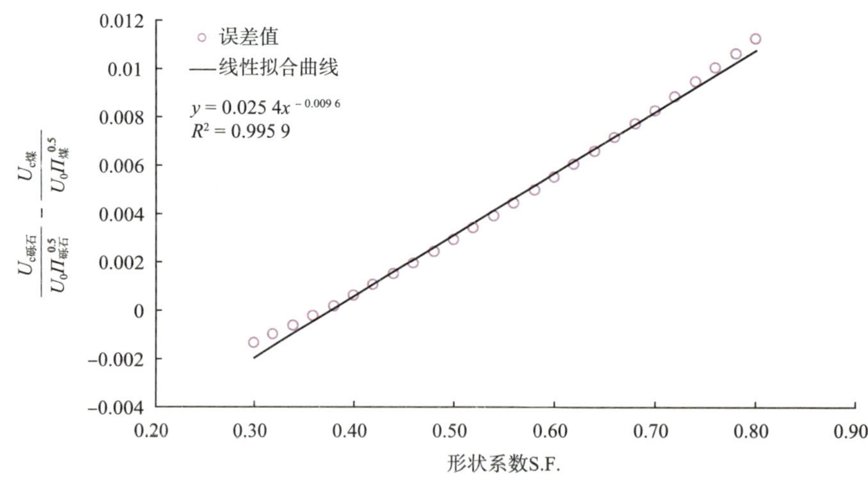

图 7-17　两种沙样 A 值误差值与 S.F. 关系图

7.5.3　模型沙的选择和运用

为了分析天然砾石颗粒与煤颗粒在经典计算公式（沙莫夫）和修正公式之间的差异性，特选取床沙粒径为 300mm，形状系数为 0.73，饱满度为 1.01，河床比降为 0.01 的典型山区卵石河流作为样本，一般选用模型为正态模型，模型沙样选用天然砾石和煤颗粒两种，根据计算结果分析传统公式与本书修正公式之间的差异性。

（1）模型比尺为 1 ∶ 50

模型试验比尺定为 1 ∶ 50，结合两种沙样的物理特性，如选用煤颗粒作为模型沙，粒径比尺为 4.90，那么模型沙粒径就需要 60mm，这显然不符合实际，因此模型沙仅能选用天然砾石颗粒。模型试验其他比尺的确定按照传统的沙莫夫公式和本书修正公式进行计算，具体的计算成果如表 7–9 所示。

1 ∶ 50 模型比尺数据表 表 7–9

模型沙样	模型比尺	S.F.	Π	λ_u	λ_D	D
原型卵石	—	0.73	1.01	—	—	300
沙莫夫公式	1:50	0.71	0.9	7.07	50	6
本书修正公式	1:50	0.71	0.9	7.07	40.98	7.32

注：1. 本书修正公式为式（7–9）。
2. 表中模型沙选用天然砾石颗粒。

在保证流速比尺为长度比尺的 1/2 次方的前提下进行计算，按照传统沙莫夫公式计算得到粒径比尺为 1 ∶ 50，模型颗粒粒径为 6mm；按照本书修正公式计算所得的粒径比尺为 1 ∶ 40.98，模型沙粒径为 7.32mm。在本书修正公式中引入颗粒椭球体饱满度和形状系数的影响，就会使模型沙粒径计算结果大于传统公式计算结果，两者之间误差值为 1.32mm。

（2）模型比尺为 1 ∶ 300

若选用天然砾石颗粒作为模型沙，按照 1 ∶ 300 的模型比尺计算得出砾石颗粒粒径仅为 1mm，这与砾石颗粒的定义相矛盾，并且模型沙过细，在放水过程中会出现絮团现象，不能够有效地模拟山区河流卵石运动的特性，因此此处模型沙只能选用煤颗粒，模型其他比尺如表 7–10 所示。

1 ∶ 300 模型比尺数据表 表 7–10

模型沙样	模型比尺	S.F.	Π	λ_u	λ_D	D
原型卵石	—	0.73	1.01	—	—	300
沙莫夫公式	1 ∶ 300	0.53	0.96	17.32	29.33	10.23
本书修正公式	1 ∶ 300	0.53	0.96	17.32	26.03	11.52

注：表中模型沙选用天然砾石颗粒。

表 7–10 中列出了模型的其他比尺数据，按照传统沙莫夫公式计算的粒径比尺为 29.33，所选煤颗粒粒径为 10.23mm；按照本书修正公式计算的粒径比尺为 26.03，模型沙粒径为 11.52mm，大于沙莫夫公式计算结果，与比尺为 1 ∶ 50 的计算结果相同，按照

修正公式计算粒径值大于传统公式计算值。因此在模拟山区卵石河流的模型试验中，需要综合考虑各方面的因素，若其中涉及颗粒几何形状影响时，可按照本书所建立修正公式进行计算或者选取粒径大于传统公式计算值的沙样，以此为以后的模型试验提供方便。

7.6　小结

（1）在质量和形状双重影响下，砾石颗粒呈现出准椭球体颗粒（S.F.>0.7）起动所需单宽无量纲流量数 q^* 最大，条形颗粒（S.F.<0.55）次之，近似椭球颗粒（0.55<S.F.<0.7）最小；煤颗粒呈现出中标准椭球体颗粒（S.F.>0.7）起动所需 q^* 最大，条形颗粒（S.F.<0.55）次之，近似椭球颗粒（0.55<S.F.<0.7）最小。

（2）根据单因素分析方法对起动公式进行了修正，引入椭球体饱满度 Π 和形状系数 S.F.，使公式能够反映质量和几何形状双重影响的起动公式。

起动功率公式：

$$W_* = \frac{VHJ}{\sqrt{gD_0^3}} = A(\mathrm{S.F.})^n \Pi^{1.5}$$

起动流速公式：

$$U_c = A(\mathrm{S.F.})^n U_0 \Pi^{0.5}$$

式中，$U_0 = \sqrt{\frac{\gamma_s - \gamma}{\gamma} g D_0 \left(\frac{h}{D_0}\right)^{1/6}}$。

（3）根据理论分析所得公式，采用双参数最小二乘法得到待定系数 A、n 及具体的表达式形式，如下所示：

①起动功率公式：

卵砾石颗粒

$$W_* = 0.0702(\mathrm{S.F.})^{0.988} \Pi^{1.5}$$

煤颗粒

$$W_* = 0.0545(\mathrm{S.F.})^{0.7057} \Pi^{1.5}$$

②起动流速公式：

卵砾石颗粒

$$U_c = 1.500(\mathrm{S.F.})^{0.332} U_0 \Pi^{0.5}$$

煤颗粒

$$U_c = 1.399(\mathrm{S.F.})^{0.2784} U_0 \Pi^{0.5}$$

（4）分析了两种沙样在起动功率和起动流速两方面的关系，发现两种沙样在起动方面差异较小，试验中可以利用煤颗粒代替天然沙做起动方面的试验，但同时也必须注意两种沙样的误差值随着 S.F. 的增大呈现出增大的趋势，在进行试验数据处理时，应该根据误差值所建立的函数关系对煤颗粒试验数据进行修正，以此来保证模型沙具有天然沙的特性，其转换函数如下：

起动功率方面

$$\Delta_{功率} = 0.0254 S.F. - 0.0096$$

式中：$\Delta_{功率}$——两种沙样$W_* / \Pi^{1.5}$值之差。

起动流速方面

$$\Delta_{流速} = 0.1446 S.F. - 0.0351$$

式中：$\Delta_{流速}$——两种沙样 $U_c / U_0 \Pi^{0.5}$ 之差。

第 3 篇

长江上游卵石运动特性研究

8 卵石起动试验研究

8.1 研究现状

在山区河流中，粗颗粒泥沙（D>2mm）主要以推移质向下游输移，其输移量占总输沙量的比例不大［0.1%，长江寸滩水文站（杨胜发，2009）；5% ~ 20%，Lowland River（Lane and Borland，1951)］，推移质运动可能危及船舶航行、取水口的安全（杨胜发，2010）。山区河流主要由漂石、卵石和砾石等粗颗粒泥沙组成，因此对粗颗粒泥沙起动的研究尤为重要。

到目前为止，所提出的无黏性颗粒泥沙起动流速公式已有近百个。根据来流条件和泥沙粒径，可以分为起动拖曳力、起动流速和起动功率（the Drag Force，Velocity and Flow Power for Incipient Motion）3 种研究途径（Chien，N. and Wan，Z.H，1999）。采用起动拖曳力研究方式最为著名的是 Shields（1936）泥沙起动方程，其临界拖曳力无量纲数为：

$$\tau_{*c}=\frac{\gamma HJ}{(\gamma_s-\gamma)D}=f\left(\frac{u_*D}{\upsilon}\right) \tag{8-1}$$

当沙粒雷诺数 $u_*D/\upsilon\geqslant 500$ 时，一般认为临界拖曳力无量纲数为固定值，τ_{*c}=0.04 ~ 0.06（Graf，1971；Simons，1977）。对于山区河流，比降较大（0.05% ~ 10%，甚至更大），其临界拖曳力无量纲数不是固定值，可达到 0.1，甚至更高（Ashida and Bayazit，1973;Aguirre-Pe，1975；Mizuyama，1977;Bathust et al.，1983a）。Ashida et al（1973)、Bathust et al.（1983）和 Bettess（1984）建立 $\tau_{*c}=f(H/D)$，Kilgore & Young（1993)，Peakall（1996）建立 $\tau_{*c}=f(H/D, \mathrm{Fr})$，Maxwell（2000）和 Yang（2007）建立 $\tau_{*c}=f(\mathrm{Fr})$。尽管这样，只取得部分成功。

苏联德而挈夫从泥沙的受力情况出发，并考虑脉动流速的影响，推出平均流速 V 和水深 H、粒径 D 的关系。窦国仁（1960)、唐存本（1963)、沙玉清（1965）等学者也采用该方法进行研究。这种公式的结构为：

$$V_c=A\left(\frac{\gamma_s-\gamma}{\gamma}gD\right)^{1/2}\left(\frac{H}{D}\right)^{\frac{1}{6}\sim\frac{1}{7}} \tag{8-2}$$

采用相同资料对这些公式进行比较发现，对于粗颗粒泥沙（D>5mm），各公式计算结果相差较大，很难判断哪一个公式更为可靠（Chien，N，1999）。

通过阻力方程，Shields（1936）方程可以转化为基于单宽流量的泥沙起动方程（Sckoklitsch，1962；Graf，1971；Bettess，1984）。Sckoklits 根据实验室和野外河流数据构建的泥沙起动方程为：

$$q_{\mathrm{c}}=0.26\left(\frac{\gamma_{\mathrm{s}}}{\gamma}-1\right)^{5/3}\frac{D_{40}^{3/2}}{J^{7/6}} \tag{8-3}$$

Bettess（1984），Bathurst 等（1987）等推导出单宽流量无量纲数的泥沙起动方程为：

$$q_{\mathrm{c}}^{*}=\frac{q_{\mathrm{c}}}{\sqrt{gD^{3}}}=\frac{0.134}{J}\lg\left(\frac{1.221}{J}\right) \tag{8-4}$$

$$q_{\mathrm{c}}^{*}=\frac{q_{\mathrm{c}}}{\sqrt{gD_{50}^{3}}}=\frac{0.15}{J^{1.12}} \tag{8-5}$$

钱宁（1999）在 Bagnold（1960）提出的泥沙运动与水流功率关系的基础上，进一步建立粗颗粒泥沙无量纲起动功率方程：

$$W_{*\mathrm{c}}=\frac{q_{\mathrm{c}}J}{\sqrt{gD_{50}^{3}}}=常数 \tag{8-6}$$

本书通过水槽泥沙起动试验，收集 Bathurst、Meyer-Peter、EPFL 等其他水槽试验数据，研究粗颗粒泥沙起动的最佳表达式。

8.2　试验布置

粗颗粒泥沙起动试验布置在 28 水槽内，进口段 16m，出口段 4m，试验段 8m。试验段填充试验泥沙，进口段和出口段由粗糙板组成，在粗糙板上铺制和固化试验沙，见图 8-1。

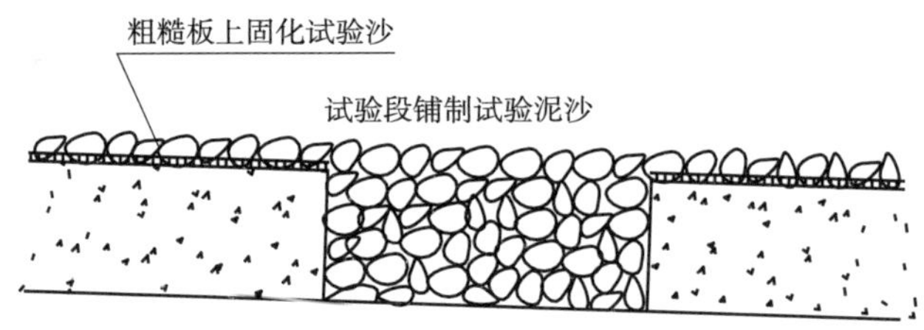

图 8-1　泥沙起动布置示意图

输沙率试验进行了 3 种粒径、5 种比降、多种均匀流条件的推移质输沙试验，合计 127 组次。试验泥沙为两种长江天然均匀沙，其特性见表 8-1。非均匀系数σ表示泥沙组成的均匀程度$\sigma=\sqrt{\sigma_{65}/\sigma_{35}}$。Dey（1995）认为，均匀沙临界值$\sigma=1.4$。当$\sigma\leqslant 1.4$时为均匀沙，当$\sigma>1.4$时为非均匀沙。

推移质起动条件试验组合　　　　表 8-1

产　地	相对密度	D_{50}	比降（‰）	流量（m³/s）	组　次
长江天然沙	2.65	1.8	1.5 ~ 5	0.010 ~ 0.065	36
长江天然沙	2.65	5.3	3.0 ~ 7	0.020 ~ 0.115	34
荣昌精煤	1.35	4.8	1.5 ~ 5	0.007 ~ 0.034	57
合计					127

8.3 起动流量

（1）起动标准的界定

在粒径、比降相同的情况下，不同流量有不同的输沙率，到底将哪一组流量作为起动的水力参数涉及泥沙的起动标准问题。常见的起动标准包括：Kramer的定性泥沙起动标准、窦国仁的起动概率标准、Yalin（1977）为代表的统计起动颗粒数的标准、Taylor（1971）为代表的输沙率标准等。目前，较被认可的是无量纲非均匀沙输沙率方法（Parker et al. 1982；White and Day 1982；Wilcock 1988，1992；Wilcock and Southard 1988；Kuhnle，1994），换算成无量纲均匀沙输沙率的起动标准（图 8-2、图 8-3）。

$$q_b^* = \frac{\frac{\gamma_s}{\gamma-1}\ gq_b}{\rho u_*^3} = 0.002 \tag{8-7}$$

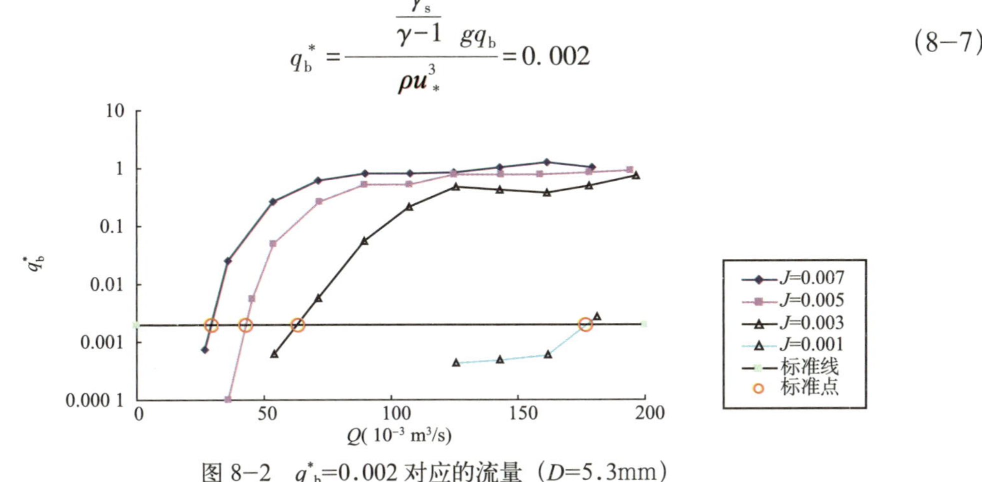

图 8-2　q_b^*=0.002 对应的流量（D=5.3mm）

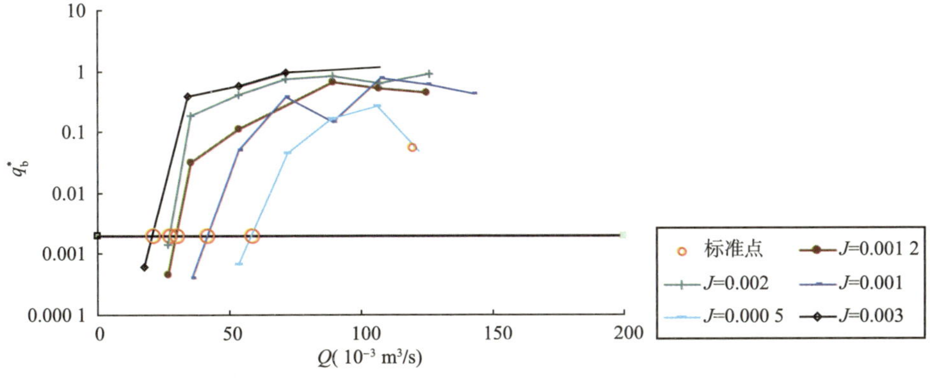

图 8-3　q_b^* =0.002 对应的流量（D=1.8mm）

(2) 试验条件的选择

在做输沙试验时，控制某级流量的 q^*_b 刚好为 0.002 是非常困难的。本次试验通过多组试验，满足 q^*_b 在 0.002 上下的流量皆有，内插 q^*_b =0.002 对应的流量，根据流量再内插水深。在 D=5.2mm，J=0.007 的情况下共进行了 10 组输沙率试验，Q 为 15L/s 和 20L/s，q^*_b 分别为 0.000 77 和 0.026，内插出起动流量为 Q_c=16.5L/s。根据水位流量关系，得到 H_c=0.046m。按此方法分别得到其他试验组次的 Q_c 和 H_c，见图 8-4 和表 8-2。

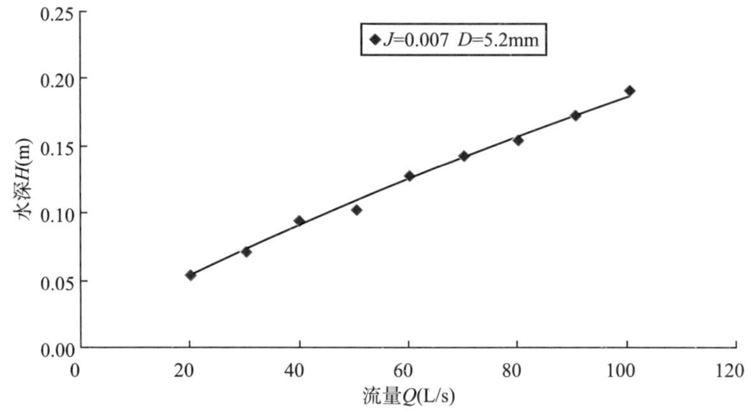

图 8-4　Q–H 关系图（D=5.2mm，J=0.007）

起动试验数据参数　　表 8-2

Q ($10^{-3}m^3/s$)	J	D_{50} (m)	H (m)	γ_s ($10^3kg/m^3$)	q^*
29.46	0.007 0	0.005 3	0.046 0	2.65	24.4
42.86	0.005 0	0.005 3	0.068 2	2.65	35.5
63.39	0.003 0	0.005 3	0.101 2	2.65	52.5
176.79	0.001 0	0.005 3	0.280 6	2.65	146.4
21.43	0.003 0	0.001 8	0.047 0	2.65	89.6
27.68	0.002 0	0.001 8	0.063 3	2.65	115.8
30.36	0.001 2	0.001 8	0.069 5	2.65	127.0
41.96	0.001 0	0.001 8	0.107 8	2.65	175.5
58.93	0.000 5	0.001 8	0.128 1	2.65	246.5

注：表中 $q^* = q/\sqrt{gD^3}$，为无量纲单宽流量。

8.4　资料收集

EPFL 水槽试验数据：试验水槽长 16.8m，宽 0.6m。坡降为 0.5% ~ 9%，D=11.5mm、

22.2mm、44.3mm，进行了多组推移质输沙试验，获得 12 组粗颗粒泥沙起动数据，数据详细处理细节见 Bathurst（1987，Sediment transport in gravelbed rivers，P457–462）。

Yang（2007）水槽试验数据：试验水槽长 16.0m，宽 1.0m。坡降为 0.5% ~ 2.5%，泥沙粒径范围为 1.5 ~ 40mm，有 17 组粗颗粒泥沙起动数据，数据详细处理细节见 Yang（2007，内流河宽浅变迁河段水沙运动规律研究）。

此外，还收集了 Bathurst，Li and Simons（1979），Meyer–Peter and Müller（1948），Ashida and Bayazit（1973），Ikeda（1983），Proffit and Sutherland（1983）等有关粗颗粒起动数据，见表 8–3。

卵石起动水槽试验数据整理 表 8–3

数据来源	D_{50} (mm)	泥沙密度 ρ_s (g/cm³)	水槽宽度 (m)	坡度 (%)	流量 ($10^{-3}m^3/s$)	水深 (m)
EPFL	11.5 ~ 44.3	2.57 ~ 2.65	0.6	0.5 ~ 9	7 ~ 250	0.021 ~ 0.260
Yang (2007)	7.5 ~ 40	2.65	1	0.5 ~ 2.5	4 ~ 300	0.010 ~ 0.204
Bathurst，Li and Simons（1979）	8.8 ~ 34	2.7 ~ 2.76	1.17	2 ~ 8	4 ~ 87	0.023 ~ 0.082
Meyer–Peter and Müller（1948）	3.3 ~ 28.6	2.68	0.42 ~ 2.0	0.27 ~ 1.77	15 ~ 4 600	0.078 ~ 1.09
Ashida and Bayazit（1973）	5.0 ~ 21.2	2.49 ~ 2.66	0.2	1 ~ 20	1 ~ 22	0.012 ~ 0.098
Ikeda (1983)	6.4	2.65	4	0.25 ~ 1.0	75 ~ 1 500	—
Proffit and Sutherland (1983)	2.9 ~ 4.2	2.71	0.61	0.3	43 ~ 150	0.092 ~ 0.18

8.5 起动切应力（Shields 临界值）比较

将 Shields 曲线和各研究者的水槽计算数据点绘在图 8–5 中。Shields 曲线采用的不是 Shields 本人的原始曲线，而是后人的修正曲线。在沙粒雷诺数 R_{e*} 大于 1 000 的情况下，采用虚线表示，τ_{*c}=0.06。

从图 8–5 中可以看出，起动条件不仅受沙粒雷诺数 R_{e*} 的影响，还受到比降 J 和相对水深 H/D 的影响。粒径 D 相同时，泥沙在不同比降 J、水深 H 的情况下，在 Shields 曲线附近分布较分散，说明 Shields 曲线不适用于水槽试验的数据成果。

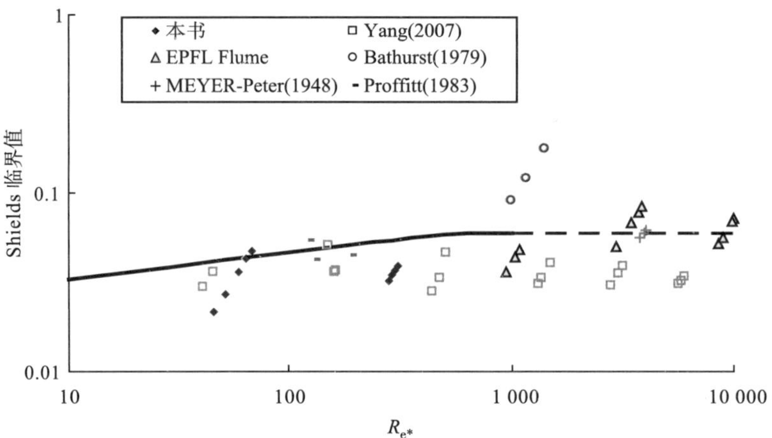

图 8-5　Shields 曲线对应的起动拖曳力判别与试验数据的关系

8.6　起动流速比较

考虑到起动流速的通用表达式为 $V_c=AX$，式中 $X=\left(\dfrac{\gamma_s-\gamma}{\gamma}gD\right)^{1/2}\left(\dfrac{H}{D}\right)^{\frac{1}{6}\sim\frac{1}{7}}$，窦国仁、唐存本、沙玉清、沙莫夫等人对 A 的取值为 1.14 ~ 1.21。收集 Yang（2007）、EPFL 水槽、Bathurst、Meyer-Peter、Proffitt 等试验成果点绘于图 8-6 中，线性拟合 V_c 与 X 的关系，得到 A 的取值应为 1.4。然而，从图中可以看出，起动流速的试验数据点对于公式计算的直线分布较为分散，说明起动流速的分析方法也不适用于粗颗粒泥沙的起动判别。

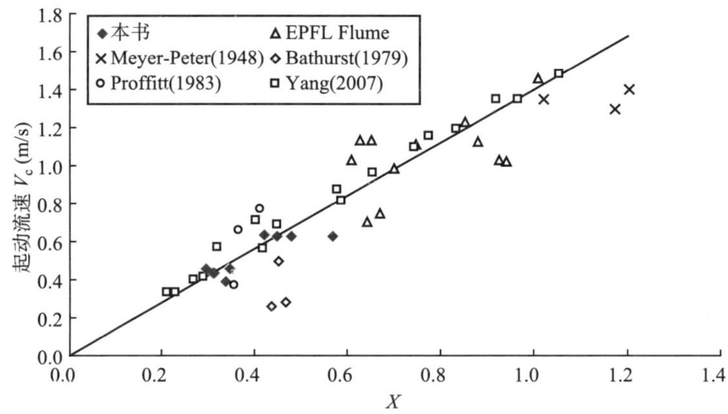

图 8-6　起动流速 V_c 判别与试验数据关系

8.7　起动功率比较

将各研究的水槽计算数据点按照无量纲单宽流量 q_c^* 与比降 J 的关系绘在图 8-7 中。从图中可以看出，起动功率的数据点分布较为集中，但是经典的 Schoklitsch、Bettess (1984)

和 Bathurst (1987) 的计算公式结果与试验数据吻合程度偏差较大，尤其是 J 小于 0.01 时，试验数据点基本分布在线的下方，说明当前的主要起动功率判别公式尚有改进的余地。

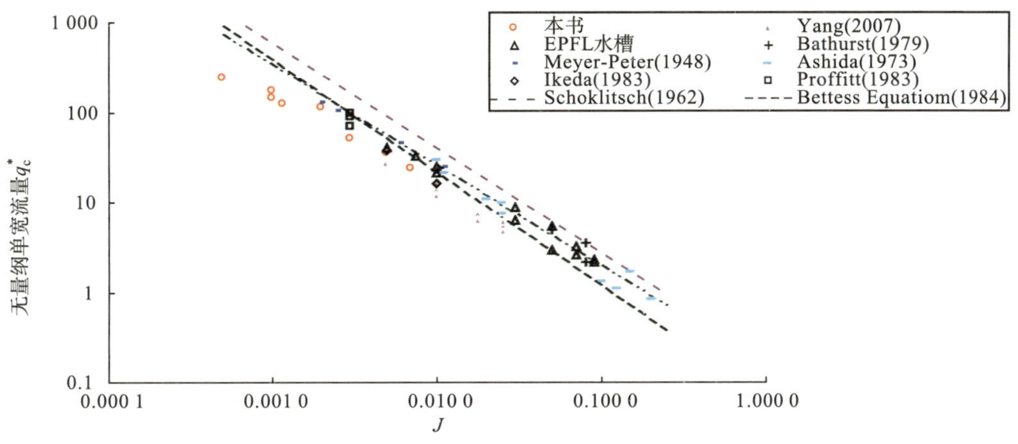

图 8-7　无量纲单宽流量 q_c^* 起动判别与试验数据关系

Bagnold 曾根据美国水道试验站所做的 D_{50}=0.59mm 的模型沙试验结果，从功率的角度出发，提出 $\frac{\gamma_s-\gamma}{\gamma_s}g_b=K(W_0-W_c)$，钱宁在此基础上进一步提出 $W_{*c}=\frac{q_cJ}{\sqrt{gD_{50}^3}}$=常数，即式（8–6），式中 $q_c \propto J^{-1}$。而此前提出的无量纲单宽流量起动公式（8–3）~公式（8–5）可转换为 $q_c \propto J^i$（$i \neq -1$），且计算结果与试验数据偏差较大。因此有必要对以上起动功率公式进行修正。

将收集的各研究者的试验成果按照无量纲单宽流量 q_c^* 与比降 J 的关系点绘至图 8–8 中。在对数坐标轴下可以看出，明显有 $q_c^* \propto J^{-1}$，采用目测法拟合，得到式（8–8）。

$$q_c^*=\frac{0.2}{J} \tag{8–8}$$

转化式（8–8）可得：

$$W_{*c}=q_c^*J=0.2 \tag{8–9}$$

根据试验数据对式（8–8）进行精度分析，以各公式的计算值 X_c 与相应实测值 X_m 的比值为参数，统计各公式计算结果在不同置信区间所占的比例，得到表 8–4 和图 8–8。

计算公式精度统计　　表 8–4

作者	本书	Sckoklits	Bettess	Bathurst
公式	(8–8)	(8–3)	(8–4)	(8–5)
$0.5 < X_c/X_m < 2.0$	100.0	27.1	60.4	68.8
$0.8 < X_c/X_m < 1.25$	35.4	6.3	14.6	25.0
$0.9 < X_c/X_m < 1.1$	18.8	2.1	4.2	8.3

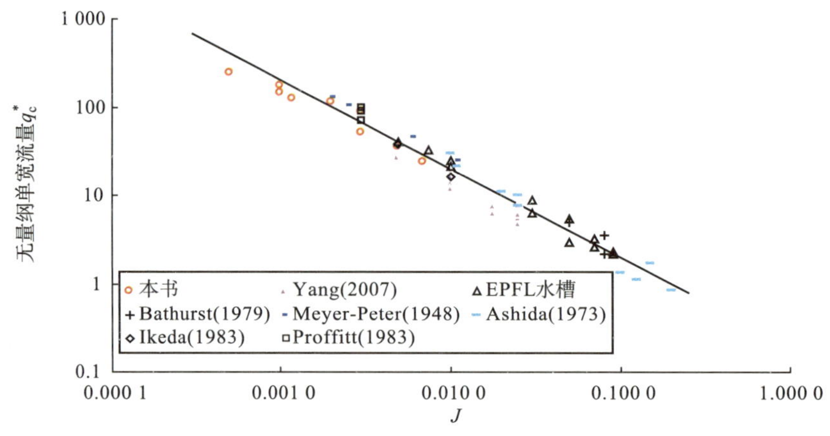

图 8–8　无量纲单宽流量 q_c^* 与比降 J 的关系

统计结果表明，Yang 的公式精度最高，所以水槽试验数据都在 2 倍区间的范围，而 Sckoklits、Bettess、Bathurst 公式在 2 倍区间内的数据点仅为 27.1%、60.4%、68.8%。从图 8–9 可以看出，Yang 的公式的所有数据点均在 [0.5，2.0] 的区间内。由此可见，Yang 的公式（8–8）对于粗颗粒泥沙的起动判别精度更高。

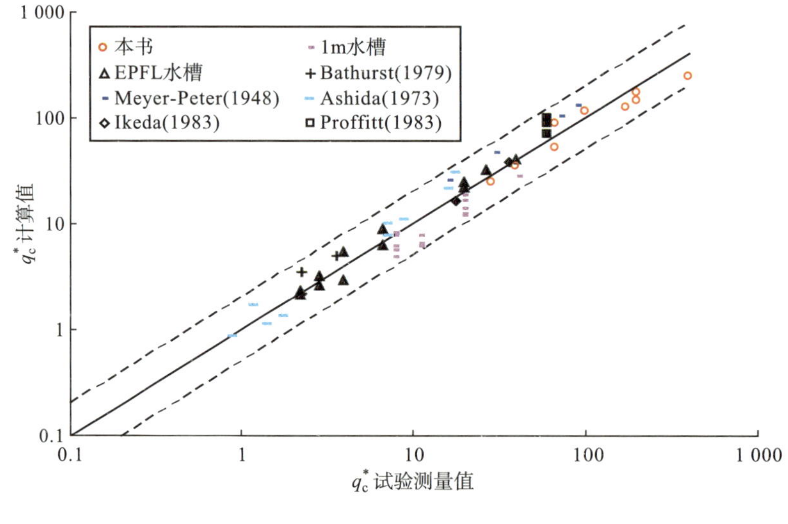

图 8–9　公式（8–8）精度分析

8.8　小结

粗颗粒泥沙起动为河流动力学研究的基础，对山区河流的开发治理、水利工程建设及航运等均具有重要的意义。本书在 EPFL 水槽，Bathurst，Li and Simons（1979），Meyer–Peter and Müller（1948），Ashida and Bayazit（1973），Ikeda（1983），Proffit and Sutherland（1983），Yang（2007）的研究成果基础上，进行了水槽试验，扩展了资料的范围。

采用起动拖曳力、起动流速和起动功率三种途径对收集的资料进行分析，起动拖曳力和起动流速的公式结构不适合表达粗颗粒泥沙起动规律。采用起动功率方法进行分析，发现单宽流量无量纲数 q_c^* 与比降 J 成倒数关系，进一步转化得到粗颗粒泥沙起动功率表达式 $W_{*c}=0.2$，验证了 Bagnold 和钱宁的想法。

分析对比了 Schoklitsch（1962）、Bettess（1984）和 Bathurst（1987）公式的计算精度，采用式（8–8）计算的粗颗粒泥沙起动单宽流量无量纲数位于区间 $0.5 < q_c^*/(q_c^*)_{med} < 2$ 的数据占总资料的 100%，说明该式适合于粗颗粒的泥沙起动方程，且具有很高的计算精度。

9　卵石推移质输移强度研究

9.1　推移质输沙率的研究现状

19 世纪末，Du Boys 首次提出推移质运动的拖曳力理论。20 世纪 30 年代，Meyer–Peter 开始了系统的推移质输沙水槽试验，并逐步推导出较完整的推移质输沙公式。20 世纪 50 年代，Einstein 利用随机理论，综合分析床沙质输移的两种形式（推移质、悬移质），第一次建立了在力学与统计学基础上的全沙挟沙力公式。20 世纪下半叶开始了百家争鸣的时代，不断有新的、影响较大的研究成果问世，如 Bagnold（1966），Engelund 和 Hansen（1967），Yalin（1972），Ackres 和 White（1973），Yang（1979，1984），Alonso（1980），Brownlie（1981），Vetter（1989），Van Rijn（1993），窦国仁（1988）等学者建立了输沙率公式。此外，王兴奎（2007）对 Einstein 公式进行了修正。本书选择经典的 Meyer–Peter 公式、Einstein 公式和 Einstein 修正式进行比较，选取适合三峡入库推移质输移量的计算公式。

Mayer–Peter（1948）经钱宁（1980）改写成如下形式：

$$\Phi=\left(\frac{4}{\Psi}-0.188\right)^{3/2} \tag{9-1}$$

Einstein（1950）公式为：

$$1-\frac{1}{\sqrt{\pi}}\int_{-B_*\varphi-1/\eta_0}^{B_*\varphi-1/\eta_0} e^{-t^2}dt=\frac{A_*\Phi}{1+A_*\Phi} \tag{9-2}$$

Einstein（2007）修正公式为：

$$\Phi_*=\frac{\Theta^{1.5}P}{16(1-P)} \tag{9-3}$$

式中：Ψ——水流参数，$\Psi=1/\Theta$；

Φ——推移质运动强度；

$1/\eta_0$——常数项，通过试验率定为 2.0；

A_*——常数项，通过试验率定为 1/0.023；

B_*——常数项，通过试验率定为 1/7；

Θ——水流强度；

P——泥沙运动概率，其计算公式为：

$$P = \frac{1}{\sqrt{\pi}}\int_{0.07\Psi_* - 2}^{\infty} e^{-t^2}\,dt \tag{9-4}$$

其中，Φ 的计算公式为：

$$\Phi = \frac{g_b}{\gamma_s}\left(\frac{\gamma}{\gamma_s-\gamma}\right)^{1/2}\left(\frac{1}{gD^3}\right)^{1/2} \tag{9-5}$$

式中：γ_s——泥沙的重度（N/m^3）；

γ——水的重度（N/m^3）；

g_b——推移质单宽输沙率（kg/m/s）；

D——均匀沙粒径（m）。

Θ 的计算公式为：

$$\Theta = \frac{\gamma R_b{}'J}{(\gamma_s-\gamma)D_{35}} \tag{9-6}$$

式中：J——比降；

D_{35}——总重量中 35% 的沙粒小于该粒径（m）；

$R_b{}'$——沙粒阻力对应的水力半径（m），可以通过式（9–7）试算：

$$\frac{U}{U_*} = 5.75\lg\left(\frac{12.27\chi R_b{}'}{K_s}\right) \tag{9-7}$$

式中：U_*——摩阻流速（m/s），$U_* = \sqrt{gR_b{}'J}$；

K_s——床面糙率尺度（m），Einstein 取 D_{65}；

χ——Einstein 校正系数，与 K_s/δ 有关。

$$\chi = \frac{1}{30.2}\exp(e^{\kappa B}) \tag{9-8}$$

式中：κ——卡门常数，一般取 0.4；

B——常数，可根据式（9–9）（Yang 公式）计算：

$$B = 8.5 + (2.5\ln K_s^+ - 3.4)\exp(-0.055\ln^3 K_s^+) \tag{9-9}$$

式中，$K_s^+ = \dfrac{U_* K_s}{\nu}$。

9.2 水槽试验数据

试验研究在 28m 高精度试验水槽中进行，共进行了 2 种重度、5 种粒径、多种水流条件的推移质输沙试验，合计 87 组次，见表 9–1。在所有试验组次中，水流参数 Ψ 为 6 ~ 23，输沙强度 Θ 为 0.003 ~ 0.16。

水槽试验结果统计　　表 9-1

组次	密度 (kg/m³)	粒径 (mm)	比降	水深 (m)	单宽输沙率 (kg/m/s)	水流参数	水流强度
1	2 650	5	0.003	0.114	0.001 2	24.11	0.000 3
2	2 650	5	0.003	0.137	0.011 4	20.11	0.003 0
3	2 650	5	0.003	0.166	0.027 7	16.60	0.007 4
4	2 650	5	0.003	0.190	0.056 5	14.50	0.015 0
5	2 650	5	0.003	0.209	0.085 3	13.14	0.022 6
6	2 650	5	0.005	0.076	0.002 7	21.80	0.000 7
7	2 650	5	0.005	0.101	0.027 7	16.37	0.007 4
8	2 650	5	0.005	0.123	0.057 2	13.41	0.015 2
9	2 650	5	0.005	0.148	0.094 0	11.11	0.025 0
10	2 650	5	0.005	0.177	0.146 8	9.32	0.039 0
11	2 650	5	0.005	0.198	0.183 6	8.32	0.048 7
12	2 650	5	0.007	0.071	0.026 1	16.61	0.006 9
13	2 650	5	0.007	0.092	0.070 3	12.77	0.018 7
14	2 650	5	0.007	0.114	0.112 5	10.34	0.029 8
15	2 650	5	0.007	0.139	0.166 2	8.45	0.044 1
16	2 650	2	0.005	0.037	0.006 2	17.81	0.006 5
17	2 650	2	0.005	0.047	0.014 5	13.97	0.015 2
18	2 650	2	0.005	0.054	0.024 4	12.19	0.025 6
19	2 650	2	0.005	0.071	0.048 7	9.32	0.051 1
20	2 650	2	0.005	0.081	0.067 7	8.14	0.071 0
21	2 650	2	0.005	0.091	0.080 9	7.26	0.084 9
22	2 650	2	0.005	0.064	0.040 2	10.30	0.042 2
23	2 650	2	0.003	0.060	0.006 3	18.35	0.006 6
24	2 650	2	0.003	0.079	0.020 2	13.89	0.021 2
25	2 650	2	0.003	0.099	0.035 3	11.13	0.037 0
26	2 650	2	0.003	0.117	0.050 1	9.42	0.052 5
27	2 650	2	0.001 5	0.132	0.015 9	16.61	0.016 7
28	2 650	2	0.001 5	0.114	0.006 6	19.22	0.006 9
29	2 650	2	0.001 5	0.174	0.044 3	12.61	0.046 5
30	1 350	5	0.001 5	0.050	0.001 2	23.30	0.001 3
31	1 350	5	0.001 5	0.066	0.004 5	17.75	0.005 1
32	1 350	5	0.001 5	0.074	0.008 8	15.85	0.009 9
33	1 350	5	0.001 5	0.082	0.018 3	14.19	0.020 7
34	1 350	5	0.001 5	0.091	0.027 7	12.89	0.031 3
35	1 350	5	0.001 5	0.093	0.041 2	12.54	0.046 6

续上表

组次	密度(kg/m³)	粒径(mm)	比降	水深(m)	单宽输沙率(kg/m/s)	水流参数	水流强度
36	1 350	5	0.001 5	0.104	0.050 1	11.24	0.056 7
37	1 350	5	0.001 5	0.110	0.060 7	10.58	0.068 6
38	1 350	5	0.001 5	0.115	0.070 5	10.16	0.079 7
39	1 350	5	0.002	0.042	0.000 8	20.88	0.001 0
40	1 350	5	0.002	0.050	0.005 4	17.48	0.006 1
41	1 350	5	0.002	0.059	0.017 9	14.74	0.020 2
42	1 350	5	0.002	0.068	0.031 3	12.87	0.035 4
43	1 350	5	0.002	0.076	0.043 4	11.52	0.049 1
44	1 350	5	0.002	0.082	0.057 5	10.70	0.065 1
45	1 350	5	0.002	0.087	0.072 0	10.01	0.081 4
46	1 350	5	0.002	0.095	0.093 6	9.22	0.105 9
47	1 350	5	0.003	0.044	0.014 4	13.28	0.016 3
48	1 350	5	0.003	0.054	0.038 6	10.72	0.043 7
49	1 350	5	0.003	0.063	0.064 7	9.20	0.073 2
50	1 350	5	0.003	0.070	0.084 6	8.32	0.095 7
51	1 350	5	0.003	0.077	0.101 0	7.62	0.114 2
52	1 350	5	0.003	0.083	0.119 8	7.07	0.135 5
53	1 350	5	0.005	0.031	0.033 6	11.46	0.038 1
54	1 350	5	0.005	0.041	0.069 7	8.51	0.078 9
55	1 350	5	0.005	0.050	0.113 9	7.03	0.128 8
56	1 350	3	0.001 5	0.044	0.001 5	15.76	0.003 7
57	1 350	3	0.001 5	0.055	0.007 4	12.64	0.018 0
58	1 350	3	0.001 5	0.065	0.014 4	10.73	0.035 1
59	1 350	3	0.001 5	0.075	0.028 3	9.29	0.068 9
60	1 350	3	0.001 5	0.076	0.032 6	9.21	0.079 4
61	1 350	3	0.001 5	0.086	0.042 5	8.17	0.103 4
62	1 350	3	0.002	0.044	0.011 8	11.94	0.028 6
63	1 350	3	0.002	0.050	0.020 2	10.60	0.049 2
64	1 350	3	0.002	0.062	0.038 4	8.47	0.093 5
65	1 350	3	0.002	0.068	0.050 3	7.69	0.122 5
66	1 350	3	0.003	0.039	0.026 9	9.02	0.065 4
67	1 350	3	0.003	0.048	0.049 0	7.33	0.119 2
68	1 350	3	0.003	0.055	0.068 8	6.34	0.167 4
69	1 350	7	0.001 5	0.098	0.018 6	16.60	0.012 7
70	1 350	7	0.001 5	0.120	0.050 1	13.58	0.034 2

续上表

组次	密度 (kg/m³)	粒径 (mm)	比降	水深 (m)	单宽输沙率 (kg/m/s)	水流参数	水流强度
71	1 350	7	0.001 5	0.127	0.070 5	12.89	0.048 1
72	1 350	7	0.001 5	0.139	0.087 2	11.78	0.059 5
73	1 350	7	0.001 5	0.147	0.111 1	11.15	0.075 9
74	1 350	7	0.001 5	0.106	0.022 5	15.44	0.015 3
75	1 350	7	0.001 5	0.070	0.002 0	23.44	0.001 4
76	1 350	7	0.003	0.061	0.010 6	13.39	0.007 2
77	1 350	7	0.003	0.073	0.054 9	11.18	0.037 5
78	1 350	7	0.003	0.065	0.025 7	12.53	0.017 5
79	1 350	7	0.003	0.058	0.012 0	14.20	0.008 2
80	1 350	7	0.003	0.048	0.001 0	16.86	0.000 7
81	1 350	7	0.003	0.080	0.072 4	10.25	0.049 4
82	1 350	7	0.003	0.085	0.083 9	9.58	0.057 3
83	1 350	7	0.003	0.091	0.108 8	8.93	0.074 3
84	1 350	7	0.003	0.100	0.154 6	8.20	0.105 5
85	1 350	7	0.003	0.104	0.179 2	7.82	0.122 4
86	1 350	7	0.003	0.111	0.212 3	7.37	0.145 0
87	1 350	7	0.005	0.068	0.179 6	7.16	0.122 7

9.3　寸滩推移质输沙率实测资料整理

根据长江寸滩站推移质的输移特性，将 1961 ~ 2007 年实测资料按照 1966 ~ 1981 年、1982 ~ 2001 年、2002 ~ 2007 年三个时间段进行分类统计分析。通过对寸滩站三个时间段实测资料分析，其水力参数主要包括水位、流量、水深、断面输沙率、输沙带、中值粒径。在卵石输沙率分析中，还需得到流量—比降的关系和 D_{50}-D_{35} 的关系，才能研究水流参数和输沙强度的关系。

（1）比降—流量关系

通过收集寸滩站 1981 年、2004 年、2005 年实测资料以及重庆河段物理模型资料（长江科学院），分析寸滩站的流量和比降关系，见表 9−2 和图 9−1。寸滩站流量和比降关系为：

$$J=4.687Q^{-0.89} \tag{9-10}$$

式中：Q——流量（m³/s）；

J——比降（‰）。

寸滩站比降—流量关系实测资料收集情况 表 9-2

序号	流量（m^3/s）	比降（‱）	资料来源
1	8 150	2.08	2004 年实测
2	10 000	2.02	2005 年实测
3	15 500	2	2004 年实测
4	25 500	1.85	2005 年实测
5	36 500	1.85	重庆河段模型资料（长江科学院）
6	69 100	1.76	重庆河段模型资料（长江科学院）
7	88 100	1.66	1981 年大洪水实测资料

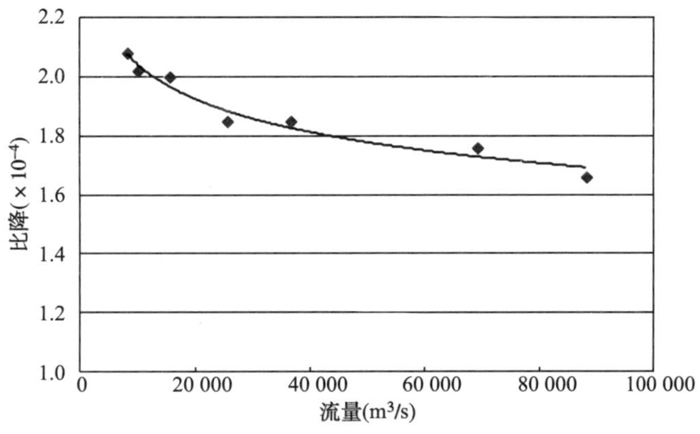

图 9-1 寸滩站比降—流量相关关系

（2）D_{50} 与 D_{35} 的关系

由于寸滩站实测推移质资料中对某些年份未作级配分析，只给出了 D_{50} 和 D_{max}。按照 Einstein 推移质输移理论，对于天然河流非均匀沙，其代表粒径为 D_{35}，现根据长江上游各水文站推移质颗粒级配建立 D_{50} 与 D_{35} 的关系。

表 9-3 是三峡水库蓄水前后各站砾卵石推移质颗粒级配成果表。根据各站的推移质颗粒级配计算出 D_{50} 和 D_{35}，建立相关关系，见图 9-2。D_{50} 和 D_{35} 的关系可表示为：

$$D_{35}=0.47D_{50}^{1.12} \tag{9-11}$$

式中：D_{50}——泥沙粒径组成中较 50% 小的粒径（mm）；

D_{35}——泥沙粒径组成中较 35% 小的粒径（mm）。

各站不同时段推移质颗粒级配成果表 表 9-3

站名	统计年份	小于某粒径沙重百分数										D_{50} (mm)	D_{cp} (mm)	D_{max} (mm)
		2	5	10	20	50	75	100	150	200	>200			
朱沱	1975 ~ 2002			0	5.5	43.4	68.1	84.0	96.6	99.5	100	55.5	64.9	264
	1975 ~ 1991			0	3.9	39.9	66.5	83.2	96.0	99.3	100	58.0	67.2	264
	1992 ~ 2002			0	10.0	53.0	72.4	86.1	98.5	99.9	100	48.0	57.9	204
	2003			0	11.7	65.5	85.0	94.1	100			41.0	46.0	146

续上表

站名	统计年份	小于某粒径沙重百分数										D_{50} (mm)	D_{cp} (mm)	D_{max} (mm)
		2	5	10	20	50	75	100	150	200	>200			
寸滩	1966，1968～2002			0	13.4	53.9	77.2	89.9	98.2	99.9	100	46.5	55.1	234
	1966，1968～1981			0	9.5	47.5	71.4	85.3	97.0	99.8	100	52.3	61.3	234
	1982～2002			0	18.5	62.0	84.5	95.7	99.8	100		39.5	46.9	184
	2003			0	25.0	72.5	91.7	98.3	100			33.0	39.2	129
万县	1973～2002			0	20.4	69.5	85.3	92.9	98.9	99.9	100	35.0	45.6	301
	1973～1993			0	19.1	67.1	83.1	91.3	98.6	99.9	100	36.5	47.9	301
	1994～2002			0	24.1	76.8	91.9	97.5	99.9	100		31.3	39.0	180
	2003			0	36.5	92.5	99.9	100				23.5	27.3	77.3
奉节	1974～1978，1981～2001			0	25.3	70.6	89.0	96.5	99.6	100	100	33.0	41.7	239
	1974～1978，1981～1992			0	22.2	68.5	87.6	95.8	99.5	100		35.0	43.6	239
	1993～2001			0	39.5	80.1	94.9	99.5	100			25.0	33.9	148

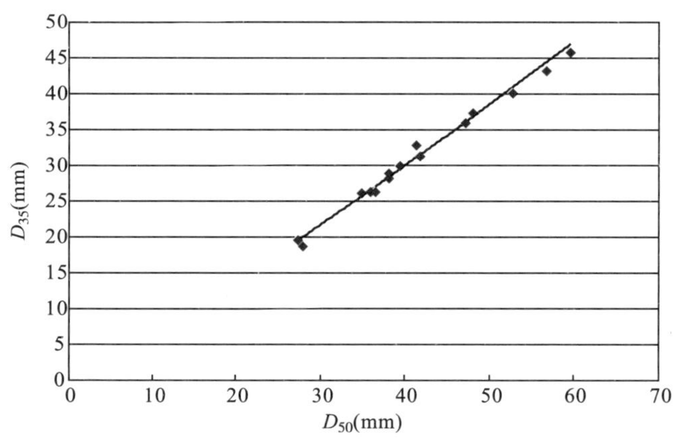

图9-2　D_{50}和D_{35}的关系

采用流量平均统计方法，按照三个时间段进行统计分析得到：1966～1981年、1982～2001年、2002～2007年三个时间段的统计组数分别为20组、18组、17组，每组包括流量、水深、比降、D_{35}、单宽输沙率等水力参数和泥沙输移参数，见表9-4。

寸滩站各时间段推移质输移水力参数和泥沙参数　　表9-4

时段	序号	水位(m)	流量(m^3/s)	水深(m)	比降J	输沙率(kg/s)	输沙带宽(m)	D_{50}(mm)	D_{35}(mm)	水流参数	输沙强度
1961～1982年	1	159.86	4 173	4.4	0.000 222	1.95	195	38	28	47.1	0.000 20
	2	162.51	7 577	5.8	0.000 211	2.30	286	44	33	44.4	0.000 13
	3	164.41	10 546	7.2	0.000 204	4.98	376	49	37	41.56	0.000 17
	4	166.1	13 546	8.5	0.000 200	13.50	448	47	35	34.36	0.000 42

续上表

时段	序号	水位(m)	流量(m^3/s)	水深(m)	比降 J	输沙率(kg/s)	输沙带宽(m)	D_{50}(mm)	D_{35}(mm)	水流参数	输沙强度
1961～1982年	5	167.62	16 596	9.7	0.000 196	11.64	485	48	36	31.39	0.000 33
	6	169.09	19 546	10.9	0.000 193	19.67	500	51	39	30.33	0.000 48
	7	170.56	22 496	12.1	0.000 191	28.78	505	52	40	28.28	0.000 68
	8	171.76	25 486	13.1	0.000 189	36.59	535	51	39	25.85	0.000 84
	9	172.95	28 628	14.2	0.000 187	55.28	535	52	40	24.62	0.001 23
	10	174.05	31 547	15.1	0.000 185	63.41	532	58	45	26.39	0.001 18
	11	175.15	34 448	16.1	0.000 184	64.90	540	56	43	23.99	0.001 26
	12	176.34	37 609	17.2	0.000 182	76.39	542	57	44	23.08	0.001 44
	13	177.5	40 678	18.2	0.000 181	99.57	553	65	51	25.45	0.001 47
	14	179.04	44 737	19.6	0.000 180	94.32	555	59	46	21.38	0.001 64
	15	180.35	48 496	20.7	0.000 178	105.13	566	58	45	20.01	0.001 84
	16	181.84	53 638	22.1	0.000 177	112.45	560	50	38	16.01	0.002 55
	17	182.83	57 022	22.9	0.000 176	197.37	549	67	53	21.56	0.002 79
	18	184.08	61 325	24	0.000 175	222.92	584	59	46	17.96	0.003 67
	19	185.24	65 300	25.1	0.000 174	84.91	576	78	62	23.61	0.000 89
	20	189.46	79 800	28.8	0.000 171	183.28	552	51	39	13.02	0.004 08
1982～2001年	1	160.45	4 816	4.6	0.000 219	0.38	161	18	12	19.76	0.000 17
	2	162.44	7 471	5.8	0.000 211	1.06	206	24	17	22.49	0.000 22
	3	164.43	10 577	7.2	0.000 204	2.15	283	28	20	22.21	0.000 26
	4	166.05	13 452	8.5	0.000 200	4.87	330	32	23	22.32	0.000 40
	5	167.64	16 630	9.7	0.000 196	11.61	387	36	26	22.75	0.000 66
	6	169.09	19 539	10.9	0.000 193	9.52	376	40	30	23.11	0.000 47
	7	170.57	22 516	12.1	0.000 191	15.97	382	39	29	20.49	0.000 81
	8	171.8	25 597	13.1	0.000 189	18.48	415	43	32	21.36	0.000 73
	9	172.95	28 623	14.2	0.000 187	30.36	430	45	34	20.94	0.001 07
	10	174.04	31 515	15.1	0.000 185	38.59	446	44	33	19.37	0.001 36
	11	175.17	34 493	16.1	0.000 184	38.19	418	46	35	19.25	0.001 34
	12	176.27	37 415	17.1	0.000 183	30.41	493	41	30	16.05	0.001 09
	13	177.49	40 638	18.2	0.000 181	58.55	487	47	35	17.7	0.001 70
	14	179.22	45 219	19.7	0.000 179	61.25	463	48	36	16.9	0.001 80
	15	180.43	48 794	20.8	0.000 178	57.90	455	40	30	13.14	0.002 35
	16	181.67	53 044	21.9	0.000 177	62.49	488	43	32	13.63	0.002 10
	17	182.84	57 040	22.9	0.000 176	197.57	581	55	42	17.29	0.003 60
	18	184.54	62 900	24.4	0.000 174	150.95	582	76	61	23.51	0.001 60

续上表

时段	序号	水位(m)	流量(m^3/s)	水深(m)	比降 J	输沙率(kg/s)	输沙带宽(m)	D_{50}(mm)	D_{35}(mm)	水流参数	输沙强度
2002～2007 年	1	160.83	5 218	4.8	0.000 218	0.25	133	17	11	17.89	0.000 10
	2	162.61	7 740	5.9	0.000 210	0.75	199	21	14	19.1	0.000 20
	3	164.43	10 582	7.2	0.000 204	0.92	252	24	17	18.69	0.000 20
	4	166.08	13 502	8.5	0.000 200	1.80	299	27	19	18.46	0.000 20
	5	167.59	16 541	9.7	0.000 196	2.00	333	28	20	17.16	0.000 20
	6	169.02	19 405	10.8	0.000 194	3.10	370	32	23	18.15	0.000 20
	7	170.55	22 480	12.1	0.000 191	5.04	387	31	22	15.84	0.000 30
	8	171.76	25 481	13.1	0.000 189	4.89	384	33	24	15.87	0.000 30
	9	172.89	28 476	14.1	0.000 187	13.66	445	38	28	17.44	0.000 60
	10	173.99	31 371	15.1	0.000 185	6.93	433	32	23	13.55	0.000 40
	11	175.33	34 930	16.3	0.000 184	25.23	475	39	29	15.82	0.001 00
	12	176.44	37 863	17.3	0.000 182	14.72	485	39	29	15.01	0.000 60
	13	177.55	40 800	18.2	0.000 181	19.52	515	45	34	16.86	0.000 60
	14	178.97	44 550	19.5	0.000 180	23.72	552	40	30	13.9	0.000 80
	15	180.31	48 375	20.7	0.000 178	41.73	544	54	41	18.46	0.000 90
	16	181.86	53 700	22.1	0.000 177	42.34	536	55	42	17.82	0.000 90
	17	183.09	57 900	23.2	0.000 176	45.01	536	53	40	16.39	0.001 00

9.4　卵石推移质输沙率成果分析

现代意义的泥沙运动力学始于 1879 年，当时 Du Boys 首次提出推移质输沙率公式。19 世纪 30 年代开始进行了系统的推移质输沙水槽试验。50 年代 Einstein 利用随机理论，综合分析床沙质输移的两种形式（推移质、悬移质），20 世纪下半叶 Bagnold（1966），Engelund & Hansen（1967），Yalin（1972），Ackres & White（1973），Yang（1979，1984），Alonso（1980），Brownlie（1981），Vetter（1989）等学者建立了输沙率公式，清华大学王兴奎教授根据 Einstein 随机理论，对 Einstein 输沙率公式作了修正［以下简称 Einstein 修正式（2007）］。据不完全统计，目前各种推移质输沙率公式已超过 50 个。

钱宁（1980）选取 Mayer-Peter（1948），Einstein（1950），Bagnold（1966），Eengelund（1967），Yalin（1972），Ackres & White（1973）6 个公式，把这些公式转化为推移质输沙强度 Φ 和水流强度 Θ 的函数进行直接比较。

在钱宁选取的6个输沙率公式中，除Einstein公式外，均需要用起动拖曳力无量纲数 Θ_c。Θ_c 一般为 0.04 ～ 0.047，但寸滩站水力参数为 0.02 ～ 0.03 就有明显的卵石推移质输移。如果采用的输沙率公式中有 Θ_c 来表达的，将无法比较。Einstein（1948）和 Einstein 修正式（2007）公式中不需要 Θ_c 表达。为了方便比较输沙率公式，特选取 Einstein（1942）

和 Einstein 修正式（2007）与基本资料进行比较。

图 9–3 点绘了水槽试验的 87 组次结果、寸滩站三个时间段的整理结果、Einstein(1948)以及 Einstein 修正式（2007）。水槽试验的水流参数为 6.34 ~ 24.11，寸滩站三个时间段整理结果的水流参数为 13.55 ~ 47.10，其数据基本上包含了低强度输沙和中强度输沙。

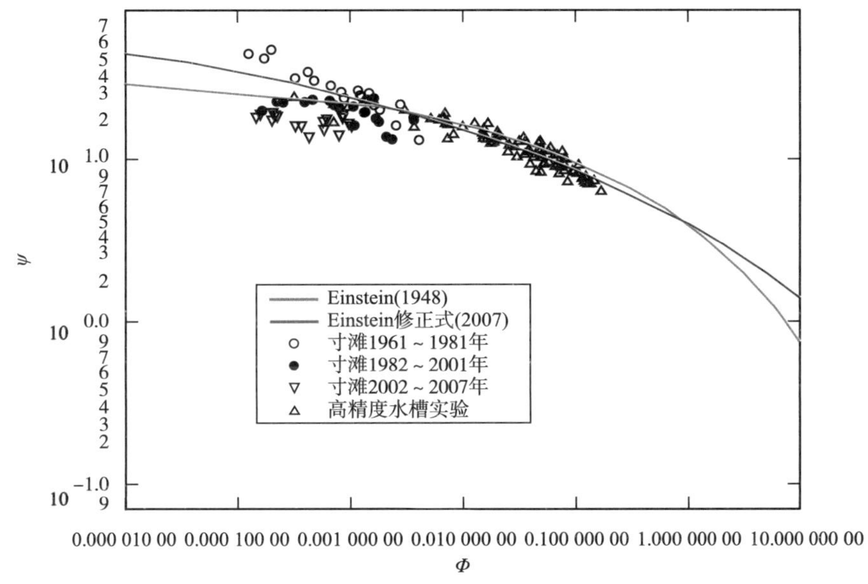

图 9–3 水槽试验和寸滩站整理结果与经典公式比较

水流参数 ψ 为 6 ~ 20 时，Einstein 修正式（2007）曲线基本上从水槽试验数据点的中间穿过，在水流参数大于 20 后，基本上逼近寸滩站 1961 ~ 1981 年的整理结果。水槽试验是严格按照输沙平衡进行控制的，寸滩站在 1961 ~ 1981 年期间泥沙补给充分，基本上达到输沙平衡。这说明在卵石推移质达到输沙平衡时，采用 Einstein 修正式（2007）能得到较好的推移质输移预测结果。

水流参数 ψ 为 6 ~ 20 时，Einstein（1948）曲线主要从水槽试验数据点的上部穿过，在水流参数大于 20 后，在寸滩站 1981 ~ 2001 年的整理结果的上部穿过。寸滩站在 1981 ~ 2001 年期间，泥沙补给比 1961 ~ 1981 年期间少。Einstein（1948）预测曲线与水槽试验结果和寸滩站 1981 ~ 2001 年整理结果相比，在相同的水流强度情况下，预测结果比实测结果大 3 ~ 4 倍。

寸滩站在 2002 ~ 2007 年期间，卵石补充极不充分，与 Einstein 修正式（2007）和 Einstein（1948）的预测结果相差甚远。

从以上分析可以看出，通过水槽试验数据和水文站实测资料验证，Einstein 修正式（2007）计算推移质输移强度的精度最好。

第 4 篇

长江上游卵石沙波运动研究

10　卵石沙波分类及临界条件研究

10.1　细沙沙波形态

10.1.1　细沙沙波发展过程

细颗粒泥沙沙波（D_{50}<0.45mm）随着水流强度的加大[1]，其床面形态要经过平整、沙纹、沙垄、动平整、沙浪、急滩和深槽 6 个阶段（图 10−1）。

a)沙纹阶段(J=0.000 2，Q=29.8L/s，H=0.203m)

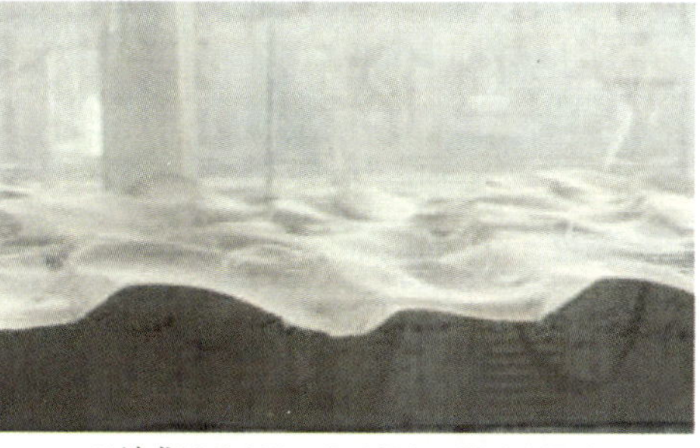

b)沙垄(J=0.002，Q=20L/s，H=0.107m)

c)动平整阶段(J=0.003，Q=20L/s，H=0.07m)

d)沙浪阶段(J=0.007，Q=50L/s，H=0.10m)

图 10−1　细沙沙波各发展阶段

本次试验针对粒径 D=0.3mm 的细沙，进行了包含 8 个比降（0.000 2 ~ 0.007）的 51 组试验。试验观察到细沙沙波发展过程如下：

（1）平整：床面平整，泥沙运动。

（2）沙纹：随着水流强度的增大，由于近壁流层的不稳定，少量沙粒聚集在床面并形成小丘，徐徐向前移动加长，最后连接成形状极为规则的沙纹。沙纹的纵坡面多不对称，迎水面长而平，背水面短而陡。

(3) 沙垄：水流强度再增大，波长、波高均增加，沙纹发展为沙垄。沙垄迎水面遭受冲刷，背水面淤积，其行进速度远小于水流速度。

(4) 动平整：当水流强度达到一定程度，河床重新出现平整。

(5) 逆行沙浪：水流强度继续增加，床面再一次起伏，称为沙浪。沙浪纵剖面对称，水流流线基本与河床平行，水面也有相应的起伏，水面不发生明显的离析现象。

10.1.2　沙纹和沙垄的判别

沙纹和沙垄在外形上相似：它们都有一个上游迎水面和背水面，前坡较为平缓，后坡较为陡峻(但小于休止角)，其前坡与后坡比均较大。沙纹和沙垄逐渐移动，与水流速度相比，其移动速度较小。

沙纹与沙垄的区别在于沙波大小与水流关系不同。沙纹的形成和发展与水流条件（流速、水深、比降）无关。Richards（1980）通过一维紊流模型分析沙波的发展过程 [2]，认为沙纹是紊流的扰动对床面的影响，与床面底部紊动有关。而沙垄的大小与水流大小的关系十分密切。如图 10−2 所示。

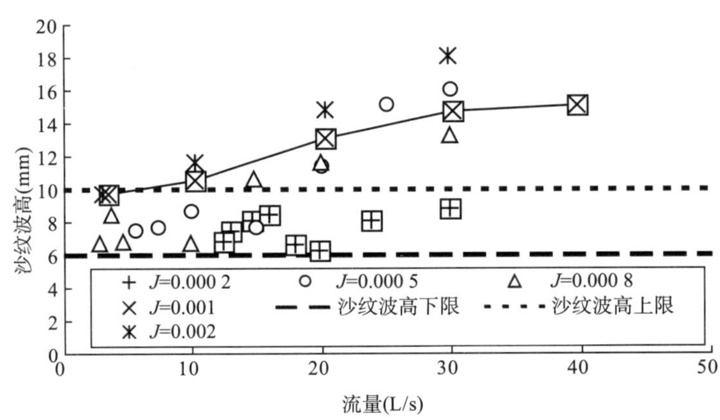

图 10−2　沙纹和沙垄的波高

在 J=0.000 5、Q=7.4 ~ 30L/s 的 7 组试验中，沙波波高不随流量的增加而增加，其波高范围在 6 ~ 10mm。在 J=0.000 5 和 J=0.000 8 情况下，沙波波高的范围为 6 ~ 10mm，且与水流强度无关，认为是沙纹状态。在本次试验组次中，沙波波高小于 10mm 的沙波为沙纹状态，大于 10mm 的沙波为沙垄状态。

10.1.3　沙纹和沙垄的临界值

表 10−1 统计了本次试验的沙纹过渡到沙垄的临界沙粒雷诺数。D=0.3mm，J=0.000 5 ~ 0.002，临界沙粒雷诺数为 7.4 ~ 11.0。

Engelund (1972) 的研究表明 [4]，当沙粒雷诺数超过某一临界值时，沙纹即过渡到沙垄，从沙纹过渡到沙垄的临界值因粒径的增加而增大，见表 10−2。当粒径在 0.19 ~ 0.45mm 时，沙纹过渡到沙垄的沙粒雷诺数为 7.3 ~ 11.7。

自沙纹过渡到沙垄的临界沙粒雷诺数（本次试验，D=0.3mm） 表 10–1

比降 J	0.000 5	0.000 8	0.001	0.002
摩阻流速 u_*（m/s）	0.025	0.029	0.029	0.036
u_*D/υ	7.4	8.7	8.5	11

自沙纹过渡到沙垄的临界沙粒雷诺数［Engelund（1972）］ 表 10–2

粒径（mm）	0.19	0.27	0.28	0.45	0.93
u_*D/υ	7.3	10.3	11	11.7	不形成沙纹

沙纹过渡到沙垄的临界沙粒雷诺数与黏性底层厚度有较大的关系。不同的研究者对于黏性底层厚度的确定略有不同，见表 10–3。黏性底层厚度 $y^+=u_*\delta/\upsilon$ 一般在 5 ~ 12。对比沙纹过渡到沙垄的临界沙粒雷诺数［本次试验结果和 Engelund（1972）］与黏性底层厚度，当泥沙粒径约等于黏性底层厚度时（$\delta\approx D$），是沙纹过渡到沙垄的临界值。

黏 性 底 层 厚 度 表 10–3

作　者	Nikuradse（1932）	I.Neza and Rodi（1986）	Kirkgoz（1989）	胡江
黏性底层厚度 $y^+=u_*\delta/\upsilon$	11.6	5 ~ 10	5 ~ 12	5

10.2 卵石沙波形成过程

从本次试验的结果来看，沙波的平面形态与粒径有相当大的关系。当 D_{50}=1.8mm 和 D_{50}=5.3mm 时，随着水流强度的加大，沙波的平面主要表现为平整和沙垄阶段（图 10–3），其中沙垄分为顺行沙垄和逆行沙垄，如图 10–4 和图 10–5 所示。

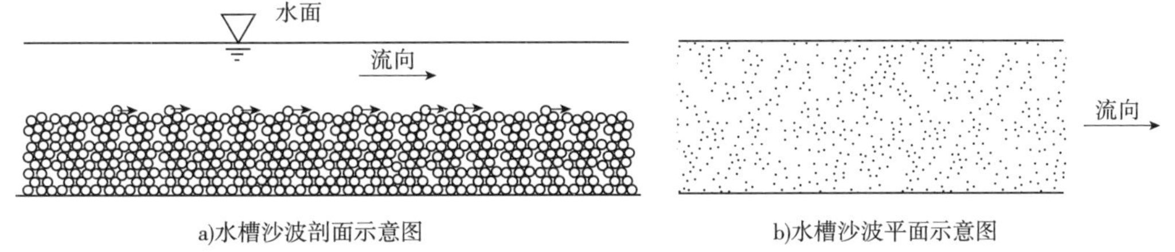

图 10–3 平整阶段示意图

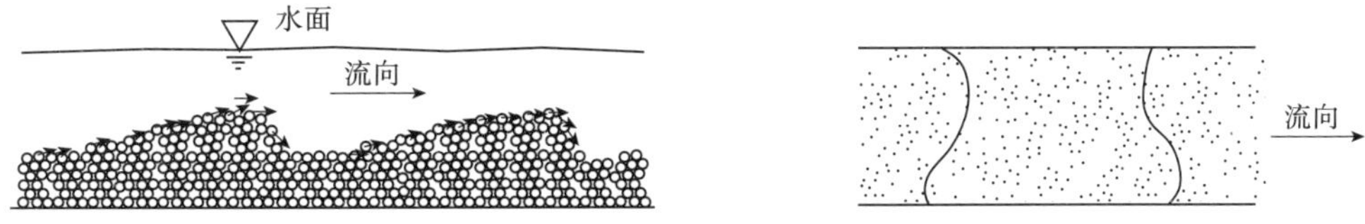

图 10–4 顺行沙垄阶段沙波示意图

（1）在平整阶段：有少量泥沙颗粒运动，床面基本保持平整，这一阶段处于泥沙个别起动至大量起动之间。

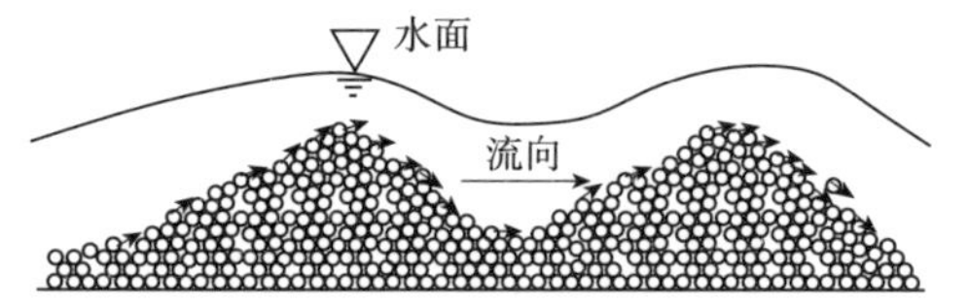

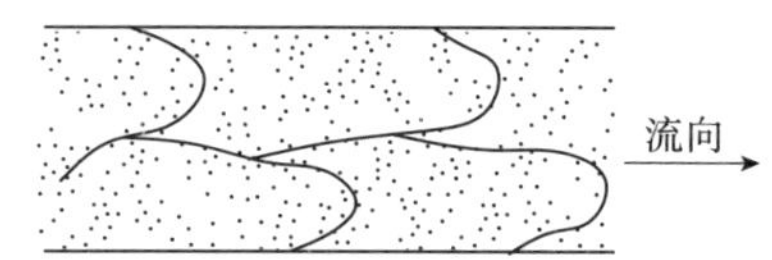

图 10-5　逆行沙垄阶段沙波示意图

（2）顺行沙垄阶段：当水流强度加大，泥沙大量起动后，有的泥沙运动速度快，有的泥沙运动速度慢，以致后面速度快的泥沙追赶上了速度慢的泥沙，泥沙逐渐堆积，形成沙垄，泥沙颗粒以沙垄形式作群体运动，沙垄迎水面遭受冲刷，背水面淤积。在非对称沙垄阶段，水面波动甚微（ΔH<1cm），沙面波动明显，迎水面长度是背水面长的 2 ~ 14 倍，沙波沿水流方向的剖面为非对称。沙垄较为规则，沙波波高较小，呈现二维特性，整体朝下游推移。

（3）逆行沙垄阶段：当水流强度进一步加大后，水面出现明显的波动（$\Delta H \geqslant$ 1cm），迎水面长度约是背水面长的 2 倍，沙波沿水流方向的剖面较为对称。对称沙垄阶段沙波呈现明显三维特性，水流强度较大的水面波基本与卵石波同相，波峰偶有水面波破碎发生。

10.3　卵石沙波运动的不规则性

（1）沙垄阶段

图 10-6、图 10-7 绘出了沙垄阶段 35 个沙波的波峰、波谷及波高变化（J=0.001 5，D_{50}=0.001 8m，Q=80L/s）。在沙垄阶段，床面的原始高程为 0.07m，波峰的变化在 0.010 7 ~ 0.076m，波谷的变化在 0.024 9 ~ 0.054 5m，波高的变化在 0.030 ~ 0.075 5m，说明顺行沙垄阶段的波峰、波谷及波高变化均较大。其他不同试验组次的沙垄变化规律与该组次基本一样。

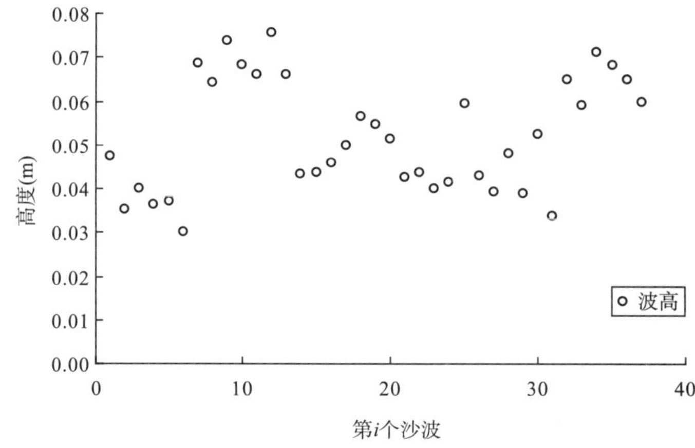

图 10-6　沙垄阶段波高（J=0.001 5，D_{50}=0.001 8m，Q=80L/s）

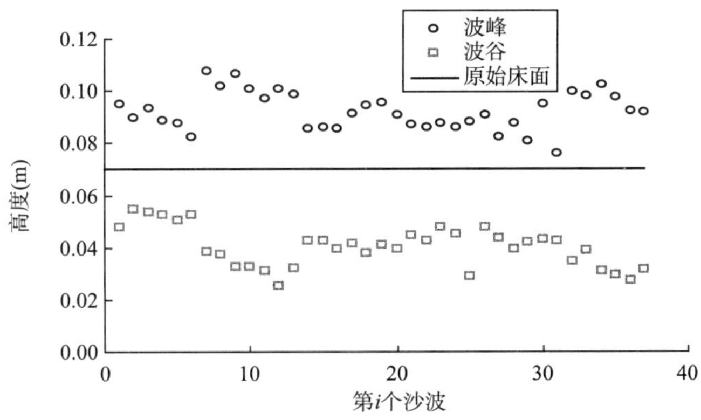

图 10-7 沙垄阶段波峰、波谷（J=0.001 5，D_{50}=0.001 8m，Q=80L/s）

（2）逆行沙垄阶段

图 10-8、图 10-9 绘出了逆行沙垄阶段 15 个沙波的波峰、波谷及波高变化（J=0.007，D_{50}=0.005 3m，Q=90L/s）。在沙浪阶段，波峰的变化在 0.09 ~ 0.099m，波谷的变化在 0.038 ~ 0.055m，波高的变化在 0.035 ~ 0.058m，说明逆行沙垄阶段的波峰变化较小，基本上趋于同一值；波谷及波高有一定变化，但都比顺行沙垄阶段的沙波变化值小。其他不同试验组次的沙垄变化规律与该组次基本一样。

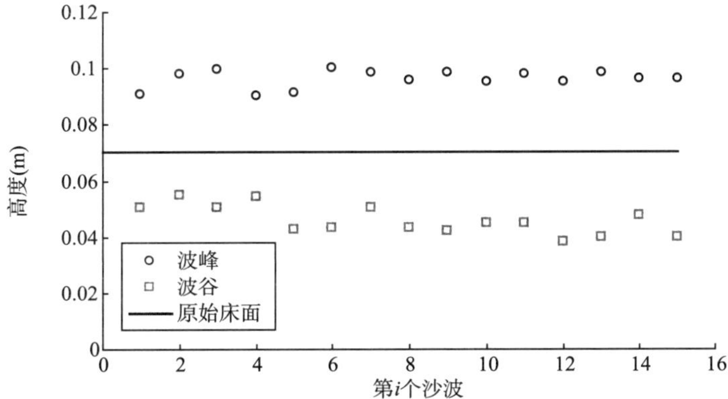

图 10-8 逆行沙垄阶段波峰、波谷（J=0.007，D_{50}=0.005 3m，Q=90L/s）

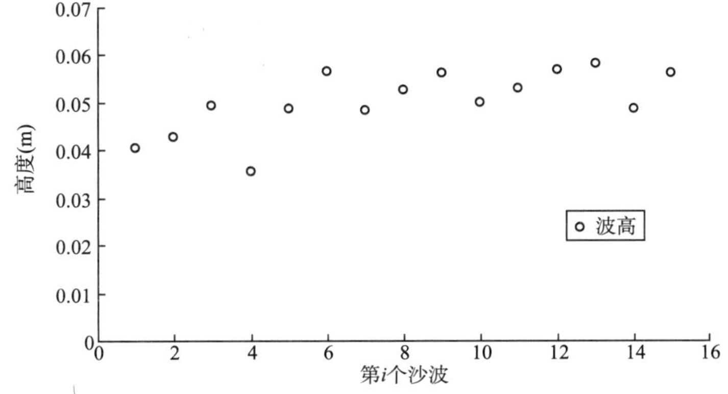

图 10-9 逆行沙垄阶段波高（J=0.007，D_{50}=0.005 3m，Q=90L/s）

（3）顺行沙垄阶段和逆行沙垄阶段的异同点

顺行沙垄和逆行沙垄的沙波大小不一样，波高、波长都相差很大，表现为沙波的无规则性。沙波的无规则性主要与紊流脉动运动有关。

在顺行沙垄阶段，水深较大，沙波的存在还未引起水面的变化，在床面附近给沙波的变化提供了较大的空间，所以沙波的波峰、波谷和波高变化较大。在逆行沙垄阶段，水深较小，水面出现明显的波动，说明沙波的存在已经引起水面的变化，或者说通过水面的变化“压制”了沙波的变化，这是逆行沙垄阶段沙波的变化比沙垄阶段小的原因。

与原始床面相比，沙波的波峰和波谷均有变化。考虑到沙波的存在对水流的影响，本次计算均采用波峰和波谷的平均值，见图 10−10。

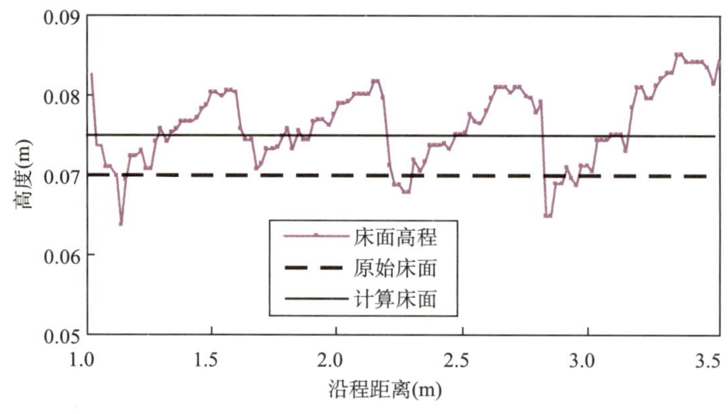

图 10−10　沙波计算床面示意图

10.4　卵石沙波平整至逆行沙垄的判别标准

根据水流及泥沙条件，预报床面可能出现的形态，是河流动力学的一个重要课题。截至目前，关于沙波的形成问题在理论上还未完全解决，目前还只能采用经验性点绘关系的方法来确定各种沙波形态的水沙条件。

10.4.1　沙波水沙参数的选取

根据现有的研究成果以及本次试验的结果分析，水沙参数一般选取无量纲数。主要有以下水沙参数：

（1）水流强度。

$$\Theta=\frac{\tau_b}{(\gamma_s-\gamma)\cdot D} \tag{10-1}$$

式中：τ_b——水流切应力；

γ_s——泥沙的重度；

γ——水的重度；

D——河床物质组成，均匀沙以中值粒径计。

（2）推移质输沙强度。

$$\Phi=\frac{g_b}{\gamma_s}\sqrt{\frac{\gamma}{\gamma_s-\gamma}gD^3} \tag{10-2}$$

式中：g_b——单宽输沙率（kg/s/m）；

g——重力加速度，取9.8m/s^2。

（3）沙粒雷诺数。

$$R_{e*}=\frac{u_*D}{\upsilon} \tag{10-3}$$

式中：u_*——摩阻流速（m/s）；

υ——水流黏度，一般取0.000 001m^2/s。

（4）单宽水流功率无量纲数。

$$\omega_*=q_*J=\frac{UH}{\sqrt{gD^3}}J \tag{10-4}$$

式中：U——断面平均流速（m/s）；

H——断面平均水深（m）。

J——比降。

（5）相对光滑度：H/D。

（6）水力半径R。

$$R=\frac{A}{\chi}=\frac{BH}{B+2H}=\frac{H}{1+\frac{2H}{B}} \tag{10-5}$$

式中：A——水流断面面积（m^2）；

χ——湿周（m）；

B——水面宽度（m）。

10.4.2 有效拖曳力

28m高精度水槽的宽度为0.56m，从66组试验的宽深比来看（图10-11），宽深比B/H超过5的只有19组，占25%左右。宽深比越小，边壁对水流条件的影响越大，对水流强度也有影响，如图10-12所示。本书采取Knight（1984）的成果。Knight（1984）分析了宽深比对床面有效切应力的影响，认为：

$$\frac{\tau_b}{\gamma HJ}=1-0.01e^{\alpha} \tag{10-6}$$

$$\alpha=-3.23\lg\left(\frac{B}{H}+3\right)+6.146 \tag{10-7}$$

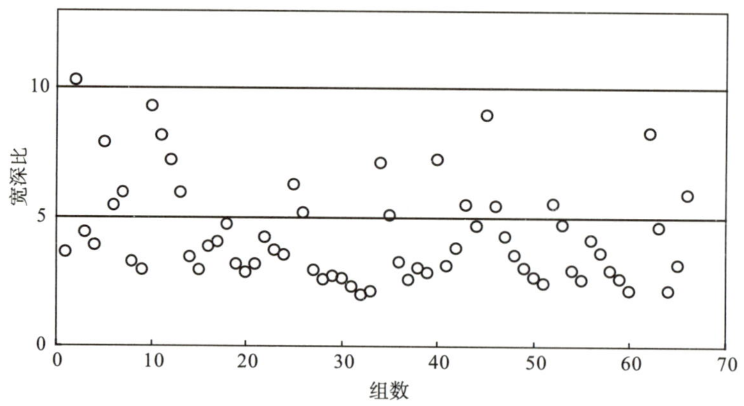

图 10-11　各试验组次的宽深比

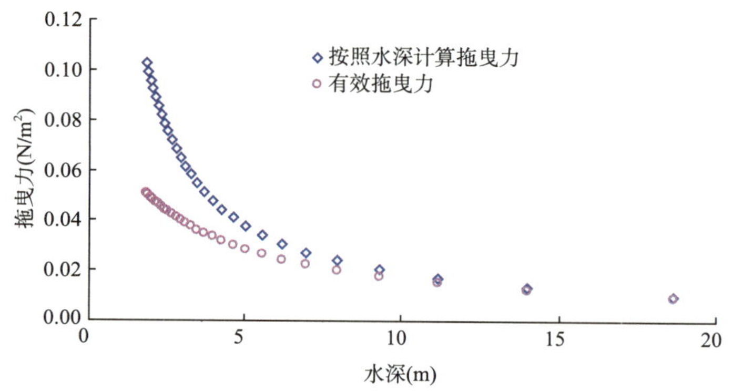

图 10-12　不同宽深比的有效拖曳力（J=0.003，D_{50}=0.005 3m）

10.4.3　顺行沙垄出现分界线

对于一般的明渠水流，超过某一粒径（一般指 0.6 ~ 0.7mm）的泥沙颗粒即不会形成沙纹（即泥沙超过黏性底层的厚度，床面不再是水力光滑之后），而是从平整床面直接过渡到沙垄。本试验采用的最小泥沙粒径为 1.8mm，从试验中观测床面直接从平整状态过渡到顺行沙垄阶段。

（1）关系的建立

水流强度 Θ 是相对光滑度 H/D 和比降 J 的函数，可表示为：

$$\Theta=\psi(H/D,\ J) \tag{10-8}$$

河床变形一般与流速无量纲数 V_* 有关：

$$V_*=\frac{V}{\sqrt{gD}} \tag{10-9}$$

式中：V_*——流速无量纲数；

V——断面平均流速（m/s）。

水流强度与流速无量纲数均是河床变形的主要因素，结合两者可得单宽功率无量纲数：

$$\omega_* = \Theta V_* = \frac{V}{\sqrt{gD}} \cdot \frac{HJ}{D} = \frac{VH}{\sqrt{gD^3}} J = q^* J \tag{10-10}$$

在比降一定的条件下，单宽无量纲水流功率可用单宽流量无量纲数 q^* 进行表达。

(2) 试验现象

水流拖曳力达到起动拖曳力之后，少量泥沙开始运动。随着水流强度的增大，单宽无量纲水流功率也会增大，泥沙运动越来越强烈，但会保持床面平整。当单宽无量纲水流功率达到一定程度，泥沙会以沙垄的形式向下游推移。以 D=5.3mm，J=0.005 试验为例（表 10-4），试验流量从 20L/s 开始试放，单宽无量纲水流功率约为 0.15，只有为数不多的几颗泥沙运动；当流量达到 25L/s 时，输沙强度、水流强度均增大，但是单宽输沙率仍然较小，床面平整；当流量为 30L/s 时，单宽输沙强度为 0.001 9kg/s/m，单宽无量纲水流功率增长到 0.22，床面仍然保持平整；当流量达到 40L/s 时，泥沙运动加剧，单宽输沙率增大到 0.013 8kg/s/m，此时单宽无量纲水流功率为 0.3，床面仍然保持平整；当流量加大到 50L/s 后，泥沙以沙垄的形式开始运动，此时的单宽无量纲水流功率为 0.33。此后，单宽无量纲功率随着流量的增大而继续增大，输沙率也增大。其他各组试验现象与上述相同。泥沙运动的形式主要取决于单宽无量纲水流功率的大小。

D=5.3mm、J=0.005 试验结果 表 10-4

序号	Q (10^{-3}m^3/s)	B (m)	J	D_{50} (m)	H (m)	q (10^{-3}m^3/s)	q_s	ω_*
1	20.11	0.56	0.005	0.005 3	0.06	29.73	2.68×10^{-6}	0.15
2	25.30	0.56	0.005	0.005 3	0.07	37.40	0.000 18	0.19
3	30.00	0.56	0.005	0.005 3	0.08	44.36	0.001 96	0.22
4	40.22	0.56	0.005	0.005 3	0.09	59.47	0.013 79	0.30
5	45.11	0.56	0.005	0.005 3	0.11	66.69	0.025 84	0.33
6	50.00	0.56	0.005	0.005 3	0.12	73.92	0.037 88	0.37
7	59.94	0.56	0.005	0.005 3	0.14	88.61	0.047 68	0.44
8	69.88	0.56	0.005	0.005 3	0.15	103.30	0.077 20	0.52
9	80.17	0.56	0.005	0.005 3	0.16	118.52	0.093 42	0.59
10	88.84	0.56	0.005	0.005 3	0.18	131.34	0.103 31	0.66
11	99.71	0.56	0.005	0.005 3	0.19	147.42	0.123 02	0.74
12	108.68	0.56	0.005	0.005 3	0.20	160.68	0.142 92	0.80

(3) 结果分析

当河床物质组成、河道比降一定时，随着流量的加大，水流强度也会变大，泥沙会从开始起动到输沙率增大，再到床面出现沙垄。

经过分析得到（图 10-13）：

$$\omega_{*沙垄} = 1.6\omega_{*c} \tag{10-11}$$

进一步可得：

$$\omega_{沙垄} = 0.32 \tag{10-12}$$

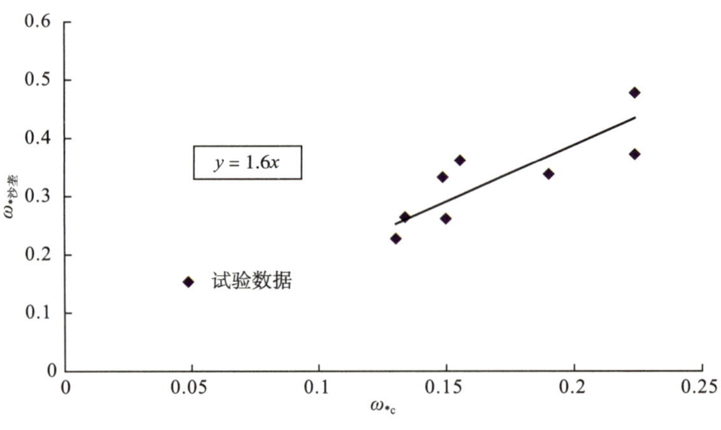

图 10-13　ω_{*c} 与 $\omega_{*沙垄}$的关系

表 10-4、表 10-5 统计了中值粒径为 5.3mm 的沙垄临界水力参数，单宽无量纲水流功率在 0.23 ~ 0.48 之间，平均为 0.32，正好是式（10-12）的结果。

平整至沙垄分界线水力参数　　表 10-5

序号	$Q(10^{-3}m^3/s)$	B（m）	J	D_{50}（m）	H（m）	Θ	$\omega_{沙垄}$
1	35	0.56	0.007	0.005 3	0.083	0.054	0.36
2	45.1	0.56	0.005	0.005 3	0.107	0.046	0.33
3	60	0.56	0.003	0.005 3	0.15	0.035	0.27
4	21.4	0.56	0.003	0.001 8	0.073	0.061	0.48
5	25	0.56	0.002	0.001 8	0.09	0.048	0.37
6	30.2	0.56	0.001 5	0.001 8	0.103	0.04	0.34
7	35.1	0.56	0.001	0.001 8	0.127	0.031	0.26
8	61.3	0.56	0.000 5	0.001 8	0.22	0.021	0.23
平均	—	—	—	—	—	—	0.32

图 10-14 用水流强度Θ和 q^*J 两者的关系绘出了大比降卵砾石河流由平整床面向沙垄阶段调整的床面形态判别准则，显示结果较好。

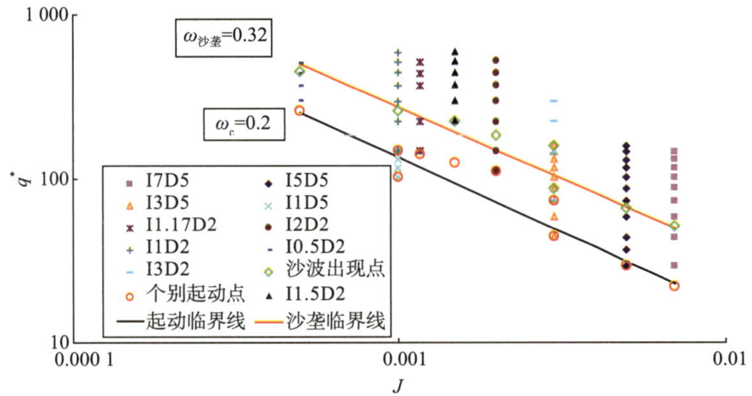

图 10-14　起动—平整—沙垄区床面形态判别准则

10.4.4 逆行沙垄出现分界线

传统方法认为水流进入高水流能态区后，水流的 Froude 数对床面的形态判别就越来越重要。但是，本试验证明这是值得商榷的。如表 10−6 所示，对于 D=5.3mm、J=0.007 试验，流量达到 50.2L/s 后，沙波形态由沙垄进入沙浪阶段，但是 50.2L/s 试验的 Froude 数是最大的，为 0.87，进入沙浪阶段后的 Froude 数明显小于 0.87。由此说明，由 Froude 数来解释沙浪阶段的卵石沙波是值得商榷的。并且从表 10−6 中可以看出，试验中的 Froude 数均小于 1，这与其他研究者的观点是不同的。由此说明应该建立新的关系对卵石沙波规律进行解释。

D=5.3mm、J=0.007 试验结果 表 10−6

序　号	Q（L/m）	B（m）	J	D（m）	Θ	Fr
1	39.88	0.56	0.007	0.005 3	0.059	0.78
2	50.20	0.56	0.007	0.005 3	0.063	0.87
3	60.09	0.56	0.007	0.005 3	0.073	0.75
4	69.90	0.56	0.007	0.005 3	0.079	0.73
5	80.00	0.56	0.007	0.005 3	0.083	0.76
6	90.40	0.56	0.007	0.005 3	0.089	0.72

在 D=5.3mm、J=0.007 试验中，水流强度随着流量的加大逐渐加大，床面形态也随其逐渐变化，当水流强度达到 0.063 后，沙波以沙浪的形式运动，水面出现明显的波动，水面波动的大小和方向与床面一样。可见，沙波在沙浪阶段应以水流强度的大小来判断。大比降卵砾石河流的沙波运动主要与河床物质组成 D 与河道比降 J 有关，即沙垄向沙浪的分界也可用这样的函数进行表达：

$$\theta = f'(J,\ D_*) \tag{10-13}$$

用双参数最小二乘法对表 10−7 中的试验数据进行拟合可得到（图 10−15）：

$$\Theta_{沙浪} = 56.85\frac{J^{1/2}}{D_*^{2/3}} \tag{10-14}$$

沙垄与逆行沙垄分界线水力参数 表 10−7

序　号	Q（L/s）	B（m）	J	D_{50}（m）	H（m）	实测 Θ	$J^{1/2}/D_*^{2/3}$	计算 Θ
1	60.0	0.56	0.003	0.001 8	0.160	0.107	0.001 76	0.100
2	50.2	0.56	0.007	0.005 3	0.103	0.063	0.001 02	0.058
3	59.9	0.56	0.005	0.005 3	0.138	0.055	0.000 86	0.049
4	90.3	0.56	0.003	0.005 3	0.190	0.040	0.000 67	0.038

中值粒径为 1.8mm，比降分别为 1‰、1.5‰和 2‰都没产生沙浪，比降为 3‰时才产生沙浪。中值粒径为 5.3mm，在比降为 3‰、5‰和 7‰时都产生了沙浪。顺行沙垄和逆行沙垄有明显分界，见图 10−15、图 10−16。

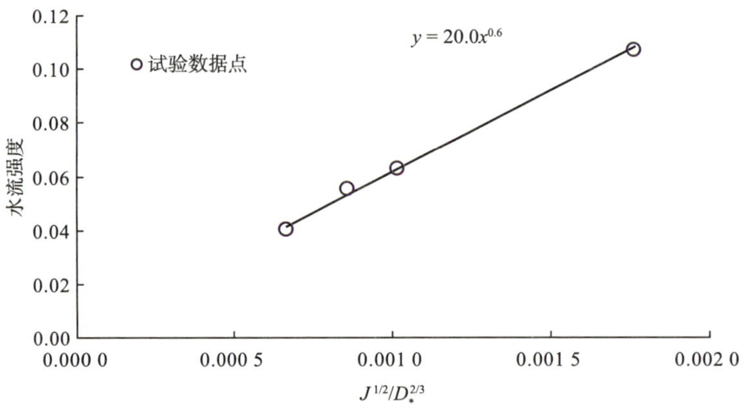

图 10-15　逆行沙垄出现分界线水流强度与 $J^{1/2}/D_*^{2/3}$ 的关系

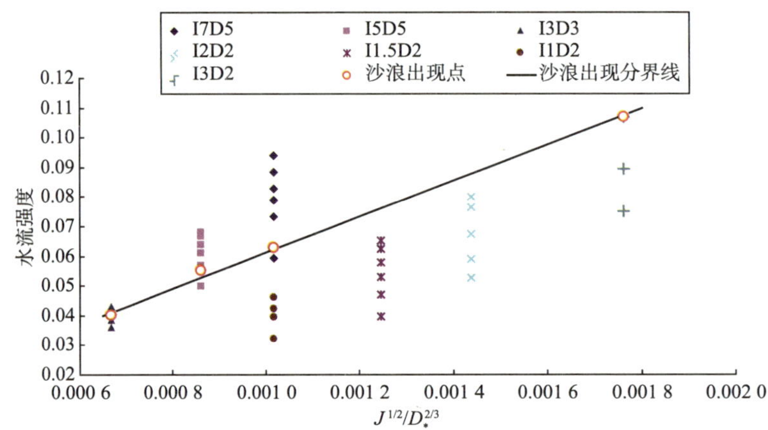

图 10-16　顺行沙垄与逆行沙垄分界图

10.4.5　与法国夏都水利实验室的资料进行对比

法国夏都水利实验室根据水槽试验结果，得到了无泥沙起动—平整（有泥沙起动）—沙纹—沙垄四个阶段的分界线，如图 10-17 所示。

（1）平整过渡线主要受水流强度的影响，本书水槽试验结果与法国夏都水利实验室的资料一致。

（2）沙纹的产生主要受沙粒雷诺数影响，当沙粒雷诺数在 5 ~ 14 之间时，可能会产生沙纹。本书水槽试验的沙粒雷诺数都较大，故没产生沙纹，与法国夏都水利实验室的看法一致。

（3）法国夏都水利实验室资料显示，沙垄阶段的范围较大，主要受水流强度和沙粒雷诺数等变量影响,其中沙粒雷诺数变化范围在 15 ~ 120 之间。本书有部分数据在此范围内，与法国夏都水利实验室结果基本一致。

（4）但对于沙粒雷诺数较大（>150）的情况,法国夏都水利实验室对此没有进行分析。仅用水流强度及沙粒雷诺数难以分辨沙垄及沙浪。

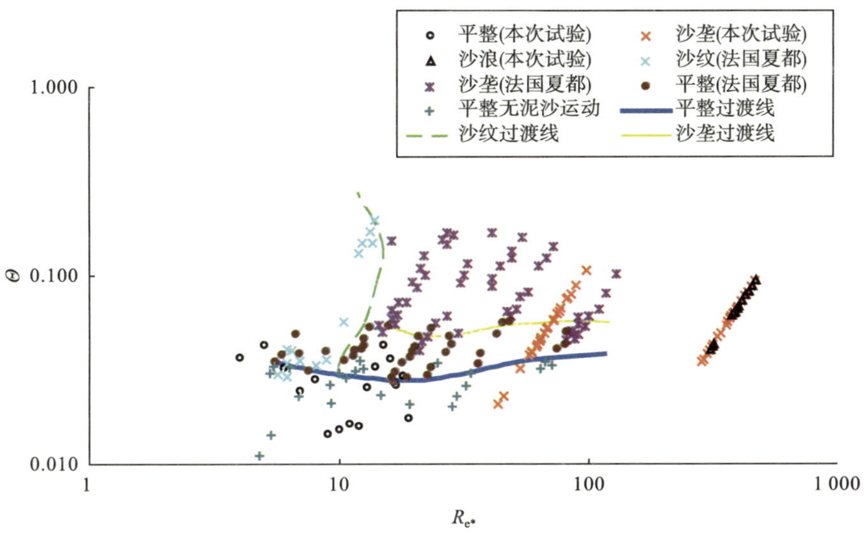

图 10-17 起动—沙纹—沙垄判别准则

在一定范围内，本书水槽试验与法国夏都水利实验室资料验证较好。但当沙粒雷诺数较大时，用此方法难以区分沙浪及沙垄。

11　卵石沙波三维形态研究

因试验条件、试验仪器的限制，并且沙波运动本身就有一定的随机性，给沙波几何形态的研究带来很大的困难，故进展不大。

11.1　沙波波高

假设沙波波高无量纲数为：

$$\Delta_* = \frac{\Delta}{D} \tag{11-1}$$

式中：Δ——沙波波高；

D——粒径。

（1）影响因素

研究者认为，沙波波高无量纲数的主要影响因素为水流强度、相对光滑度和 Froude 数等。本书根据试验数据用单因素法对沙波影响因素进行分析。

①沙波波高与水流强度的关系。

大部分研究者都认为，沙波波高与水流强度成正比关系，只是其权数各有不同。正比关系在本试验中也得到了验证。在粒径、比降一定的条件下，沙波波高随着水流强度的增加而增加，如图 11-1 所示。

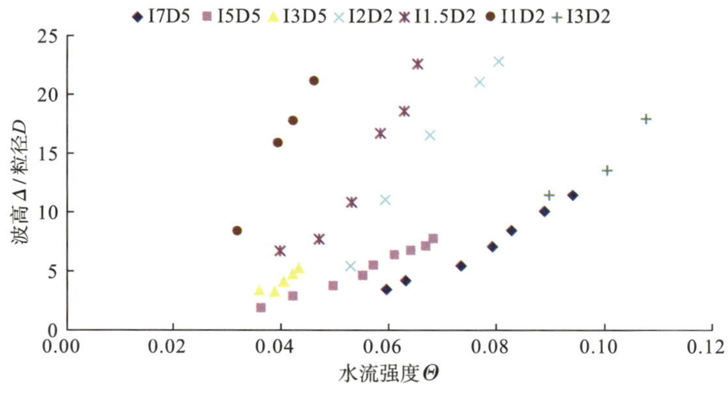

图 11-1　Δ/D 与水流强度 Θ 的关系

②沙波波高与相对光滑度的关系。

相对光滑度用水深 H（或水力半径 R）与糙率尺寸 K_s（均匀沙用粒径 D）的比值表示。根据杨胜发（2004）试验结果，当 $R/D>8$ 时，糙率 n 趋于一个定值。试验水流相对光滑度 R/D 在 10 ~ 75 之间，属于小尺度粗糙。

表 11-1 列出了沙波波高与水力参数的关系，当比降一定时，沙波波高随着相对光滑度的增加而增加。

沙波波高与水力参数的关系 表 11-1

序号	Q（L/s）	J	D_{50}（m）	H（m）	Δ（m）	R/D	Θ	实测 Δ/D	X	计算 Δ/D
1	80.00	0.007 0	0.005 3	0.153 9	0.044 8	18.74	0.082 8	8.456	1 431.838	6.873
2	60.09	0.007 0	0.005 3	0.127 9	0.028 9	16.56	0.073 4	5.461	1 110.952	5.333
3	69.90	0.007 0	0.005 3	0.143 3	0.037 7	17.89	0.079 1	7.104	1 304.043	6.259
4	50.20	0.007 0	0.005 3	0.102 7	0.022 4	14.18	0.063 0	4.223	782.905	3.758
5	39.88	0.007 0	0.005 3	0.094 7	0.018 4	13.35	0.059 4	3.472	674.946	3.240
6	90.40	0.007 0	0.005 3	0.172 3	0.053 9	20.13	0.088 7	10.167	1 645.398	7.898
7	100.29	0.007 0	0.005 3	0.190 9	0.061 1	21.42	0.094 1	11.523	1 849.930	8.880
8	30.00	0.005 0	0.005 3	0.077 9	0.010 0	11.50	0.036 5	1.887	290.849	1.396
9	40.22	0.005 0	0.005 3	0.094 7	0.015 0	13.35	0.042 4	2.830	524.847	2.519
10	80.17	0.005 0	0.005 3	0.162 6	0.033 7	19.41	0.061 2	6.353	1 393.573	6.689
11	99.71	0.005 0	0.005 3	0.188 9	0.037 7	21.28	0.066 8	7.113	1 691.260	8.118
12	69.88	0.005 0	0.005 3	0.145 8	0.029 0	18.09	0.057 2	5.479	1 191.718	5.720
13	59.94	0.005 0	0.005 3	0.138 4	0.024 3	17.48	0.055 3	4.580	1 099.711	5.279
14	50.00	0.005 0	0.005 3	0.118 9	0.019 7	15.75	0.049 9	3.715	849.349	4.077
15	88.84	0.005 0	0.005 3	0.175 6	0.035 7	20.36	0.064 1	6.736	1 543.220	7.407
16	108.68	0.005 0	0.005 3	0.196 7	0.040 9	21.80	0.068 4	7.713	1 775.809	8.524
17	80.00	0.003 0	0.005 3	0.176 8	0.017 4	20.45	0.038 6	3.285	1 220.113	5.857
18	70.27	0.003 0	0.005 3	0.158 1	0.018 2	19.07	0.036 1	3.425	1 000.189	4.801
19	90.29	0.003 0	0.005 3	0.190 1	0.021 6	21.36	0.040 2	4.083	1 369.503	6.574
20	109.97	0.003 0	0.005 3	0.215 2	0.027 9	22.96	0.043 1	5.271	1 637.182	7.858
21	99.69	0.003 0	0.005 3	0.205 6	0.025 4	22.36	0.042 0	4.787	1 536.411	7.375
22	70.51	0.002 0	0.001 8	0.195 5	0.041 2	63.96	0.080 3	22.870	4 125.983	19.805
23	59.97	0.002 0	0.001 8	0.180 2	0.038 0	60.92	0.076 6	21.111	3 752.648	18.013
24	50.04	0.002 0	0.001 8	0.146 5	0.029 9	53.43	0.067 5	16.625	2 867.623	13.765
25	30.05	0.002 0	0.001 8	0.102 0	0.010 0	41.54	0.052 7	5.556	1 581.106	7.589
26	40.05	0.002 0	0.001 8	0.119 8	0.020 0	46.60	0.059 1	11.111	2 109.387	10.125
27	30.22	0.001 5	0.001 8	0.103 2	0.012 2	41.89	0.039 9	6.794	1 282.868	6.158
28	40.00	0.001 5	0.001 8	0.131 3	0.013 8	49.65	0.047 1	7.690	2 115.990	10.157

续上表

序号	Q（L/s）	J	D_{50}（m）	H（m）	Δ（m）	R/D	Θ	实测 Δ/D	X	计算 Δ/D
29	50.00	0.001 5	0.001 8	0.158 2	0.019 6	56.17	0.053 1	10.911	2 865.641	13.755
30	59.72	0.001 5	0.001 8	0.184 6	0.030 2	61.81	0.058 3	16.778	3 547.878	17.030
31	70.16	0.001 5	0.001 8	0.211 3	0.033 6	66.90	0.062 8	18.650	4 188.531	20.105
32	79.85	0.001 5	0.001 8	0.227 5	0.040 8	69.73	0.065 3	22.667	4 553.888	21.859
33	60.16	0.001 0	0.001 8	0.189 9	0.028 5	62.87	0.039 5	15.833	3 038.126	14.583
34	70.15	0.001 0	0.001 8	0.215 1	0.032 0	67.58	0.042 3	17.778	3 640.331	17.474
35	40.09	0.001 0	0.001 8	0.135 5	0.015 0	50.73	0.032 1	8.333	1 575.553	7.563
36	79.92	0.001 0	0.001 8	0.255 6	0.038 0	74.24	0.046 2	21.111	4 524.081	21.716
37	40.03	0.003 0	0.001 8	0.121 5	0.020 7	47.06	0.089 5	11.522	2 480.138	11.905
38	50.00	0.003 0	0.001 8	0.144 5	0.024 6	52.96	0.100 4	13.672	3 125.893	15.004
39	60.00	0.003 0	0.001 8	0.161 1	0.032 5	56.80	0.107 4	18.058	3 564.678	17.110

注：$X=(\Theta-\Theta_c)^{0.85}(R/D)^{0.6}J^{-0.6}D_*^{0.3}$，式中符号意义同前。

表中符号意义同前。

③沙波波高与比降的关系。

当流量 Q=60.9L/s，D=5.3mm，J=0.007 时，所形成的沙波波高 Δ 为 0.037 7m；当流量 Q=69.88L/s，D=5.3mm，J=0.005 时，所形成的沙波波高 Δ 为 0.029m；当流量 Q=70.27L/s，D=5.3mm，J=0.003 时，所形成的沙波波高 Δ 为 0.018 2m。在流量、粒径相同的水流中，沙波波高 Δ 与比降 J 成反比关系。这与其他组试验结果一致。

④沙波波高与 Fr 的关系。

根据谢才—曼宁公式：

$$U=\frac{1}{n}R^{\frac{2}{3}}J^{\frac{1}{2}} \tag{11-2}$$

糙率 n 与粒径 D 有一定关系：

$$n=\frac{1}{A}D^{\frac{1}{6}} \tag{11-3}$$

Froude 数：

$$\mathrm{Fr}=\frac{\mu}{\sqrt{gR}}=A_1\left(\frac{R}{D}\right)^{\frac{1}{6}}J^{0.5}=\varphi\left(\frac{R}{D},\ J\right) \tag{11-4}$$

Froude 数可以用相对光滑度和河道比降 J 表示，在公式中不用单独列出此项。

由此可以得到，影响沙波波高的主要因素是水流强度、相对光滑度和河道比降，并与水流强度、相对光滑度 H/D 成正比关系，与河道比降 J 成反比关系。

（2）关系拟合

根据上面分析，可得到沙波波高 Δ 的关系式：

$$\frac{\Delta}{D}=\alpha\Theta^x\left(\frac{R}{D}\right)^yJ^zD_*^w \tag{11-5}$$

有效水流强度必然发生在起动拖曳力 Θ_c 之后，故式（11−5）应改写为：

$$\frac{\Delta}{D}=\alpha\left(\Theta-\Theta_{c}\right)^{x}\left(\frac{R}{D}\right)^{y}J^{z}D_{*}^{w} \tag{11-6}$$

将水槽试验数据代入式（11−6）进行拟合，拟合结果为 α=0.004 8，x=0.85，y=0.6，z=−0.6，w=0.3，相关性系数为 0.9，如图 11−2 所示。大比降卵砾石沙波波高表达式为：

$$\frac{\Delta}{D}=0.004\,8\left(\Theta-\Theta_{c}\right)^{0.85}\left(\frac{R}{D}\right)^{0.6}J^{-0.6}D_{*}^{\ 0.3}\quad (R/D>10) \tag{11-7}$$

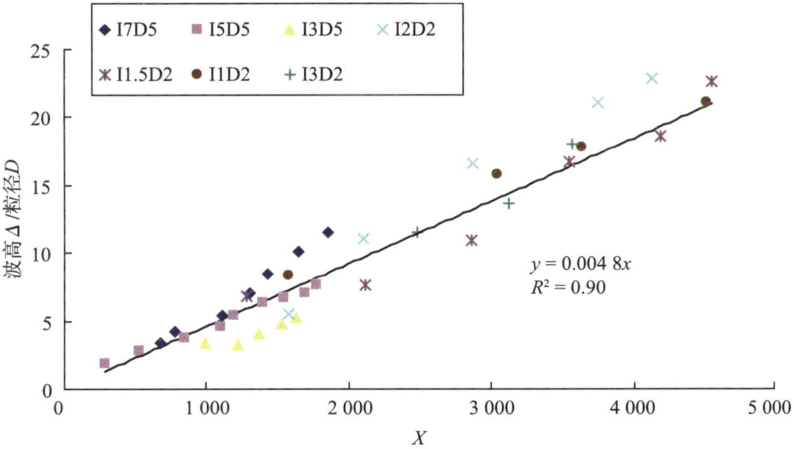

图 11−2 Δ/D 与 $X=(\Theta-\Theta_c)^{0.85}(R/D)^{0.6}J^{-0.6}D_*^{0.3}$ 的关系

计算值与实测值的比较如图 11−3 所示。结果显示，计算值基本在实测值附近，拟合公式较合理。

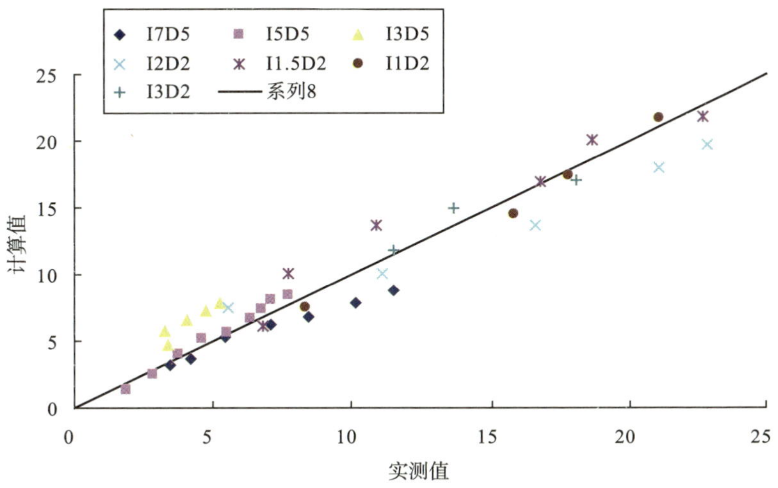

图 11−3 Δ/D 计算值与 Δ/D 实测值的关系

11.2　沙波波长

跟波高一样，影响沙波波长 λ 的主要因素不外乎是水流强度 Θ、相对光滑度 R/D、河道比降 J 及河床物质组成 D，即可用下面方程式表达：

$$\frac{\lambda}{D}=\beta\Theta^{x}\left(\frac{R}{D}\right)^{y}J^{z}D_{*}^{w} \tag{11-8}$$

沙波波长数据共 39 组，所测得波长范围为 0.58 ~ 1.39m；有效拖曳力 Θ 范围为 0.032 ~ 0.107;相对光滑度 H/D 在 11.5 ~ 74 之间。将 39 组水槽试验数据代入式(11−8)，进行拟合，拟合结果为 β=31 127，x=−1.7，y=1，z=1.2，w=1.2，相关性系数为 0.917，如图 11−4、图 11−5 所示。大比降卵砾石沙波波高表达式为：

$$\frac{\lambda}{D}=31\ 127\Theta^{-1.7}\left(\frac{R}{D}\right)J^{1.2}D_{*}^{1.2}\quad (R/D>10) \tag{11-9}$$

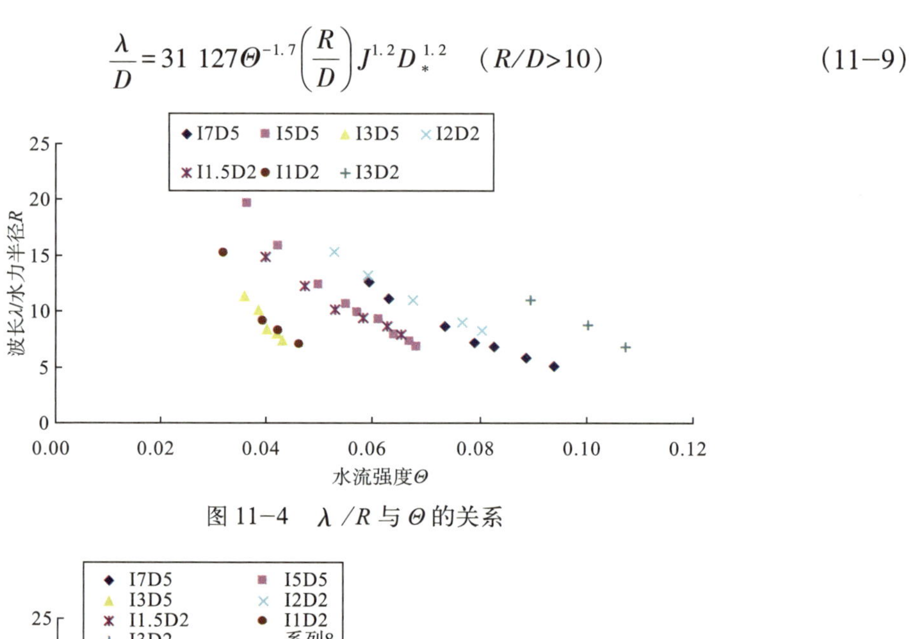

图 11−4　λ/R 与 Θ 的关系

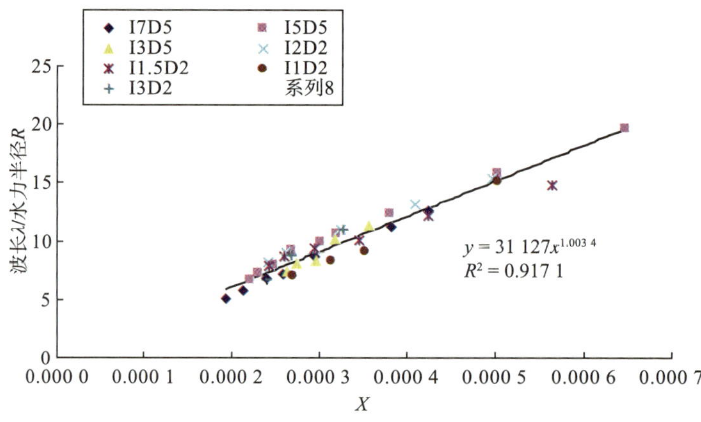

图 11−5　λ/R 与 $X=\Theta^{-1.7}J^{1.2}D_{*}^{1.2}$ 的关系

化简之后可表示为：

$$\frac{\lambda}{R}=31\ 127\Theta^{-1.7}J^{1.2}D_{*}^{1.2} \tag{11-10}$$

图 11−6 给出了计算值与实测值的比较，结果显示，计算值与实测值较为接近，拟合公式较合理。

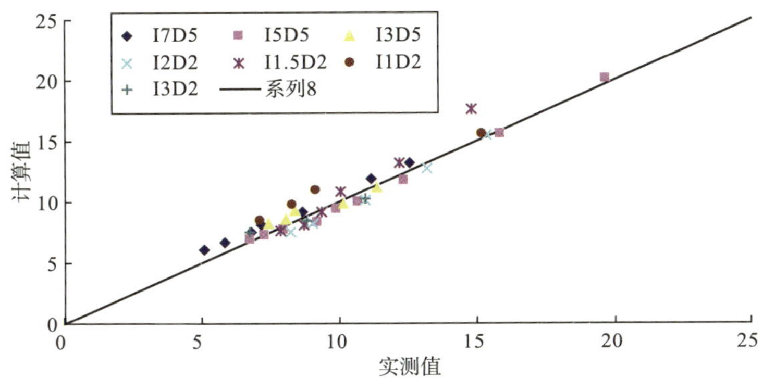

图 11−6　λ/R 计算值与 λ/R 实测值比较

11.3　沙波形态

沙波形态定义为在一个卵石沙波波长内迎水面长度与背水面长度的比值：

$$\theta=\frac{\lambda_{迎水面}}{\lambda_{背水面}} \tag{11-11}$$

沙垄阶段，水流强度不大（0.036 ~ 0.1），迎水面波长较长（0.6 ~ 1.25m），背水面波长相对较短（0.08 ~ 0.336m）；沙浪阶段，水流强度有所增大（0.05 ~ 0.12），迎水面波长变短（一般在 0.3 ~ 0.7m 之间），背水面相对增长（0.2 ~ 0.5m）。θ 与水流强度成反比关系，如图 11−7 所示。经过分析，θ 还主要与床面物质组成有关，为保证量纲一致，采用粒径无量纲数 D_* 表示。即：

$$\theta=A\Theta^{X}D_*^{Y} \tag{11-12}$$

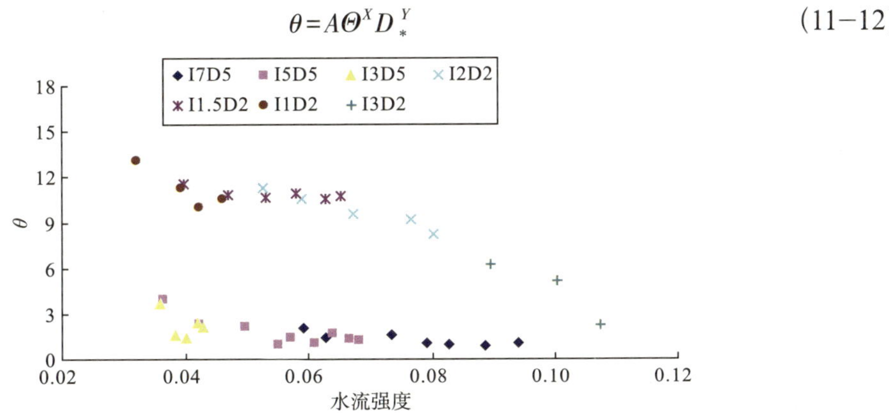

图 11−7　计算 $\theta=\lambda_{迎}/\lambda_{背}$与水流强度的关系

代入水槽试验数据（表 11−2），可得到 A=87.1，X=−1.3，Y=−1.05，相关性系数为 0.92。公式可表达为（图 11−8）：

$$\theta=87.1\Theta^{-1.3}D_*^{-1.05} \tag{11-13}$$

表 11-2

沙波波长与水力参数的关系

序号	Q(L/s)	J	D_{50} (m)	H (m)	λ (m)	$\lambda_{迎}$	$\lambda_{背}$	R	R/D_{50}	Θ	D_*	Θ_c	$\lambda_{迎}/\lambda_{背}$	Y	λ/R	X	备注
1	80.00	0.007 0	0.005 3	0.15	0.67	0.33	0.34	0.10	18.74	0.083	1 551.56	0.034	0.979	87.82	6.79	0.000 24	0.06
2	60.09	0.007 0	0.005 3	0.13	0.76	0.47	0.29	0.09	16.56	0.073	1 551.56	0.034	1.626	75.11	8.66	0.000 30	0.04
3	69.90	0.007 0	0.005 3	0.14	0.68	0.36	0.33	0.09	17.89	0.079	1 551.56	0.034	1.098	82.81	7.20	0.000 26	0.05
4	50.20	0.007 0	0.005 3	0.10	0.84	0.49	0.35	0.08	14.18	0.063	1 551.56	0.034	1.425	61.58	11.18	0.000 38	0.04
5	39.88	0.007 0	0.005 3	0.09	0.89	0.60	0.29	0.07	13.35	0.059	1 551.56	0.034	2.100	56.99	12.58	0.000 42	
6	90.40	0.007 0	0.005 3	0.17	0.62	0.30	0.32	0.11	20.13	0.089	1 551.56	0.034	0.948	96.05	5.81	0.000 21	0.09
7	100.29	0.007 0	0.005 3	0.19	0.58	0.30	0.28	0.11	21.42	0.094	1 551.56	0.034	1.098	103.77	5.11	0.000 19	0.12
8	30.00	0.005 0	0.005 3	0.08	1.20	0.96	0.24	0.06	11.50	0.037	1 551.56	0.029	4.000	30.32	19.69	0.000 65	
9	40.22	0.005 0	0.005 3	0.09	1.12	0.78	0.34	0.07	13.35	0.042	1 551.56	0.029	2.333	36.80	15.82	0.000 50	
10	80.17	0.005 0	0.005 3	0.16	0.95	0.50	0.45	0.10	19.41	0.061	1 551.56	0.029	1.127	59.27	9.23	0.000 27	0.03
11	99.71	0.005 0	0.005 3	0.19	0.82	0.47	0.35	0.11	21.28	0.067	1 551.56	0.029	1.370	66.49	7.27	0.000 23	0.04
12	69.88	0.005 0	0.005 3	0.15	0.95	0.57	0.38	0.10	18.09	0.057	1 551.56	0.029	1.479	54.26	9.91	0.000 30	0.02
13	59.94	0.005 0	0.005 3	0.14	0.99	0.50	0.49	0.09	17.48	0.055	1 551.56	0.029	1.030	51.93	10.69	0.000 32	0.02
14	50.00	0.005 0	0.005 3	0.12	1.03	0.70	0.33	0.08	15.75	0.050	1 551.56	0.029	2.132	45.48	12.34	0.000 38	
15	88.84	0.005 0	0.005 3	0.18	0.86	0.54	0.32	0.11	20.36	0.064	1 551.56	0.029	1.697	62.93	7.97	0.000 25	0.03
16	108.68	0.005 0	0.005 3	0.20	0.78	0.44	0.34	0.12	21.80	0.068	1 551.56	0.029	1.277	68.50	6.75	0.000 22	0.05
17	80.00	0.003 0	0.005 3	0.18	1.10	0.69	0.41	0.11	20.45	0.039	1 551.56	0.024	1.665	32.56	10.15	0.000 32	0.02
18	70.27	0.003 0	0.005 3	0.16	1.15	0.91	0.24	0.10	19.07	0.036	1 551.56	0.024	3.739	29.84	11.38	0.000 36	0.01
19	90.29	0.003 0	0.005 3	0.19	0.95	0.56	0.39	0.11	21.36	0.040	1 551.56	0.024	1.461	34.38	8.39	0.000 30	0.02
20	109.97	0.003 0	0.005 3	0.22	0.90	0.62	0.29	0.12	22.96	0.043	1 551.56	0.024	2.167	37.59	7.43	0.000 26	0.04
21	99.69	0.003 0	0.005 3	0.21	0.96	0.68	0.28	0.12	22.36	0.042	1 551.56	0.024	2.415	36.39	8.08	0.000 28	0.03

续上表

序号	Q(L/s)	J	D_{50} (m)	H (m)	λ (m)	$\lambda_{迎}$	$\lambda_{背}$	R	R/D_{50}	Θ	D_*	Θ_c	$\lambda_{迎}/\lambda_{背}$	Y	λ/R	X	备注
22	70.51	0.002 0	0.001 8	0.20	0.95	0.85	0.10	0.12	63.96	0.080	307.09	0.031	8.210	15.40	8.25	0.000 24	
23	59.97	0.002 0	0.001 8	0.18	0.99	0.89	0.10	0.11	60.92	0.077	307.09	0.031	9.217	14.49	9.03	0.000 26	
24	50.04	0.002 0	0.001 8	0.15	1.05	0.95	0.10	0.10	53.43	0.068	307.09	0.031	9.620	12.30	10.96	0.000 33	
25	30.05	0.002 0	0.001 8	0.10	1.15	1.06	0.09	0.07	41.54	0.053	307.09	0.031	11.284	8.92	15.38	0.000 50	
26	40.05	0.002 0	0.001 8	0.12	1.11	1.01	0.10	0.08	46.60	0.059	307.09	0.031	10.588	10.34	13.24	0.000 41	
27	30.22	0.001 5	0.001 8	0.10	1.12	1.03	0.09	0.08	41.89	0.040	307.09	0.028	11.566	6.20	14.85	0.000 56	
28	40.00	0.001 5	0.001 8	0.13	1.09	1.00	0.09	0.09	49.65	0.047	307.09	0.028	10.897	7.71	12.20	0.000 42	
29	50.00	0.001 5	0.001 8	0.16	1.02	0.93	0.09	0.10	56.17	0.053	307.09	0.028	10.662	9.01	10.09	0.000 35	
30	59.72	0.001 5	0.001 8	0.18	1.04	0.95	0.09	0.11	61.81	0.058	307.09	0.028	10.941	10.15	9.35	0.000 30	
31	70.16	0.001 5	0.001 8	0.21	1.05	0.96	0.09	0.12	66.90	0.063	307.09	0.028	10.556	11.20	8.72	0.000 26	
32	79.85	0.001 5	0.001 8	0.23	0.99	0.91	0.08	0.13	69.73	0.065	307.09	0.028	10.766	11.78	7.89	0.000 24	
33	60.16	0.001 0	0.001 8	0.19	1.03	0.95	0.08	0.11	62.87	0.039	307.09	0.024	11.307	6.12	9.14	0.000 35	
34	70.15	0.001 0	0.001 8	0.22	1.01	0.92	0.09	0.12	67.58	0.042	307.09	0.024	10.020	6.69	8.32	0.000 31	
35	40.09	0.001 0	0.001 8	0.14	1.39	1.29	0.10	0.09	50.73	0.032	307.09	0.024	13.149	4.68	15.22	0.000 50	
36	79.92	0.001 0	0.001 8	0.26	0.95	0.87	0.08	0.13	74.24	0.046	307.09	0.024	10.588	7.51	7.11	0.000 27	
37	40.03	0.003 0	0.001 8	0.12	0.93	0.80	0.13	0.08	47.06	0.089	307.09	0.037	6.223	17.73	10.98	0.000 33	
38	50.00	0.003 0	0.001 8	0.14	0.84	0.70	0.14	0.10	52.96	0.100	307.09	0.037	5.120	20.60	8.81	0.000 27	
39	60.00	0.003	0.001 8	0.16	0.69	0.48	0.21	0.10	56.80	0.107	307.09	0.037	2.286	22.50	6.75	0.000 24	0.022

注：$X=\theta^{-1.7}D_*^{-0.9}J^{1.2}$；$Y=\theta^{1.3}D_*^{1.05}$。

备注中为水面波高，无数据的为水面较为平整。

表中符号意义同前。

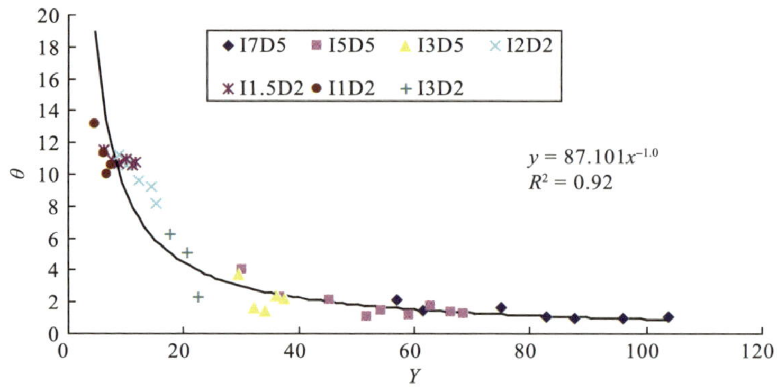

图 11-8　计算 $\theta=\lambda_{迎}/\lambda_{背}$与 $Y=\Theta^{1.3}D_*^{1.05}$ 的关系

图 11-9 统计了沙垄的迎水面波长与背水面波长之比。结果显示：逆行沙垄迎水面与背水面波长的比值一般都在 2 以下，顺行沙垄的迎水面波长与背水面波长的比值在 2 ～ 14 之间。从迎水面波长与背水面波长的比值可以划分沙浪与沙垄的形态，比值大于 2 的为沙垄，比值小于 2 的为逆行沙垄。

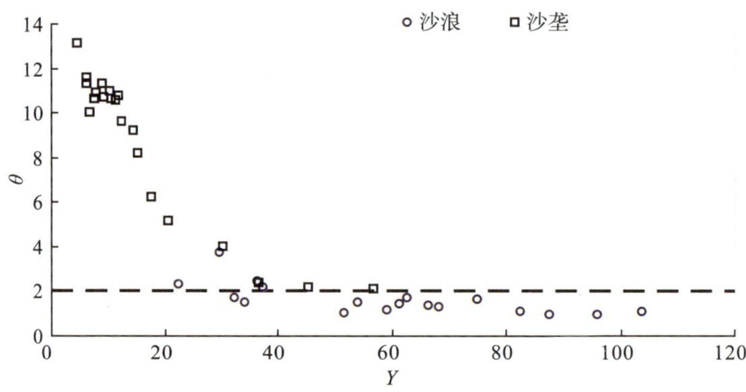

图 11-9　沙浪与沙垄的沙波形态

11.4　沙波波速

影响沙波运动速度 c 的因素与沙波波长和波高一样，主要与水流参数 Θ、相对光滑度 R/D 等有关。在比降、粒径一定的条件下，沙波运动速度 c 与水流强度、相对光滑度成正比关系，如图 11-10 和图 11-11 所示。即可用方程式表示为：

$$c=A\Theta^{x}\left(\frac{R}{D}\right)^{y}D^{z} \tag{11-14}$$

遵循量纲和谐的原则，即可改写为：

$$\frac{cR}{\sqrt{\frac{\gamma}{\gamma_s-\gamma}gD^3}}=A\left(\Theta-\Theta_c\right)^{X}\left(\frac{R}{D}\right)^{Y} \tag{11-15}$$

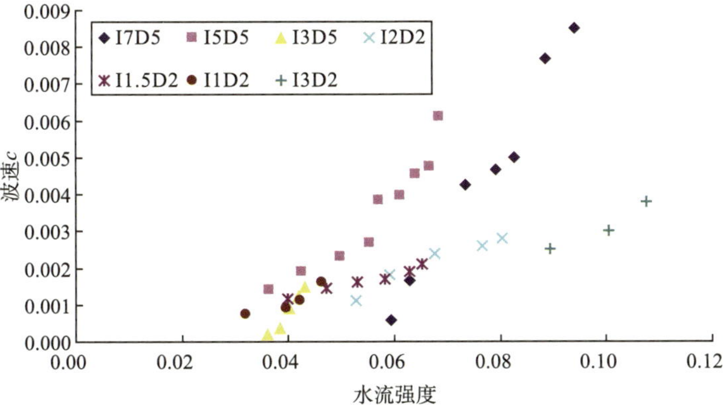

图 11-10　波速 c 与 Θ 的关系

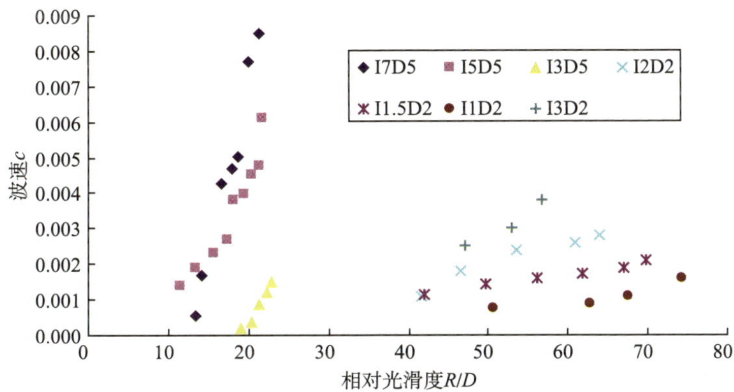

图 11-11　波速 c 与相对光滑度的关系

用试验水槽数据对其进行拟合，拟合结果为 A=0.382，X=0.85，Y=0.85（图 11-12、表 11-3）。计算波速的公式为：

$$\frac{cR}{\sqrt{\frac{\gamma}{\gamma_s-\gamma}gD^3}}=0.382\left(\Theta-\Theta_c\right)^{0.85}\left(\frac{R}{D}\right)^{0.85} \tag{11-16}$$

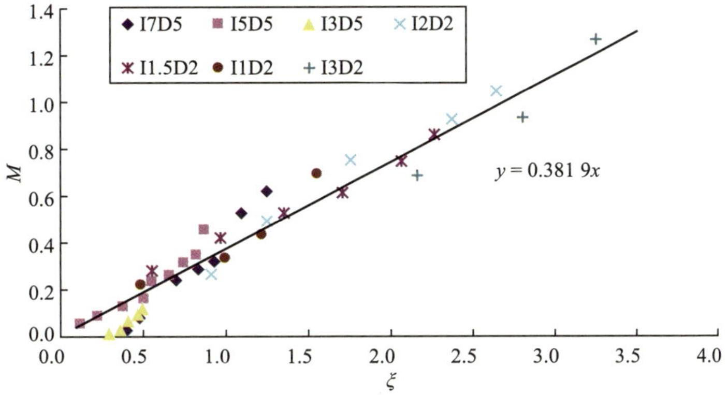

图 11-12　$M=CR/\sqrt{\frac{\gamma_s-\gamma}{\gamma}gD^3}$ 与 $\xi=(\Theta-\Theta_c)^{0.85}\left(\frac{R}{D}\right)^{0.85}$ 相对光滑度的关系

波速与水力参数关系　　　　表 11-3

序号	Q (L/s)	J	D_{50} (m)	H (m)	c (m/s)	R	R/D	Θ	D_*	Θ_c	M
1	80.00	0.007	0.005 3	0.15	0.005 0	0.10	18.74	0.083	1 551.56	0.034	0.32
2	60.09	0.007	0.005 3	0.13	0.004 3	0.09	16.56	0.073	1 551.56	0.034	0.24
3	69.90	0.007	0.005 3	0.14	0.004 7	0.09	17.89	0.079	1 551.56	0.034	0.29
4	50.20	0.007	0.005 3	0.10	0.001 7	0.08	14.18	0.063	1 551.56	0.034	0.08
5	39.88	0.007	0.005 3	0.09	0.000 6	0.07	13.35	0.059	1 551.56	0.034	0.03
6	90.40	0.007	0.005 3	0.17	0.007 7	0.11	20.13	0.089	1 551.56	0.034	0.53
7	100.29	0.007	0.005 3	0.19	0.008 5	0.11	21.42	0.094	1 551.56	0.034	0.62
8	30.00	0.005	0.005 3	0.08	0.001 4	0.06	11.50	0.037	1 551.56	0.029	0.05
9	40.22	0.005	0.005 3	0.09	0.001 9	0.07	13.35	0.042	1 551.56	0.029	0.09
10	80.17	0.005	0.005 3	0.16	0.004 0	0.10	19.41	0.061	1 551.56	0.029	0.26
11	99.71	0.005	0.005 3	0.19	0.004 8	0.11	21.28	0.067	1 551.56	0.029	0.35
12	69.88	0.005	0.005 3	0.15	0.003 8	0.10	18.09	0.057	1 551.56	0.029	0.24
13	59.94	0.005	0.005 3	0.14	0.002 7	0.09	17.48	0.055	1 551.56	0.029	0.16
14	50.00	0.005	0.005 3	0.12	0.002 3	0.08	15.75	0.050	1 551.56	0.029	0.12
15	88.84	0.005	0.005 3	0.18	0.004 5	0.11	20.36	0.064	1 551.56	0.029	0.31
16	108.68	0.005	0.005 3	0.20	0.006 1	0.12	21.80	0.068	1 551.56	0.029	0.45
17	80.00	0.003	0.005 3	0.18	0.000 4	0.11	20.45	0.039	1 551.56	0.024	0.03
18	70.27	0.003	0.005 3	0.16	0.000 2	0.10	19.07	0.036	1 551.56	0.024	0.01
19	90.29	0.003	0.005 3	0.19	0.000 9	0.11	21.36	0.040	1 551.56	0.024	0.07
20	109.97	0.003	0.005 3	0.22	0.001 5	0.12	22.96	0.043	1 551.56	0.024	0.12
21	99.69	0.003	0.005 3	0.21	0.001 2	0.12	22.36	0.042	1 551.56	0.024	0.09
22	70.51	0.002	0.001 8	0.20	0.002 8	0.12	63.96	0.080	307.09	0.031	1.05
23	59.97	0.002	0.001 8	0.18	0.002 6	0.11	60.92	0.077	307.09	0.031	0.93
24	50.04	0.002	0.001 8	0.15	0.002 4	0.10	53.43	0.068	307.09	0.031	0.75
25	30.05	0.002	0.001 8	0.10	0.001 1	0.07	41.54	0.053	307.09	0.031	0.27
26	40.05	0.002	0.001 8	0.12	0.001 8	0.08	46.60	0.059	307.09	0.031	0.49
27	30.22	0.001 5	0.001 8	0.10	0.001 1	0.08	41.89	0.040	307.09	0.028	0.28
28	40.00	0.001 5	0.001 8	0.13	0.001 4	0.09	49.65	0.047	307.09	0.028	0.42
29	50.00	0.001 5	0.001 8	0.16	0.001 6	0.10	56.17	0.053	307.09	0.028	0.53
30	59.72	0.001 5	0.001 8	0.18	0.001 7	0.11	61.81	0.058	307.09	0.028	0.62
31	70.16	0.001 5	0.001 8	0.21	0.001 9	0.12	66.90	0.063	307.09	0.028	0.75
32	79.85	0.001 5	0.001 8	0.23	0.002 1	0.13	69.73	0.065	307.09	0.028	0.86
33	60.16	0.001	0.001 8	0.19	0.000 9	0.11	62.87	0.039	307.09	0.024	0.33
34	70.15	0.001	0.001 8	0.22	0.001 1	0.12	67.58	0.042	307.09	0.024	0.44
35	40.09	0.001	0.001 8	0.14	0.000 8	0.09	50.73	0.032	307.09	0.024	0.22

续上表

序号	Q (L/s)	J	D_{50} (m)	H (m)	c (m/s)	R	R/D	Θ	D_*	Θ_c	M
36	79.92	0.001	0.001 8	0.26	0.001 6	0.13	74.24	0.046	307.09	0.024	0.70
37	40.03	0.003	0.001 8	0.12	0.002 5	0.08	47.06	0.089	307.09	0.037	0.69
38	50.00	0.003	0.001 8	0.14	0.003 0	0.10	52.96	0.100	307.09	0.037	0.93
39	60.00	0.003	0.001 8	0.16	0.003 8	0.10	56.80	0.107	307.09	0.037	1.27

注：$M = CR/\sqrt{[(\gamma_s-\gamma)/\gamma]gD^3}$。
表中符号意义同前。

11.5　小结

根据28m水槽的卵石沙波试验数据，对比前人的研究成果，可以得到以下结论。

（1）卵石沙波的阶段分类基本沿袭细沙沙波的分类方法。随着水流条件的增加，会经历平整、沙垄、动平整、逆行沙垄、急滩深潭，但是没有细沙中的沙纹阶段。

（2）卵石沙波的运动特性表现出明显的不规则性。同一水流强度条件下沙波尺度变幅可达最大值的50% ~ 86%。

（3）卵石沙波各阶段的临界水流条件可以采用q^*、J和Θ等参数来判别。其中，产生沙垄的下限判别条件可以用$\omega_{沙垄}=q^*J=0.32$表示；逆行沙垄的下限判别条件可以用$\Theta_{沙浪}=56.85(J^{0.5}/D_*^{2/3})$表示。其判别结果与法国夏都水利实验室的研究结果基本一致。

（4）卵石沙波的尺度，包括波高、波长、坡比等均可采用（$\Theta-\Theta_c$）、R/D、J、D_*等参数来表示，其中：

波高表达式

$$\Delta/D=0.0048\,(\Theta-\Theta_c)^{0.85}\left(\frac{R}{D}\right)^{0.6}J^{-0.6}D_*^{0.3}$$

波长表达式

$$\lambda/R=31\,127\Theta^{-1.7}J^{1.2}D_*^{1.2}$$

坡比表达式

$$\theta=\frac{\lambda_{迎水面}}{\lambda_{背水面}}=87.1\Theta^{-1.3}D_*^{-1.05}$$

（5）卵石沙波的推进速度，根据试验数据拟合，可用下式来表达：

$$\frac{cR}{\sqrt{\frac{\gamma}{\gamma_s-\gamma}gD^3}}=0.382\,(\Theta-\Theta_c)^{0.85}\left(\frac{R}{D}\right)^{0.85}$$

12 长江上游卵石沙波成因

12.1 长江卵石沙波调查

根据野外观测资料发现，长江上游存在大量的卵石沙波，如九堆子、螃蟹碛、漂灯碛、东溪口、斗笠子、筲箕背等浅滩河段。这里主要调查了筲箕背和斗笠子河段的卵石沙波。

（1）筲箕背滩

2006 年 12 月，通过到筲箕背滩现场踏勘，在水位 1.0m 左右，观察到筲箕背滩段江心的卵石沙波上下游横向较规则地排列，沙波之间沿水流方向间距为 50 ～ 80m，横向宽度为 100 ～ 200m，见图 12-1。单个沙波的大致尺度为：波长为 50 ～ 150m，波高为 1.0 ～ 4.0m，前坡长 3 ～ 80m，后坡长 20 ～ 320m；卵石级配较均匀，直径为 50 ～ 400mm，无小于 50mm 的砂卵石。

a)卵石沙波平面形态

b)前坡卵石排列

c)前坡形态

d)后坡形态

图 12-1 筲箕背卵石沙波照片

（2）斗笠子滩

斗笠子滩由于存在大量形如“斗笠”形状的卵石沙波而得名。2007 年 2 月，在斗笠子滩进行现场探勘,发现在滩唇上有大量的卵石沙波,如图 12-2 所示。沙波波高为 3 ~ 5m，前坡长 30 ~ 60m，后坡长 5 ~ 10m，粒径主要为 50 ~ 250mm，中值粒径为 100mm 左右。在较为平整的床面也出现卵石沙波，其波高为 1 ~ 2m。

a)滩唇卵石沙波

b)卵石沙波的三维形态

c)前坡形态

d)后坡形态

图 12-2　斗笠子滩卵石沙波照片

12.2　卵石输沙带

长江上游河道内的大多数滩险不是全断面都有卵石输移。卵石输移主要与河道的水流条件、河势以及底流的方向有关。长江上游河势复杂，一般有顺直河段、弯曲河段、分汊河段以及三种河段之间的过渡段。以下选取寸滩水文站断面（弯曲河段）、朱沱水文站断面（顺直河段）和斗笠子滩（过渡段）分析长江上游河段卵石输沙带的变化特性。

（1）寸滩水文站

长江寸滩水文站为国家一级水文站，为长江上游的控制水文站。寸滩水文站断面位于长江与嘉陵江交汇口下游 7.8km 处，寸滩河段为弯曲河道。寸滩河段凸岸边滩从上至下依次为草鞋碛、蛮子碛、母猪碛，寸滩水文站断面位于蛮子碛。枯水期河宽为 500 ~ 600m，洪水期河宽为 800m 左右。

本次收集了 1963 ~ 2007 年共 45 年的实测推移质资料。寸滩水文站断面（图 12–3）左岸为深槽，右岸为蛮子碛卵石边滩。断面流速分布（图 12–4）不均匀，在平距为 100m 处流速最大，在蛮子碛边滩（平距为 200 ~ 500m）的流速为最大流速的 85% ~ 90%。寸滩水文站断面在流量 8 000m^3/s 时开始输沙，推移质输沙带宽度（图 12–5）为 150m 左右，流量在 8 000 ~ 20 000m^3/s 时，推移质输沙带宽度随流量的增加而增加，当流量超过 20 000m^3/s 时，输沙带宽度在 500m 左右。流量在 20 000m^3/s 以下时，推移质输沙带位置（图 12–6）起点在 100m 左右，流量超过 20 000m^3/s 时，推移质输沙带起点在 –50 ~ 0m。寸滩水文站断面输沙率（图 12–7）主要分布在 100 ~ 500m 之间，说明寸滩站推移质输移带主要在蛮子碛卵石边滩上。

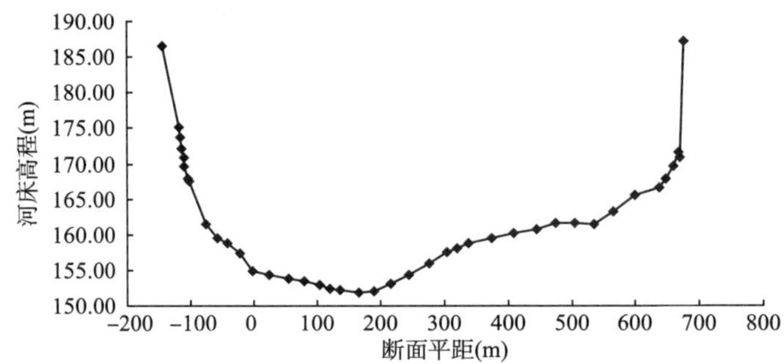

图 12–3　寸滩水文站断面地形

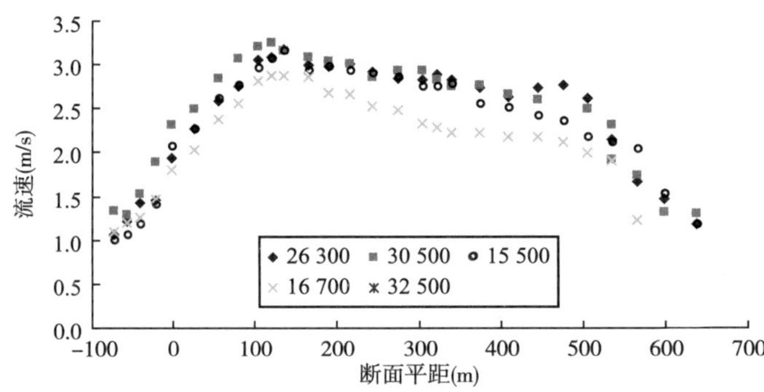

图 12–4　寸滩水文站断面流速分布

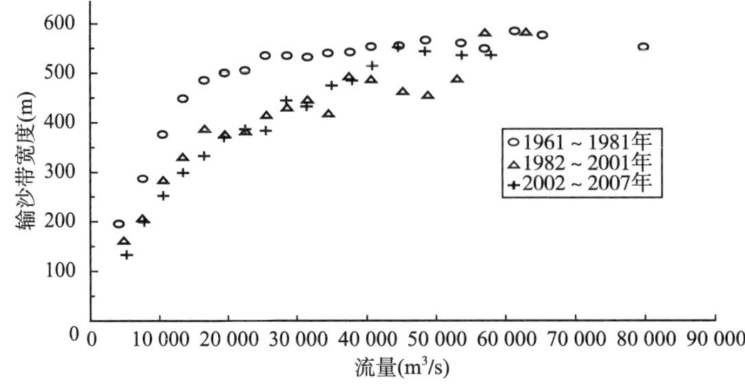

图 12–5　寸滩水文站推移质输沙带宽度

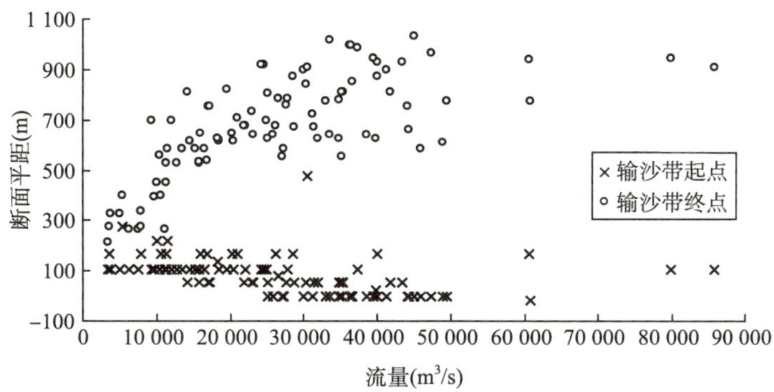

图 12-6 寸滩水文站推移质输沙带位置（1981 年）

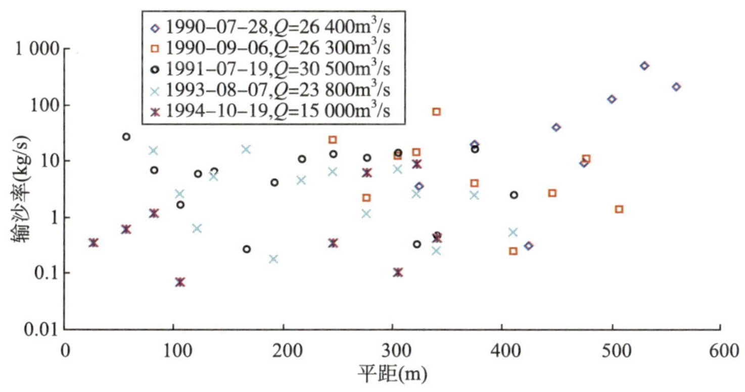

图 12-7 寸滩水文站输沙率沿断面分布

从寸滩站卵石推移质输移的宽度、位置和强度可以看出：推移质输移带主要分布在弯曲河段的凸岸卵石边滩上，输沙带宽度随着流量的增加而增加，输沙带起点变化较小，一般在深槽稍靠凸岸位置，终点随流量的增加更靠凹岸。

（2）朱沱水文站

朱沱水文站断面位于重庆市永川区朱沱镇，距宜昌航道里程为 806.2km。朱沱水文站上游为金钟坝和秤杆碛边滩，在过年石—桌子角之间有近 3km 长的河段为顺直河段，其下为缆子梁礁石滩和温中坝边滩。朱沱水文站断面位于过年石—桌子角顺直河段的中部。枯水期和洪水期河宽变化不大，皆为 700 ~ 800m。

本次收集了 1975 ~ 2007 年共 33 年的实测推移质资料。朱沱水文站断面（图 12-8）右岸为深槽，左岸为边滩。其断面流速分布（图 12-9）不均匀，在平距为 500m 处流速最大。朱沱水文站断面在流量 6 000m³/s 时开始输沙，推移质输沙带宽度（图 12-10）为 150m 左右，推移质输沙带宽度随流量的增加而增加。推移质输沙带位置（图 12-11）起点随流量的增加更靠左岸，输沙带终点在右岸深槽边缘（平距为 600m 左右）。朱沱水文站断面输沙率较大的位置主要分布在 350 ~ 550m 之间，说明朱沱水文站推移质输移带主要在深槽。

从朱沱水文站卵石推移质输移的宽度、位置和强度可以看出：推移质输移带主要分布在深槽，输沙带宽度随着流量的增加而增加，当流量较大时，在边滩上也有卵石推移质输移，但输沙强度较大的位置仍在深槽。

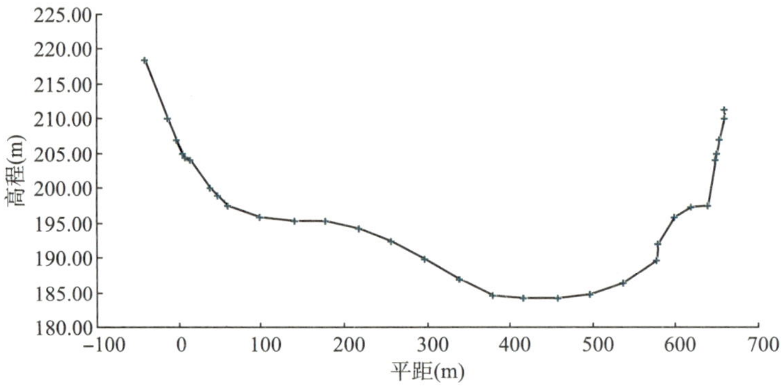

图 12-8　朱沱水文站断面地形

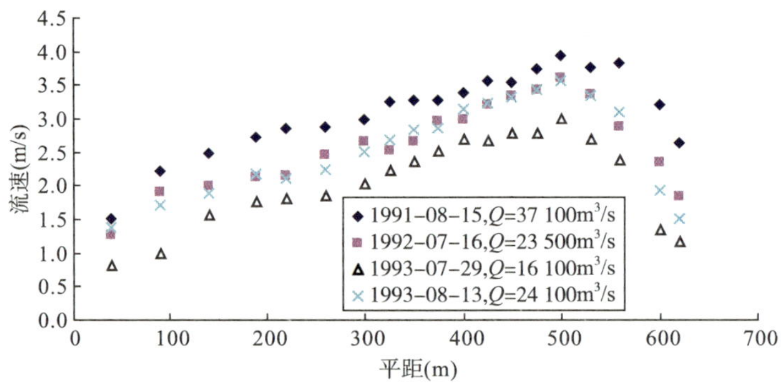

图 12-9　朱沱水文站断面流速分布

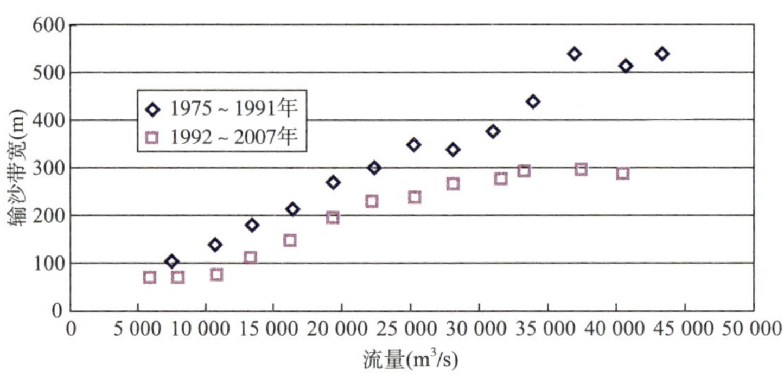

图 12-10　朱沱水文站输沙带宽度

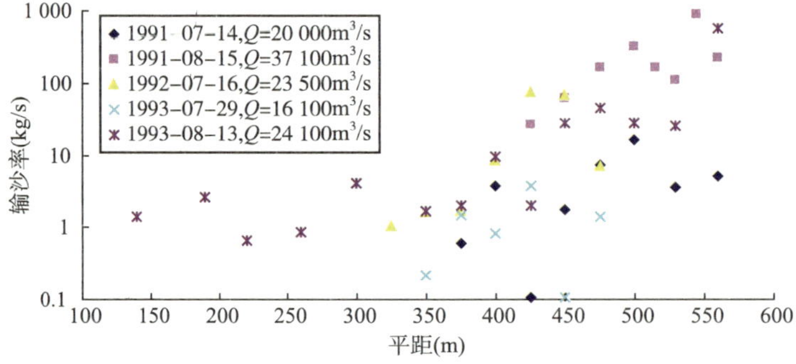

图 12-11　朱沱水文站输沙率沿断面分布

(3) 斗笠子滩

斗笠子滩位于宜昌上游 811.0km。斗笠子滩处在两弯道河段的过渡段的中部，中部较顺直河段的长度约 3km，其上为急弯河段，中、洪水期水流受左岸阻扰转向右侧，加之顺直河段河面放宽，流速减缓，卵石在顺直段右侧落淤形成庙角碛碛坝。根据斗笠子滩物理模型试验（详见第 5 章）分析斗笠子滩洪水期和枯水期的推移质输沙路线。

①洪水期泥沙输移路线

通过进行流量 Q 分别为 14 000m^3/s、23 000m^3/s、30 000m^3/s 斗笠子滩的推移质泥沙输移路线试验，发现泥沙有如下输移特征。

泥沙从九层岩（航道里程 815km）全断面开始输移，在弯道缓流作用下，所有推移质输移带在弯道顶点王背碛（航道里程 813km）的凸岸合为一股输沙带向下输移。在弯道顶点的深槽未发现泥沙输移。

水流经过弯道后，由缩窄段到庙角碛放宽段，洪水走直，主流带主要分布在弯道深槽—已建兔脑壳顺坝一带；在右岸冷家碛—庙角碛碛尾形成扩散水流。小部分泥沙沿主流带右边缘，穿过庙角碛滩面向下输移到庙角碛碛翅—碛尾一带，大部分泥沙由于扩散水流从弯道凸岸经过右岸副槽进口输移到庙角碛右碛翅，由于副槽的弯道环流作用，泥沙经过庙角碛滩面，输移到庙角碛左岸边缘的碛翅处。输移到庙角碛碛翅的泥沙在洪水主流带的作用下，经过主航槽输移到斗笠子滩。泥沙经过碛尾时，由于梨子嘴—黄石龙的缓流区无法带走泥沙，庙角碛向下发展趋于稳定。

以上分析说明工程河段泥沙主要输移路线为：王背碛边滩→冷家碛边滩→庙角碛副槽进口→庙角碛滩面→庙角碛左边碛翅→主航槽→斗笠子滩。小部分泥沙从弯道深槽→已建兔脑壳顺坝一带直线输移。

从 2003 年 4 月至 2003 年 7 月测图可知，洪水期泥沙主要淤积在副槽进口和庙角碛右碛翅处，这与模型试验结果一致。

由 1996 ～ 2003 年测图可知，庙角碛碛尾向下游方向基本稳定，主要向枯水主槽方向发展，从模型泥沙输移路线可以证明这一点。1987 年和 1996 年对庙角碛碛翅进行疏浚，但随后 3 ～ 5 年内，该断面宽度又回淤趋于稳定宽度。其主要原因是洪水期上游来沙主要通过庙角碛碛翅并落淤，而枯水期无法全部带走造成的。

②枯水期泥沙输移线路

庙角碛滩流量在 14 000m^3/s 以下，在庙角碛碛首以上的流速减缓，上游很少有泥沙输移到庙角碛碛翅。进行流量 Q 分别为 4 300m^3/s、2 230m^3/s 的推移质输移试验，由试验结果看出，在中～枯水期，水流主要输移洪水期在庙角碛碛翅处淤积的泥沙，其输移线路为滩口上游沿庙角碛碛翅输移到碛尾，经过中～枯水主流带输移到金堆子边滩。

12.3 长江上游滩险水沙参数

(1) 卵石粒径

表 12-1、表 12-2 和图 12-12 统计了长江上游卵石滩险的河床组成。长江上游卵石滩

滩险的河床粒径一般在 50 ～ 110mm，表面粗化层的河床质最大粒径范围在 200 ～ 300mm 之间。在相同河段，河床组成分布不均匀，深槽卵石粒径一般在 40 ～ 60mm，边滩的卵石中值粒径为 100mm 左右。

2003 年寸滩水文站断面河床组成　　表 12-1

坑测号	特征粒径（mm）								
	D_m	D_{95}	D_{90}	D_{84}	D_{65}	D_{50}	D_{35}	D_{16}	D_5
1	281	269	265	260	258	255	250	180	152
2	190	173	170	168	160	158	152	134	114
3	227	215	211	209	205	200	165	137	118
4	180	158	151	138	105	91.0	78.0	59.0	43.5
5	148	118	112	107	94.0	84.5	75.0	56.0	35.5
6	156	151	150	145	100	87.5	76.0	53.5	32.0
7	126	108	102	101	75.0	59.0	43.5	23.5	12.4
8	189	167	161	158	151	122	96.0	74.0	45.5
9	145	119	113	110	102	86.5	62.0	24.0	7.70
10	148	118	112	108	92.0	69.0	45.0	14.5	0.235
断面平均	281	252	215	182	135	108	84.0	39.5	12.3

泸州至宜宾段典型卵石滩河床粒径　　表 12-2

序　号	滩　　名	D_{50}（mm）	D_{max}（mm）
1	九龙滩深槽	45	200
2	九龙滩边滩	110	250
3	斗笠子庙角碛	55	180
4	斗笠子边滩	100	265
5	筲箕背深槽	70	190
6	筲箕背边滩	105	260

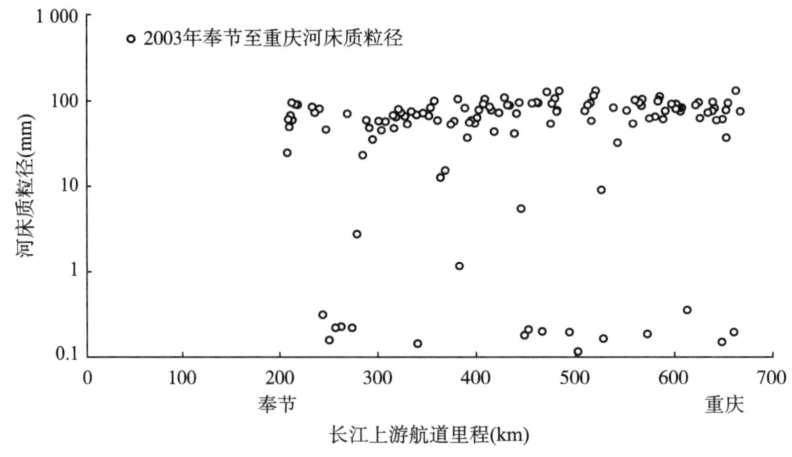

图 12-12　奉节—重庆河段河床组成

（2）比降

表 12–3、图 12–13 和图 12–14 统计了长江上游典型河段的比降。1981 年发生 100 年一遇大洪水时，从珞璜至鱼嘴河段的比降在 0.1‰ ~ 0.5‰。斗笠子滩段的比降在 0.2‰ ~ 0.3‰，寸滩河段各级流量情况下比降在 0.2‰左右。

1981 年洪水时重庆河段沿程水位比降 表 12–3

序 号	地 名	沿程距离（km）	水位（m）	比降（‰）
1	鱼嘴	5.0	192.0	0.98
2	广阳坝	9.1	192.4	0.98
3	峡口	13.3	194.2	4.29
4	唐家沱	16.3	194.7	1.67
5	寸滩	21.6	195.1	0.75
6	重庆	25.9	196.0	2.08
7	菜园坝	30.6	196.5	1.06
8	九龙坡	33.7	196.5	0.00
9	李家沱	37.7	197.5	2.50
10	大渡口	41.2	198.1	1.74
11	茄子溪	43.4	198.4	1.32
12	鱼洞	48.9	199.1	1.28
13	珞璜	58.2	201.1	2.15

注：寸滩流量为 85 700m³/s，朱沱流量为 45 000m³/s。

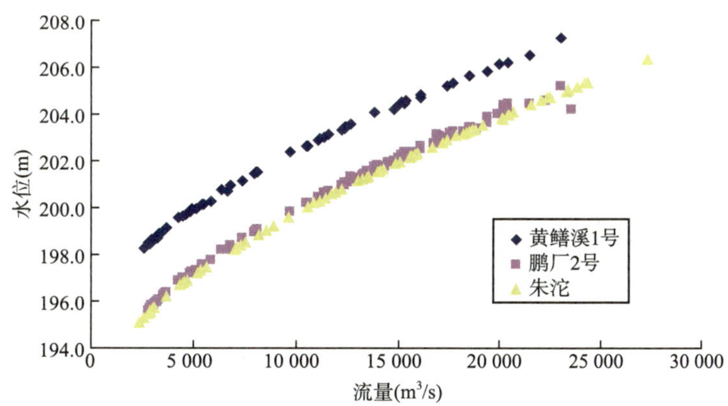

图 12–13 朱沱站、斗笠子滩上下游断面水位流量关系

（3）其他水力参数

洪水期，长江上游河段的水深可达 30m，流速可达 4.0m/s。

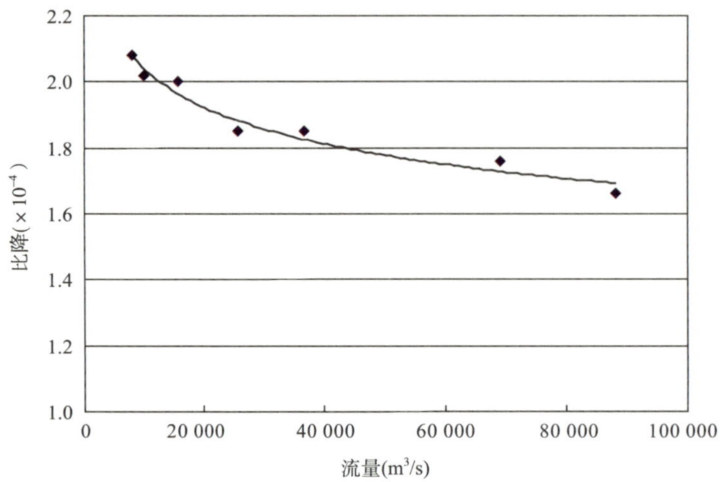

图 12-14　寸滩站流量与比降关系

12.4　卵石沙波成因

从上节分析可知，长江上游的卵石滩的卵石中值粒径在 0.05 ~ 0.10m，水深最大可达 30m，流速最大为 4m/s，比降变化范围为 0.1‰ ~ 0.5‰，洪水期一般为 0.1‰ ~ 0.3‰。选取比降为 0.1‰、0.2‰、0.3‰，粒径为 0.05m，糙率选取为 0.035，计算出单宽功率无量纲数，其结果见图 12-15 和表 12-4。根据第 3 章的研究结果，当单宽功率无量纲数 W_* 为 0.16 时，卵石个别起动，W_* 为 0.32 时，河床出现沙垄现象。

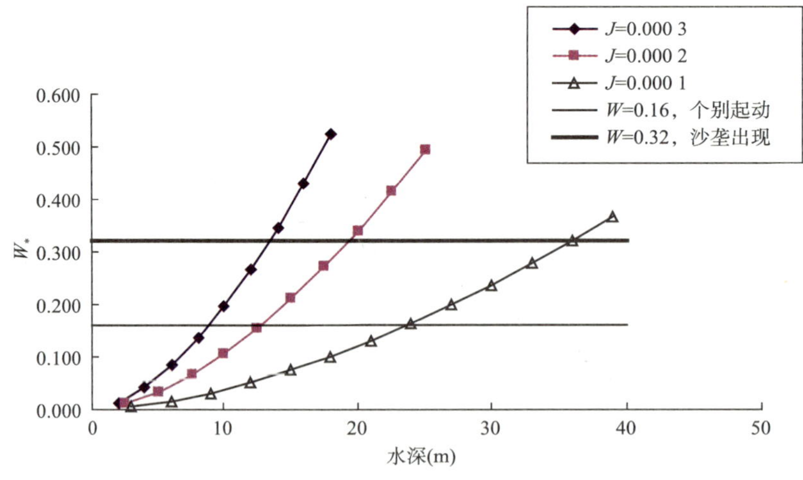

图 12-15　单宽功率无量纲数与水深的关系

卵石出现个别起动时，三种比降的组合情况为 0.3‰ ×9m×2.14m/s，0.2‰ ×12.5m×2.18m/s，0.1‰ ×24m×2.38m/s。

河床出现沙垄时，三种比降的组合情况为 0.3‰ ×14m×2.88m/s，0.2‰ ×20m×2.98m/s，0.1‰ ×36m×3.12m/s。

卵石沙波形成的水沙条件 表 12-4

序 号	D (m)	n	H (m)	J	V (m/s)	q^*J
J011	0.05	0.035	2	0.000 3	0.79	0.013
J012	0.05	0.035	4	0.000 3	1.25	0.043
J013	0.05	0.035	6	0.000 3	1.64	0.084
J014	0.05	0.035	8	0.000 3	1.98	0.136
J015	0.05	0.035	10	0.000 3	2.30	0.197
J016	0.05	0.035	12	0.000 3	2.60	0.267
J017	0.05	0.035	14	0.000 3	2.88	0.345
J018	0.05	0.035	16	0.000 3	3.15	0.431
J019	0.05	0.035	18	0.000 3	3.40	0.525
J021	0.05	0.035	2.5	0.000 2	0.74	0.011
J022	0.05	0.035	5	0.000 2	1.18	0.034
J023	0.05	0.035	7.5	0.000 2	1.55	0.066
J024	0.05	0.035	10	0.000 2	1.88	0.107
J025	0.05	0.035	12.5	0.000 2	2.18	0.156
J026	0.05	0.035	15	0.000 2	2.46	0.211
J027	0.05	0.035	17.5	0.000 2	2.73	0.273
J028	0.05	0.035	20	0.000 2	2.98	0.341
J029	0.05	0.035	22.5	0.000 2	3.22	0.414
J0210	0.05	0.035	25	0.000 2	3.46	0.494
J031	0.05	0.035	3	0.000 1	0.59	0.005
J032	0.05	0.035	6	0.000 1	0.94	0.016
J033	0.05	0.035	9	0.000 1	1.24	0.032
J034	0.05	0.035	12	0.000 1	1.50	0.051
J035	0.05	0.035	15	0.000 1	1.74	0.075
J036	0.05	0.035	18	0.000 1	1.96	0.101
J037	0.05	0.035	21	0.000 1	2.18	0.131
J038	0.05	0.035	24	0.000 1	2.38	0.163
J039	0.05	0.035	27	0.000 1	2.57	0.199
J0310	0.05	0.035	30	0.000 1	2.76	0.237
J0311	0.05	0.035	33	0.000 1	2.94	0.277
J0312	0.05	0.035	36	0.000 1	3.12	0.321
J0313	0.05	0.035	39	0.000 1	3.29	0.367

12.5　小结

通过长江上游典型卵石滩斗笠子滩和筲箕背滩的调查，结合寸滩、朱沱水文资料，对卵石输沙带及卵石沙波形成原因进行了系统分析。

（1）根据野外观测资料发现，长江上游存在大量的卵石沙波，如九堆子、螃蟹碛、漂灯碛、东溪口、斗笠子、筲箕背等浅滩河段，并首次在水槽试验中印证了卵石沙波的存在。

（2）长江上游河道内卵石输移主要与河道的水流条件、河势以及底流的方向有关。弯曲河段（寸滩河段）输沙带主要分布在凸岸边滩。顺直河段（朱沱河段）输沙带主要分布在深槽，过渡段（斗笠子滩）输沙带主要分布在上下游凸岸，在过渡段卵石发生异岸输移，洪水期和枯水期的推移质输移路线方向不一样，输移方向的夹角为 30° ～ 40° 。

（3）根据长江上游的河床组成、水面比降、水深和流速等水沙参数，选取了粒径为 0.05m 时产生卵石沙波的水流条件组合。

第5篇

长江上游典型卵石浅滩河床演变

13 长江上游典型卵石浅滩分类及卵石输移带分布特征

长江上游河段的卵石滩险数量较多，对航道条件影响较大，水沙运动特征复杂，有必要针对其不同特性进行分类分析。本研究在收集整理重庆至宜宾河段（叙渝段）55个卵石滩险资料的基础上，根据其河势特点、成滩特性将卵石滩险分为顺直型、弯曲型、放宽型和异岸输移型共4种类别，并对其典型滩段的水流特性和卵石输移带变化机理进行了详细研究。

13.1 顺直型卵石滩险分析

叙渝段中的顺直型卵石滩险河段包括朱沱等。其典型河势特征为在较长河道范围内，河道基本顺直，无明显的弯曲、卡口、凸咀等地形影响。

13.1.1 朱沱基本情况

（1）朱沱河段基本情况

朱沱河段位于重庆永川区朱沱镇，设有朱沱水文站，其位于长江上游航道里程约805.8km处。朱沱水文站上下游共3km范围内，河道基本顺直，无凸咀、石盘等明显影响河势的地形，是典型的顺直型河段，见图13−1。

图13−1 推移质测站分布示意图

（2）朱沱站基本情况

朱沱水文站控制流域面积为694 725km^2，占长江、嘉陵江汇合口处长江干流集水面积的98%，1954年4月由长江水利委员会设立。本次研究收集了朱沱站1975～2007年卵石推移质实测资料，共收集了 2 234 组数据。根据收集的资料主要研究以下内容：

① 朱沱站水力参数特征（包括水位流量关系，水位与过水面积的关系）；

② 朱沱站卵石运动特性（包括卵石推移质输沙带、卵石粒径、推移质输沙率随不同年份的变化）。

13.1.2 朱沱站水力参数特性

根据朱沱水文站 1954 ~ 2011 年实测日均水位流量资料，从多年特征流量、水位流量关系，以及过水面积、断面平均流速等方面分析其水力参数特性。

（1）朱沱站多年特征流量

朱沱站多年平均流量为 8 359m^3/s，实测最大洪水流量为 52 900m^3/s，实测最小枯水流量为 1 930m^3/s。

（2）朱沱站水位与流量关系

根据朱沱站 1954 ~ 2011 年日均水位、日均流量数据，整理得到该站水位与流量关系，如图 13−2 所示。从图中可见，采用分段拟合法可以得到较为满意的水位—流量关系拟合结果，见表 13−1。

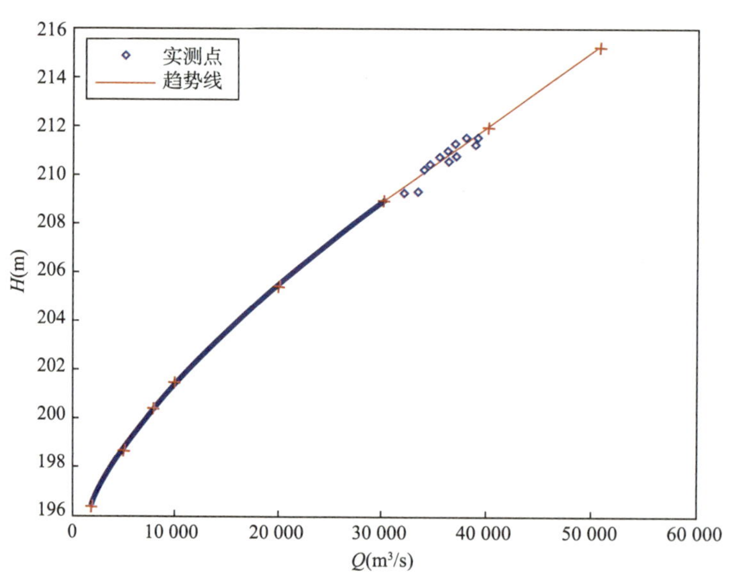

图 13−2　朱沱站水位 H—流量 Q 关系

朱沱站水位—流量关系分段拟合表　　表 13−1

流量 Q（m^3/s）	2 000	5 000	8 000	10 000	20 000	30 000	40 000	50 700
水位 H（m）	196.35	198.74	200.44	201.46	205.42	208.96	212.00	215.30

（3）朱沱站水位与过水面积等关系

根据朱沱站断面地形资料，建立该站水位与过水面积、河宽等参数之间的关系，如表 13−2、图 13−3 所示。采用分段拟合法，得到各关系的拟合公式。

朱沱站水位—过水面积关系分段拟合表 表 13-2

水位 H（m）	196.50	198.36	200.13	202.12	206.15	210.16	213.81
过水面积 S（m^2）	2 740	3 770	4 730	5 970	8 440	11 080	13 490

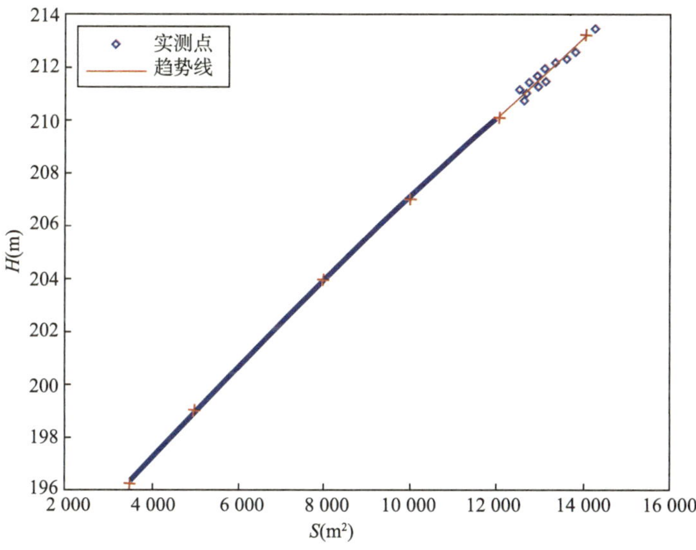

图 13-3 朱沱站水位 H—过水面积 S 关系

13.1.3 朱沱站卵石运动特性

（1）分析资料和方法

根据朱沱站 1975 ~ 2007 年（1991 年未测）期间 2 234 组实测水力、泥沙因子资料进行统计分析，统计方法为把流量共分成 16 级（表 13-3），得到各流量级平均水力因子、推移质输沙率、输沙带、中值粒径、最大粒径。根据各流量级平均水力、泥沙因子分析朱沱站推移质输沙特性。

流量分级概况（m^3/s） 表 13-3

序号	初始流量（m^3/s）	末端流量（m^3/s）	级差流量（m^3/s）	1973 ~ 1991 年流量组数	1992 ~ 2007 年流量组数
1	0	3 000	3 000	7	22
2	3 000	6 000	3 000	42	128
3	6 000	9 000	3 000	54	112
4	9 000	12 000	3 000	139	134
5	12 000	15 000	3 000	181	138
6	15 000	18 000	3 000	227	139
7	18 000	21 000	3 000	192	124
8	21 000	24 000	3 000	143	91
9	24 000	27 000	3 000	89	78
10	27 000	30 000	3 000	44	55

续上表

序号	初始流量 (m^3/s)	末端流量 (m^3/s)	级差流量 (m^3/s)	1973 ~ 1991 年流量组数	1992 ~ 2007 年流量组数
11	30 000	33 000	3 000	29	29
12	33 000	36 000	3 000	9	7
13	36 000	39 000	3 000	1	8
14	39 000	42 000	3 000	2	6
15	42 000	45 000	3 000	1	2
16	45 000	48 000	3 000	1	0
合计	—	—	—	1 161	1 073

（2）卵石推移量年际之间变化

图 13–4 绘出了 1975 ~ 2007 年累计年推移质输移系数变化。1975 ~ 1991 年、1992 ~ 2007 年的年推移质输移系数曲线的曲率逐渐减小，说明相同的径流量情况下，年输沙量逐渐减小，1991 年是朱沱站推移质输沙量减小的转折点，1986 年处虽然也有波动，但是只是由于 1986 年当年输沙量较低，而前后两段的累计年推移质输移系数保持基本一致的斜率，说明泥沙输移量基本稳定。

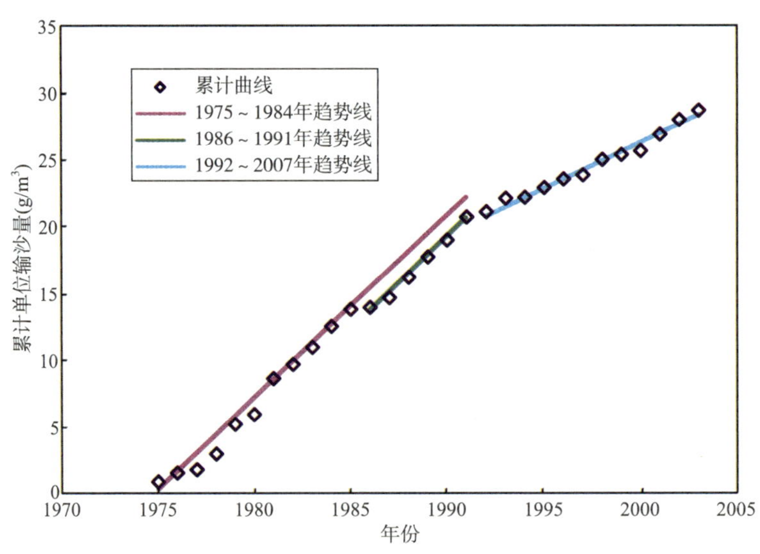

图 13–4　1975 ~ 2007 年累计年输移系数关系

在按照流量级统计方法分析朱沱站推移质输移特性时，按照 1975 ~ 1991 年、1992 ~ 2003 年两个时间段进行分类。表 13–4 统计了 1975 ~ 1991 年、1992 ~ 2003 年两个时间段的推移质平均数量，1992 ~ 2007 年与 1975 ~ 1991 年相比，减少了 44.3%。

朱沱站推移质减少率　　　表 13–4

站　　名	时　　段	年均径流量（10^8m^3）	平均推移量（10^4t）	减小率（%）
朱沱	1975 ~ 1991	2 649	32.64	—
	1992 ~ 2007	2 649	18.15	44.39

（3）输沙带宽度变化

图 13–5 绘出了朱沱站输沙带宽度不同时间段随流量的变化。1975 ~ 1991 年在流量小于 35 000m³/s 时，输沙带宽度变化范围为 100 ~ 430m，基本上呈线性增加；流量大于 35 000m³/s 时，输沙带宽度基本上在 550m±30m 区间变化。1992 ~ 2007 年在流量小于 30 000m³/s 时，输沙带宽度变化范围为 90 ~ 280m；流量大于 30 000m³/s 时，输沙带宽度基本上在 280m±50m 区间变化。整体而言，1992 ~ 2007 年间比 1975 ~ 1991 年间的输沙带宽度要小。

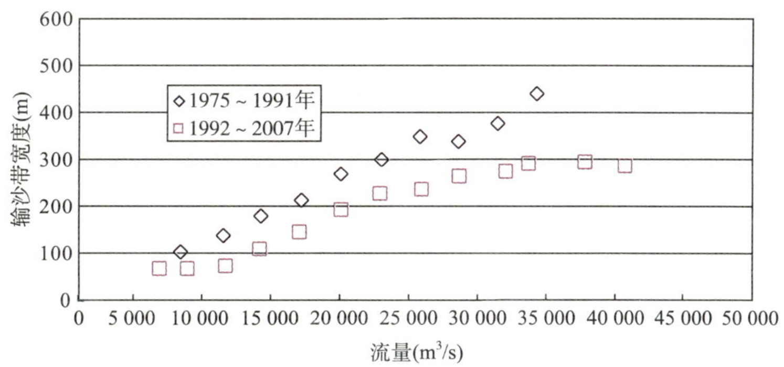

图 13–5　朱沱站输沙带宽度不同时间段随流量的变化

（4）推移质粒径变化

图 13–6 绘出了朱沱站推移质中值粒径和最大粒径不同时间段随流量的变化情况。各个时间段的中值粒径和最大粒径都随流量的增加基本上呈线性增加。相同流量中值粒径和最大粒径随时间段的先后而减少，流量在 30 000m³/s 以上时，1975 ~ 1991 年、1992 ~ 2007 年中值粒径分别在 60mm、55mm 上下，最大粒径分别在 160mm、140mm 上下，1992 ~ 2007 年度的推移质粒径比 1995 ~ 1991 年度普遍要小，尤其最大粒径在大流量下减小更为明显。

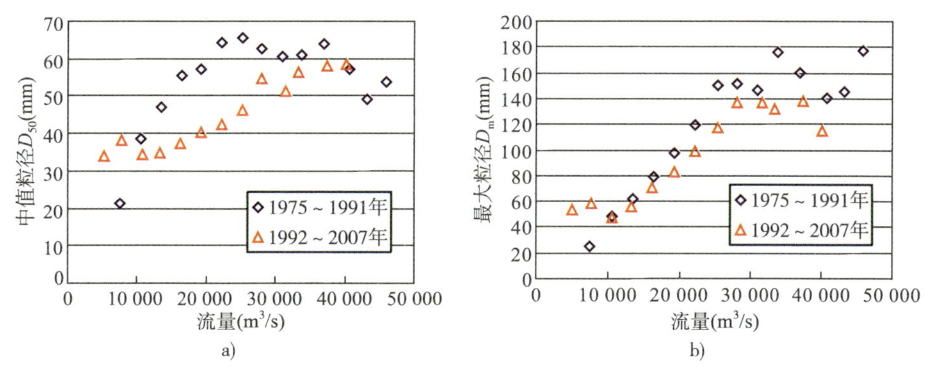

图 13–6　推移质特征粒径变化

（5）推移质输沙率与流量关系

因朱沱站实测断面推移质输沙率与流量关系的点群比较散乱，为方便分析，将朱沱站断面输沙率按照年代划分为两段，并按流量步长进行阶段平均。考虑到朱沱站的卵石推移质年际累计曲线，1975 ~ 1985 年与 1986 ~ 1991 年斜率基本一致，而与 1992 ~ 2007 年间的斜率差异明显，因此分成两个时间段，即 1975 ~ 1991 年和 1992 ~ 2007 年，按照流量级进行平均，其结果见图 13-7。朱沱站各个时间段的断面输沙率与流量关系较好，经人工定线，可表达为如下关系：

1972 ~ 1991 年　　$G_S=6.3\times10^{-24}Q^{5.7}$　　(13-1)

1992 ~ 2007 年　　$G_S=3.3\times10^{-24}Q^{5.7}$　　(13-2)

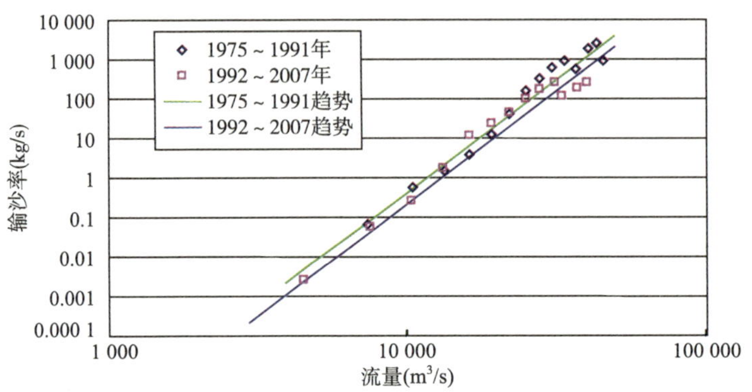

图 13-7　朱沱站断面推移质输沙率随流量变化的关系

由此可见，朱沱站的断面输沙率与流量成高次方乘幂关系。而且，当流量在 10 000m³/s 以下时，断面输沙率基本在 0.1kg/s 以下，基本可以忽略。由此可见，断面输沙率基本是由 20 000m³/s 以上的流量决定的。

13.1.4　顺直型河段卵石运动规律小结

根据以上分析可以看出，在顺直型河段，水流条件基本稳定，卵石输移带也相对稳定。在流量（水流强度）增大时，输沙强度和输沙带宽度增加。但是，最大输沙强度的所在位置与流量大小没有直接关系，基本在河道断面的滩唇或者深槽段分布。

13.2　弯曲型卵石滩险分析

叙渝段滩险中弯曲型卵石滩险包括寸滩、风簸碛、过兵滩、龙船碛等滩险，其基本河势特征是上游经过一段较为顺直的河道后，突然发生较大角度的转弯，弯角一般大于或者接近 90°。在弯道凸岸大多形成大范围卵石滩碛，若凹岸有石盘、凸咀则形成或弯窄或流险的碍航滩险。

本研究以泥沙运动资料较丰富的寸滩水文站为例，分析弯曲型河段的卵石运动特征。

13.2.1　寸滩基本情况

（1）寸滩河段基本情况

寸滩位于长江上游重庆主城河段，在嘉陵江入汇口下游约 5km 处，长江上游航道里程约 596km，设有寸滩水文站。水流方向在 8km 范围内由北转为南偏东，为典型的弯道型河段，寸滩站位于弯道凹岸的弯顶附近，如图 13-8 所示。

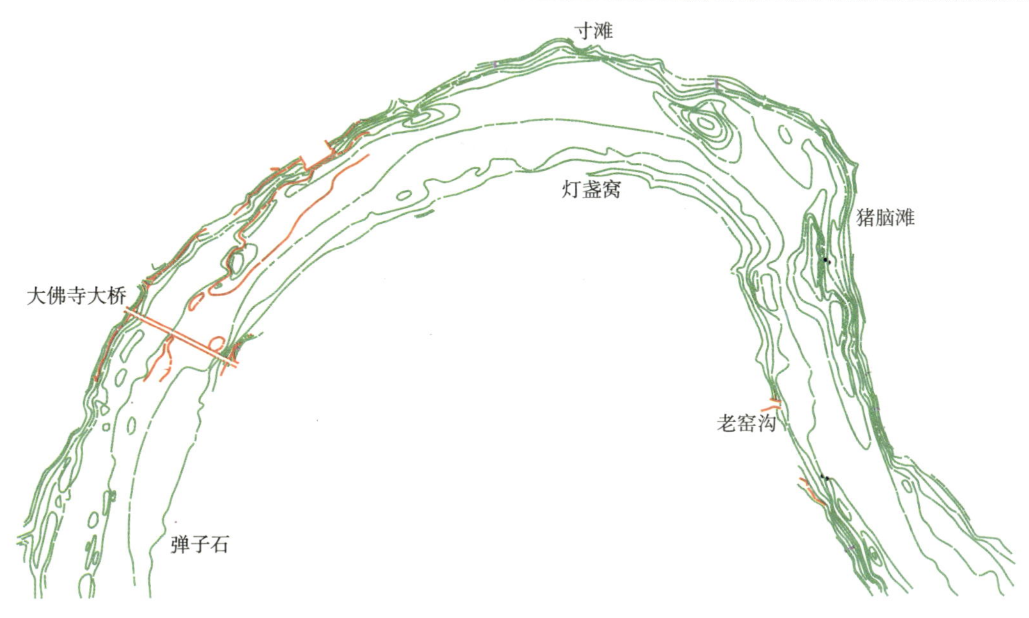

图 13−8 长江寸滩河段河势图

（2）寸滩站基本情况

寸滩水文站位于嘉陵江入汇口下游约 7km 处，控制流域面积约 86.7 万 km^2。本次研究收集了寸滩站 1961 ～ 2007 年卵石推移质实测资料，共收集了 4 204 组数据。根据收集的资料主要研究以下内容：

①寸滩站水力参数特征（包括水位与流量的关系，水位与过水面积等的关系）；

②寸滩站卵石运动特性（包括卵石推移质输沙带、卵石粒径、推移质输沙率随不同年份的变化）。

13.2.2 寸滩站水流特性

根据寸滩水文站 1954 ～ 2011 年实测日均水位流量资料，从多年特征流量、水位流量关系，以及过水面积、断面平均流速等方面分析其水力参数特性。

（1）寸滩站多年特征流量

长江寸滩站多年平均流量为 11 100m^3/s，多年平均径流量为 3 456 亿 m^3，多年年平均含沙量为 1.27kg/m^3。

（2）寸滩站水位与流量的关系

根据寸滩站 1954 ～ 2011 年日均水位、日均流量数据，整理得到该站水位与流量的关系。考虑到 2008 年以后，寸滩水位受三峡回水影响，本节中仅统计分析 2008 年以前的水位流量资料，如图 13−9 所示。从图中可见，采用分段拟合法可以得到较为满意的水位—流量关系拟合结果，参见表 13−5。

（3）寸滩站水位与过水面积等的关系

根据寸滩站断面地形，得到该站水位与过水面积、平均水深的对应关系，如图 13−10 所示。

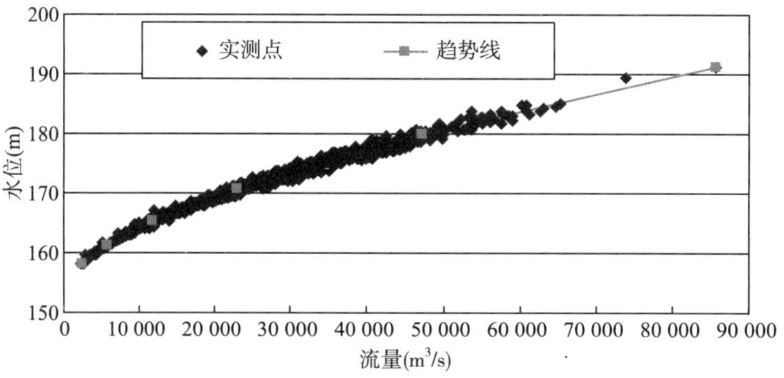

图 13-9　长江寸滩站水位—流量关系

流量分级概况　　表 13-5

序号	初始流量 (m³/s)	末端流量 (m³/s)	级差流量 (m³/s)	1961 ~ 1981 年流量组数	1982 ~ 2001 年流量组数	2002 ~ 2007 年流量组数
1	3 000	6 000	3 000	95	104	16
2	6 000	9 000	3 000	99	220	47
3	9 000	12 000	3 000	126	268	66
4	12 000	15 000	3 000	172	263	62
5	15 000	18 000	3 000	164	252	56
6	18 000	21 000	3 000	151	230	41
7	21 000	24 000	3 000	140	192	46
8	24 000	27 000	3 000	134	139	16
9	27 000	30 000	3 000	106	131	17
10	30 000	33 000	3 000	78	106	21
11	33 000	36 000	3 000	70	64	10
12	36 000	39 000	3 000	37	48	8
13	39 000	43 000	4 000	45	33	7
14	43 000	47 000	4 000	28	29	2
15	47 000	51 000	4 000	15	21	4
16	51 000	55 000	4 000	8	10	1
17	55 000	60 000	5 000	9	6	1
18	60 000	65 000	5 000	4	3	0
19	65 000	70 000	5 000	1	0	0
20	70 000	85 000	15 000	2	0	0
合计	—	—	—	1 484	2 119	421

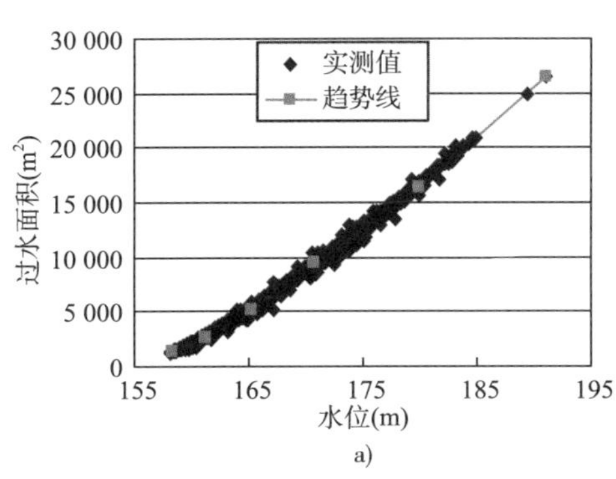

a)

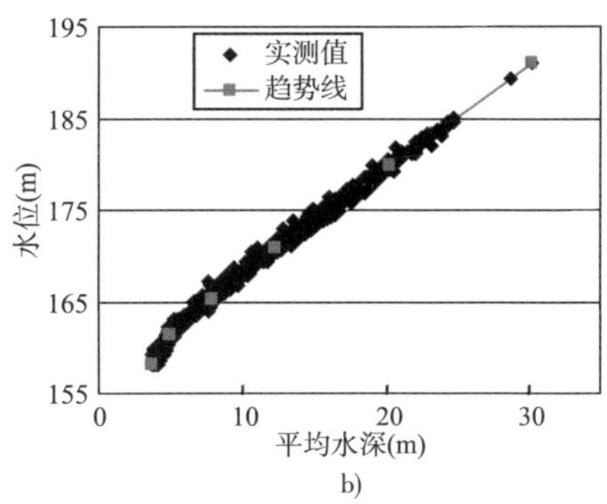

b)

图 13-10　长江寸滩站水位与过水面积、平均水深关系

13.2.3　寸滩站卵石运动规律分析

为满足三峡工程规划设计和运行管理的需要，长江上游干流寸滩站早在 20 世纪 60 年代初就开展了卵石（D>10mm）推移质测验，还在 1986 年、1987 年施测了 1 ~ 10mm 的砾石推移质，从 1991 年开始施测沙质（D < 2mm）推移质。

本次研究根据对寸滩站 1961 ~ 2007 年（1967 年未测）间 4 204 组实测水力、泥沙因子资料进行统计分析，统计方法为把流量共分成 20 级（表 13-5），得到各流量级平均水力因子、推移质输沙率、输沙带、中值粒径、最大粒径。根据各流量级平均水力、泥沙因子分析寸滩站推移质输沙特性。

（1）床沙级配变化

在寸滩站边滩上挖坑取样分析水文断面的床沙级配，于 1963 年、1964 年、1974 年、1975 年共测取了 27 次沙样，去掉 10mm 以下的沙样，其河床组成见表 13-6。在 2003 年，对寸滩站水文断面共测取了 10 个沙样，其河床组成见表 13-6。经过 30 年左右变化，寸滩站的中值粒径增加了 58mm，其他各种特征粒径明显增加，说明寸滩水文断面的河床明显粗化。

寸滩站沙样特征粒径比较（单位：mm）　　表 13-6

年份	D_{95}	D_{90}	D_{84}	D_{65}	D_{50}	D_{35}	D_{16}	D_{5}
1961 ~ 1974 年	170	140	110	79	50	34	20	12
2003 年	252	215	182	135	108	84	39.5	12.3

（2）卵石推移量年际之间变化

为了解寸滩站推移质输移量年际之间的变化，定义年推移质输移系数：

$$O=\frac{\text{年推移质输移量}}{\text{年径流量}} \tag{13-3}$$

年输移系数可反映某个断面推移质综合输移能力。

图 13-11 绘出了 1966 ~ 2007 年累计年推移质输移系数变化，1966 ~ 1981 年、1982 ~ 2001 年、2002 ~ 2007 年的年推移质输移系数曲线的曲率逐渐减小，说明相同的径流量情况下，年输沙量逐渐减小，1981 年和 2001 年是寸滩站推移质输沙量减小的转折点。

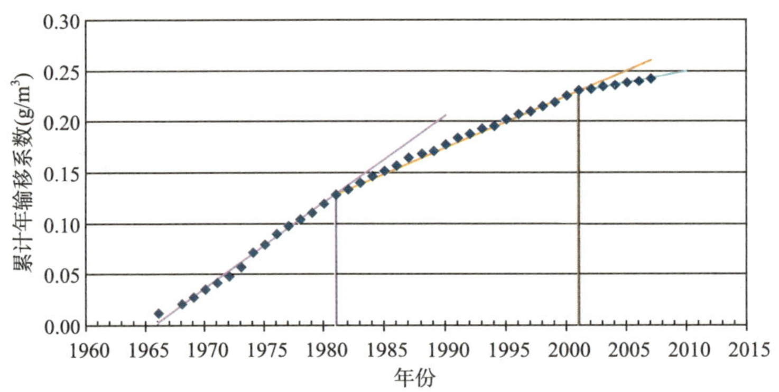

图 13-11　1966 ～ 2007 年累计年输移系数关系

在按照流量级统计方法分析寸滩推移质输移特性时，按照 1966 ～ 1981 年、1982 ～ 2001 年、2002 ～ 2007 年三个时间段进行分类，见表 13-7。

滩站推移质减少率　　表 13-7

站　名	时　段	年均径流量（10^8m^3）	平均推移量（10^4t）	减小率（%）
寸滩	1966 ～ 1981 年	3 384	29.5	—
	1982 ～ 2001 年	3 404	16.6	43.7
	2002 ～ 2007 年	3 316	6.3	78.6

表 13-7 统计了 1966 ～ 1981 年、1982 ～ 2001 年、2002 ～ 2007 年三个时间段的推移质平均数量，1982 ～ 2001 年、2002 ～ 2007 年与 1966 ～ 1981 年相比，分别减少了 43.7%、78.6%。

（3）输沙带宽度变化

图 13-12 绘出了寸滩站输沙带宽度不同时间段随流量的变化。1961 ～ 1981 年在流量小于 20 000m^3/s 时，输沙带宽度变化范围为 170 ～ 550m，基本上呈线性增加，流量大于 20 000m^3/s 时，输沙带宽度基本上在 550m ± 30m 区间变化。1982 ～ 2001 年在流量小于 40 000m^3/s 时，输沙带宽度变化范围为 170 ～ 500m，流量大于 40 000m^3/s 时，输沙带宽度基本上在 500m ± 50m 区间变化。2002 ～ 2007 年输沙带的变化与 1982 ～ 2001 年的变化规律基本相同，只是在流量小于 40 000m^3/s 时，输沙带宽度比 1982 ～ 2001 年略小。

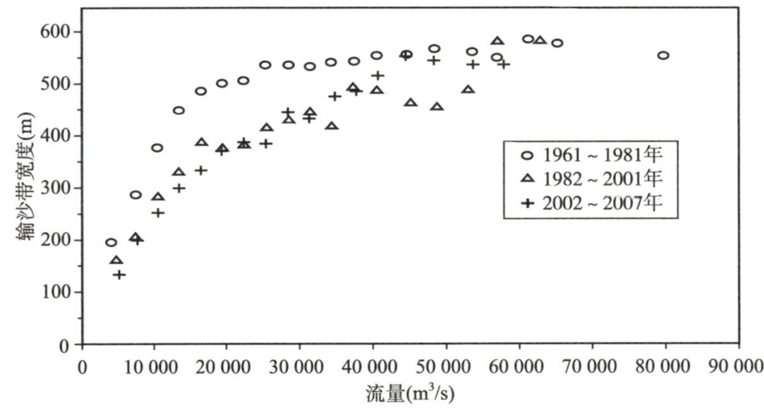

图 13-12　寸滩站输沙带宽度不同时间段随流量的变化

（4）推移质粒径变化

图 13−13 绘出了寸滩站推移质中值粒径和最大粒径不同时间段随流量的变化。各个时间段的中值粒径和最大粒径基本上都随流量的增加呈线性增加。相同流量中值粒径和最大粒径随时间段的先后而减少，在流量为 20 000m³/s 时，1961 ~ 1981 年、1982 ~ 2001 年、2002 ~ 2007 年中值粒径分别为 50mm、40mm、30mm，最大粒径分别为 120mm、75mm、50mm。

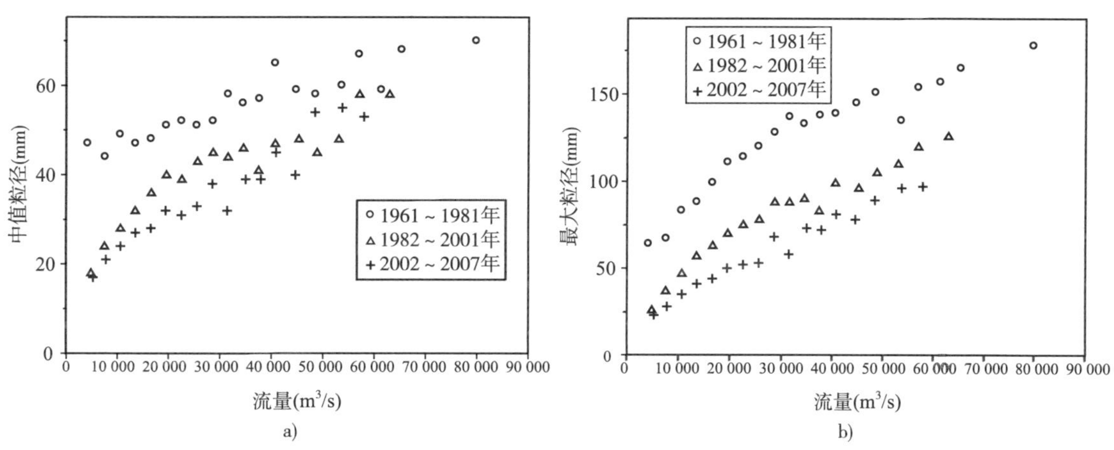

图 13−13　推移质特征粒径变化

（5）推移质输沙率与流量关系

推移质输沙率与流量的关系可写成如下形式：

$$G_S=BQ^n \tag{13-4}$$

式中：G_S——水文断面推移质输沙率（kg/s）；

Q——流量（m³/s）；

n——指数，反映推移质输沙率对水流流量的敏感程度；

B——系数，与床沙组成、泥沙补给等条件有关。

因寸滩站实测断面推移质输沙率与流量关系的点群比较散乱，为方便分析，将寸滩站断面输沙率分成三个时间段按流量级进行平均，其结果见图 13−14。寸滩站各个时间段的断面输沙率与流量关系较好，经人工定线，可表达为如下关系：

1961 ~ 1981 年

$$G_S=3.8\times10^{-9}Q^{2.26} \tag{13-5}$$

1982 ~ 2001 年

$$G_S=1.9\times10^{-9}Q^{2.26} \tag{13-6}$$

2002 ~ 2007 年

$$G_S=0.9\times10^{-9}Q^{2.26} \tag{13-7}$$

（6）寸滩站卵石推移质运动规律小结

通过对寸滩站 1961 ~ 2007 年推移质实测资料分析，得到如下结论：

①通过分析寸滩站床沙变化可知，寸滩水文断面的河床明显粗化。

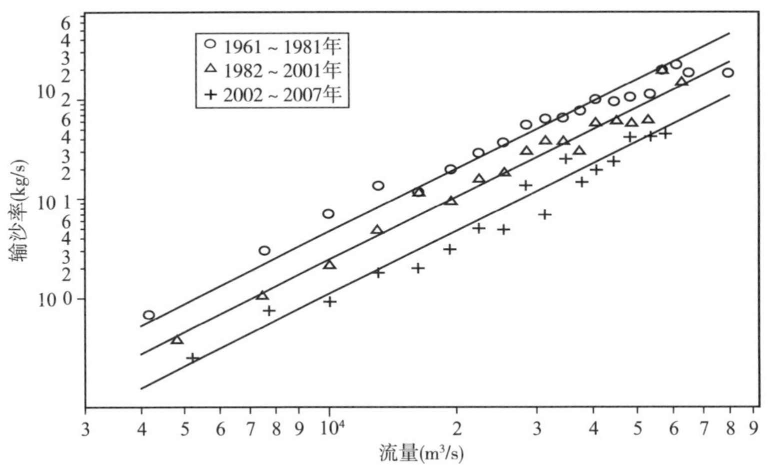

图 13-14　寸滩站断面推移质输沙率不同时间段随流量的变化

② 1966 ~ 2007 年累计年推移质输移系数变化表明，1981 年和 2001 年是长江寸滩站推移质输移变化的分界点。

③ 1961 ~ 1981 年、1982 ~ 2001 年、2002 ~ 2007 年三个时间段的推移质断面推移质输沙率、输沙带宽度、中值粒径、最大粒径均逐渐减小。

13.2.4　弯曲型河段卵石运动规律小结

根据以上以寸滩站实测资料为例进行的分析，可以看出长江上游弯曲型河段的卵石运动基本遵循以下规律：

（1）卵石输移强度基本与水流强度呈正相关关系。水流强度越大，卵石输移强度越大，相应的输移带宽度、输移卵石特征粒径也随之增加。

（2）近年来，长江上游河段的卵石输移呈现床沙质粗化而输移卵石细化的趋势。

（3）弯曲型河段的卵石输移带基本分布在深槽至边滩之间，沿边滩的碛翅分布。

13.3　放宽型卵石滩险分析

叙渝段滩险中放宽型卵石滩险包括铜鼓滩、麻柳碛、小南海、三角碛等滩险，其基本河势特征是上游经过一段较为狭窄的河道后，河道宽度突然放宽，造成水流强度迅速降低，使得卵石等推移质大量落淤，形成广阔的边滩或者心滩，而剩余的深槽段或弯窄、或浅，形成碍航滩险。该类型的放宽比例，通常达到 1.6 ~ 2.2（下游放大段河宽 / 上游狭窄段河宽），以铜鼓滩最为典型。

本研究以铜鼓滩为例，分析放宽型卵石滩险的水流及卵石输移变化机理。

13.3.1　铜鼓滩基本情况

铜鼓滩位于长江上游航道里程约 996.0km 处，紧邻四川省宜宾市南溪县城，是川江叙泸段航道主要的浅险滩之一，该滩河段河势见图 13-15。

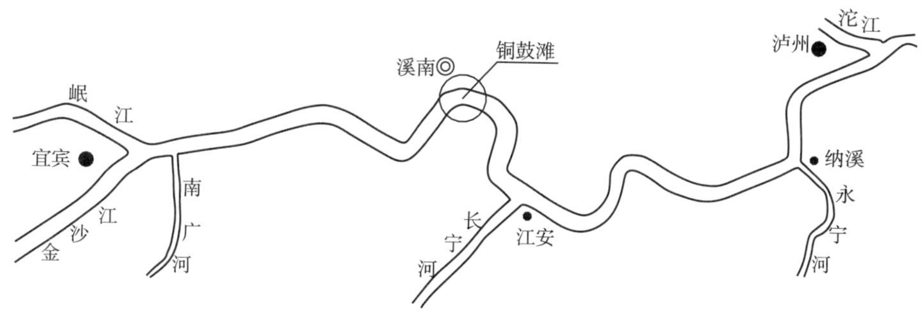

图 13−15 铜鼓滩地理位置示意图

铜鼓滩上段左岸九龙滩和右岸董碛坝相对峙，枯水河宽仅 300m；中段河床放宽，江中有迎宾阁卵石碛坝，碛坝高达设计水位以上 14m，迎宾阁左侧支汊（玉带浩），在设计水位以上 3m 过流；迎宾阁右面为宽阔的枯水河床，河宽约 650m，江中有一卵石潜碛将河床分为左右两槽：左槽（又称碛槽）枯水最小水深仅 1.1m，不能过船；右槽为枯水主航槽，其进口铜鼓子浅区水深不足，通常水深在 1.8 ~ 2.4m 之间；中段受碛翅、潜碛挤压，主流贴岸，航槽弯窄，在过年石处 3m 等深线宽约 110m，深槽最大水深 14.5m，弯曲半径仅 400m 左右；下段曾盘石以下，回流泡漩强烈，流态紊乱，航行条件较差。下口鹞子岩处河宽又缩窄到 280m 左右，水深达 20m 以上，如图 13−16 所示。

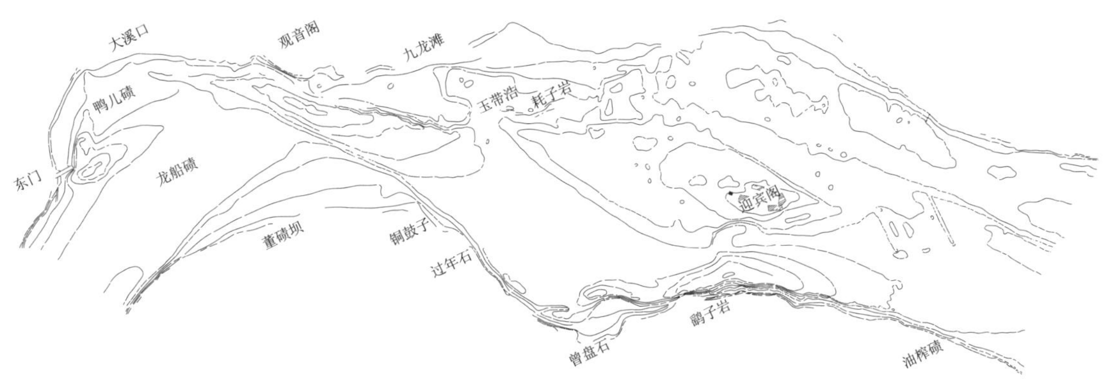

图 13−16 铜鼓滩河段河势图

13.3.2 铜鼓滩水流运动特性

（1）特征流量

在铜鼓滩上游 28km 处（航道里程 1 024km）有长江李庄水文站，其间无大的支流汇入，可作为铜鼓滩整治设计的基本水文站。根据原工程设计所依据的 1950 ~ 1955 年（1954 年除外）的 5 年水文资料，推求得李庄站多年平均径流量为 2 060 亿 m^3，年平均流量为 8 260m^3/s。设计最低通航流量为 1 950m^3/s，对应设计水位为黄海高程 255.89m（除特别说明外，均采用黄海高程）。根据金沙江向家坝水电站可行性研究报告，向家坝建库后，枯水期电站下泄最小通航流量为 1 200m^3/s，将比天然情况下增加 100m^3/s，因此长江干流的最小通航流量亦将增加 100m^3/s 左右。

（2）研究河段水势

在枯水期，当设计流量 Q=1 950m^3/s 时，铜鼓滩上下游深槽水流平缓，铜鼓子浅滩处水深仅 2.4m，流速在 1.35 ~ 2.51m/s 之间，由于下深槽吸流和潜碛阻水的共同作用，在滩头产生强烈横流，横流流速近 2m/s，主流经过年石后，形成强劲扫弯水势，贴岸而下，最大流速达 3.9m/s，滩段最大比降为 1.93‰，其下受曾盘石阻水影响，挑流水埂明显，流态紊乱，航行条件较差。当整治流量 Q=4 400m^3/s 时，该滩滩势有所改善，横流和扫弯水势明显减弱，主流流速较设计流量减小 0.6m/s，最大流速为 3.32m/s，同时左槽的分流量较设计流量明显增加。随着水位进一步上涨，铜鼓滩的滩势进一步减弱，到流量 Q = 8 890m^3/s 时，该滩已不碍航，左槽水深较大，水流平顺，主流趋直，船舶均沿左槽上下，此时玉带浩也开始分流。

中、洪水期时，主流从上游右岸龙船碛顺凸岸下，过铜鼓子偏右岸下，至迎宾阁心滩分左右两槽，主流顺右岸主槽下，至油榨碛则顺河心下。中、洪水期，研究河段水深较大，主流稳定，航道条件基本满足通航要求。

（3）研究河段碍航成因分析

滩险成因与滩险所在河段的河型、河势及水沙运动特性等密切相关，根据近十多年观测的资料，对成滩原因分析如下：

①河型方面

铜鼓滩河段上、下均为深槽，其枯水河宽仅 250 ~ 300m，水深达 20 ~ 30m，滩段河面放宽到 600m 以上，水深仅 2m 左右。由于浅滩河段河床地形纵、横向变化相当剧烈，致使水沙运动也十分复杂。洪水期，上深槽水流湍急，流态紊乱，淤沙带向下游，而滩段河面开阔，水流分散，致使泥沙易于淤积，加之下深槽缩窄段的壅水作用更增加了滩段淤积的可能性，特殊的河床地形是浅区形成的基本条件。

②河势方面

铜鼓滩河段（龙船碛—九龙滩—铜鼓子—曾盘石—鹞子岩）平面上呈微弯状，浅区部位总体上处于弯道凸岸，受弯道环流作用，主输沙带沿董碛坝尾经铜鼓子浅区进入右槽，再沿碛翅边缘下输。铜鼓子浅区处于上、下深槽之间的过渡段，是推移质泥沙输移的必经之道，汛期淤积，汛后水流归槽冲刷，常有部分卵石因冲刷不及而造成航槽出浅碍航。

③水沙运动特性

在铜鼓滩河段特定的河型、河势条件下，形成了该滩特定的水沙特性，如该滩上中段低水期强劲的扫弯水及横流，下段曾盘石附近的急流、泡漩，主输沙带走向及卵石输移规律等，它们都直接影响滩段的演变发展。

（4）历年整治工程

四川省航道处曾用钢耙船对该滩上浅区进行过维护性疏浚，因该处河床底部较坚硬，钢耙船耙不动，维护水深为 1.8m。

1993 年长江航道局重庆工程局对铜鼓滩进行了整治，设计枯水航道尺度为 2.7m × 50m × 560m（航深 × 航宽 × 曲率半径），整治水位为设计水位以上 2.0m，相应整治流量为 4 400m^3/s，整治线宽度为 500m。

整治措施包括枯水航槽疏浚和曾盘石封弯丁顺坝两部分：

①疏浚该滩上、中段浅区，清炸上段河底部分碍航基岩和下弯道左侧礁巴石，拓宽加深航槽。挖槽基线由三段直线组成，且与水流流向基本一致。设计航深 2.7m，超深 0.4m。疏浚工程量为 2.73 万 m^3，水下炸礁和清渣各 0.85 万 m^3。

②在右岸曾盘石上游修筑一丁顺坝，把水流挑向左岸，减弱扫弯水，改善附近水流流态。丁坝段长度为 70.5m，顺坝段长度为 99.8m，筑坝工程量为 1.23 万 m^3。

整治后，曾盘石附近枯期水流弯曲半径由整治前的 190m 增加至 390m，扫弯水减弱，流态有所改善。但枯水航槽开挖仅为维护性疏浚，铜鼓子浅区流速无明显增加，且浅区为凸嘴上下游深槽之间的过渡段所处位置，是推移质输移的主要通道，1996 年后铜鼓子挖槽逐渐回淤出浅，2005 年 2 月浅区最小水深约为 2.6m。

13.3.3 铜鼓滩卵石运动分析

（1）河床质组成

研究河段河床地貌总的特征为南低、北高的河床地势，设计水位条件下水深在 1 ～ 5m 范围内。选择河床中部进行勘探，该处地势略高，水深 0.60 ～ 2.70m，形成河心浅脊，相对高差达 2m。分布范围略呈长条形。经钻探证实，江心浅脊主要为河床冲积物堆积而成，河床沉积物具有横向上由小到大，即砾砂土—卵石土—漂卵石土，纵向上由小到大分选较好的沉积特征。

河床物质成分及分布如下：

①漂石土：浅灰色，母岩以石英岩为主，次为灰岩，漂径为 210 ～ 460mm，含量为 10% ～ 20%，漂石以浑圆状为主，次为肾状和厚饼状，级配和分选性差，磨圆度较好，多集中分布在河道两侧及江心一带。

②卵石土：河床中均有分布，卵石为浅灰色，母岩以石英岩、灰岩为主，次为闪长岩、砂岩等，粒径为 20 ～ 190mm，含量为 30% ～ 60%，以浑圆状为主，次为肾状，少量为饼状，级配、磨圆度、分选性较好。

③砾石土：均有分布，而且数量上呈递减趋势。砾石为灰～深灰色，母岩以灰岩为主，含少量石英岩、闪长岩等，粒径为 2 ～ 17mm，含量为 15% ～ 25%，多呈饼状和豆粒状，级配、磨圆度较好，分选性差。

④砂土：深灰色，成分以石英、长石为主，含少量白云母，粒径为 0.075 ～ 0.3mm，含量为 20% ～ 25%，以中～细砂为主，中密～密实，分布在河道两岸。

根据研究河段 2005 年 4 月现场航测资料分析，该滩河床质特征粒径为 D_{50}=90mm。

（2）物理模型试验研究

由于铜鼓滩河段河势复杂，碍航情况严重，本研究采用定床和局部动床物理模型试验进行泥沙输移研究。

①模型设计

模型采用大尺度、小变率设计，平面比尺 λ_L=125，垂直比尺选定为 λ_h=100，模型变率为 e=1.25，见表 13-8。

模型设计比尺　　表 13-8

比尺名称		比尺取值
流速比尺	重力相似	$\lambda_v=\lambda_h^{\frac{1}{2}}=10$
糙率比尺	阻力相似	$\lambda_n=\dfrac{\lambda_h^{\frac{2}{3}}}{\lambda_L^{\frac{1}{2}}}=1.93$
流量比尺		$\lambda_Q=\lambda_h^{\frac{3}{2}}\cdot\lambda_L=125\,000$
水流时间比尺		$\lambda_t=\dfrac{\lambda_L}{\lambda_v}=12.5$
起动流速比尺	泥沙起动相似	$\lambda_{v_0}=\lambda_v=10$

②模型验证

A. 水位验证

根据 2005 年铜鼓滩河段实测洪、中、枯瞬时水位资料，计算得该河段的糙率为 0.038 ~ 0.035，相应模型糙率为 0.020 ~ 0.018。

验证流量分洪、中、枯三级，即 Q 分别为 25 800m^3/s、8 890m^3/s、2 650m^3/s。验证结果见表 13-9 ~表 13-11。由表可见，在铜鼓滩河段左、右两岸 17 把水尺中，洪、中、枯水期模型水位误差大多小于 ±0.09m。洪、中、枯三级流量的水面线相似性较好，保证了模型滩槽阻力与原型的相似。

铜鼓滩模型枯水水位验证表（流量 Q = 2 650m^3/s）　　表 13-9

岸别	水尺号	天然水位(m)	模型水位(m)	差值(m)	岸别	水尺号	天然水位(m)	模型水位(m)	差值(m)
左岸	1	249.18	249.27	0.09	右岸	1	249.18	249.23	0.05
	2	248.98	249.06	0.08		2	248.92	248.99	0.07
	3	248.66	248.65	−0.01		3	248.66	248.73	0.07
	4	248.64	248.68	0.04		4	248.61	248.69	0.08
	5	248.08	248.15	0.07		5	247.92	247.90	−0.02
	6	247.40	247.40	0.00		6	247.33	247.34	0.01
	7	247.36	247.41	0.05		7	247.40	247.37	−0.03
	8	246.90	247.05	0.15		8	247.39	247.39	0.00
						9	247.15	247.15	0.00

铜鼓滩模型中水水位验证表（流量 Q = 8 890m^3/s）　　表 13-10

岸　别	水尺号	天然水位(m)	模型水位(m)	差值(m)	岸　别	水尺号	天然水位(m)	模型水位(m)	差值(m)
左岸	1	252.40	252.49	0.09	右岸	1	252.32	252.39	0.07
	2	252.30	252.32	0.02		2	252.07	252.08	0.01
	3	251.98	251.91	−0.07		3	251.95	251.96	0.01
	4	251.79	251.80	0.02		4	251.71	251.73	0.02
	5	251.24	251.32	0.08		5	251.46	251.54	0.08
	6	250.86	250.88	0.02		6	251.29	251.38	0.09
	7	250.75	250.82	0.07		7	251.03	250.96	−0.07
	8	250.50	250.54	0.04		8	250.78	250.91	0.13
						9	250.58	250.58	0.00

铜鼓滩模型洪水水位验证表（流量 Q = 25 800m^3/s）　　表 13-11

岸　别	水尺号	天然水位(m)	模型水位(m)	差值(m)	岸　别	水尺号	天然水位(m)	模型水位(m)	差值(m)
左岸	1	258.53	258.48	−0.05	右岸	1	258.18	258.16	−0.02
	2	258.53	258.53	0.00		2	257.98	257.90	−0.08
	3	257.99	257.93	−0.06		3	257.70	257.65	−0.05
	4	257.63	257.58	−0.05		4	257.47	257.53	0.06
	5	257.33	257.39	0.06		5	257.49	257.48	−0.01
	6	257.50	257.56	0.06		6	257.49	257.47	−0.02
	7	257.27	257.18	−0.09		7	257.48	257.54	0.06
	8	257.05	257.12	0.07		8	257.07	257.00	−0.07
						9	256.78	256.78	−0.00

B. 流速分布验证

铜鼓滩河段原型实测了洪、中、枯三级流量 12 个断面的垂线流速分布情况，并据此进行了断面流速分布验证，成果见表 13-11 ～表 13-13。由表可见，除洪水期部分测点略有差异外，其余各断面的流速大小及分布均与原型基本吻合。

C. 流向验证

在 2005 年三个水位期分别对铜鼓滩全河段的表面流速流向进行了原型观测，并据此进行了表面流向模型验证，结果表明三级流量下模型水流的表面流向均与原型吻合。模型水流流态（如回流、泡漩、挑流、水埂、扫弯水等）经船长及工程技术人员鉴证亦与原型流态基本一致。

由上述模型水面线、表面流向、流态与断面流速分布验证试验成果可知，模型与原型相似性较好，模型设计合理，制作精细，水流相似程度较高，因此，可以在此基础上做该河段水流及泥沙输移试验。

③定床模型泥沙输移研究

A. 设计标准、设计水位和流量

铜鼓滩所在河段为Ⅲ级航道，航道尺度为2.7m×50m×560m（航深×航宽×曲率半径），通航保证率为98%。设计代表船队为881kW+1 000t顶推船队和588kW千吨级单船机驳，以此推算出长江干线叙泸段船舶自航上行通航水文标准见表13-12。

长江干线叙泸段通航水文标准表　　表13-12

流速（m/s）	3.5	3.0	2.6
J（‰）	1.0	2.0	3.0

铜鼓滩河段通航保证率98%对应的设计流量为1 950m³/s，相应设计水位为246.90m。

根据川江整治经验，该滩整治水位取设计水位以上2.0m，相应的整治流量为4 400m³/s。

B. 滩险整治方案的拟定

滩险整治方案旨在优化坝头形式和江心顺坝线形的同时，研究挖槽弃土抛填位置选择问题。具体措施为：

a. 挖槽沿碛槽深泓布置，平面走向采用微弯形，疏浚航槽尺度为3.5m×80m（航深×航宽），挖槽轴线长约1 100m，工程量估算约211 200m³。

b. 为固定左槽边界，便于调节分流量，规顺左槽水流，在潜碛上筑3号江心顺坝，坝长600m，坝高为设计水位以上2m，坝头段（120m）为缓变坡（3%～2.5%），坝头平顺嵌入河床，估算工程量约28 620m³。

c. 为增大左槽疏浚区上段的流速，减少泥沙回淤，在江心顺坝的左侧修建3条齿坝，坝长分别为55m、46m、40m，坝高为设计水位以上2m，坝头坡度为1：5，估算工程量约8 460m³。

整治方案疏浚工程量总计约211 200m³，总筑坝工程量约37 080m³。

C. 整治方案试验成果分析

模型实测了Q分别为1 950m³/s、4 400m³/s和8 890m³/s共三级流量的比降变化及流速变化情况，其试验成果见表13-13、表13-14。

铜鼓滩整治方案航槽流速变化表（m/s）　　表13-13

流量（m³/s） \ 位置		上　段	中　段	下　段
1 950	整治前	1.3	1.1	—
	整治后	1.5	2.4	3.2
4 400	整治前	1.9	2.1	2.1
	整治后	2.3	3.1	3.3

铜鼓滩整治方案航槽比降变化表（‰） 表 13-14

流量（m^3/s） \ 位置		上段～中段	中段～下段
1 950	整治前	0.51	1.93
	整治后	1.09	1.70
4 400	整治前	0.90	1.03
	整治后	1.37	0.82

该方案实施后，航槽规顺，水流平稳，当流量达设计流量时，航槽最大流速为 3.2m/s，水面比降为 1.70‰，满足叙泸段通航水文标准要求，航道条件得到根本改善。整治后，左槽分流比增大（在设计流量时达到 48.4%），流速增加，输沙能力增强，泥沙不易回淤，航槽稳定。挖槽尺度合理，设计流量时航槽断面系数大于 9，满足规范的相关要求。整治后，上游水位降落约 0.01m，对相邻浅滩（筲箕背）影响甚微。

D. 定床输沙试验成果

为定性分析铜鼓滩河段推移质运动情况，了解推移质运动特性，试验选取整治方案实施后的边界条件进行定床输沙试验。

模型放水过程中，在铜鼓滩上深槽加入按推移质级配配好的模型沙，选择中、洪水流量 Q=8 890m^3/s 和 Q=15 000m^3/s 进行施放，放水时间约 4h（相应原型约 33d），观察模型沙输移途径、速度和淤积部位。由图 13-17 可见，无论左槽方案或右槽方案，泥沙输移带都基本相同。受弯道环流影响，推移质主要沿凸岸边滩（董碛坝）经铜鼓子浅区进入右槽，然后顺碛翅边缘下输。

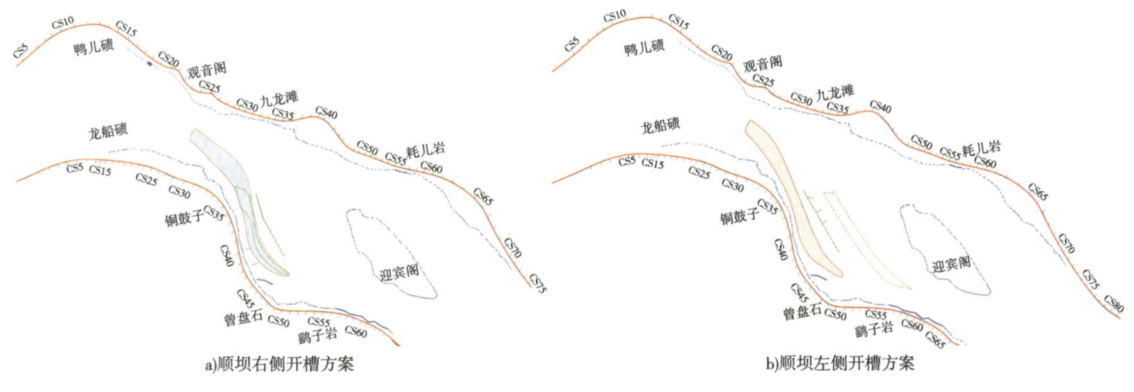

图 13-17 铜鼓滩泥沙输移带分布图

为进一步分析泥沙输移的途径，在整治方案的基础上对铜鼓滩的表流和底流进行了观测。试验观测了流量 Q=8 890m^3/s 和 Q=15 000m^3/s 情况下的滩段表流流线和底流流线。该滩上段面流和底流流线明显分离，面流偏左，底流偏右，中水时比洪水更明显，右槽中、下段面流和底流方向渐趋一致，进一步说明泥沙输移带主要分布在右槽是合理的。

根据泥沙输移带的分布情况，合理布置整治工程，即可取得预期的整治效果。对于右槽方案，除了采取疏浚措施保证航槽尺度外，还必须修建整治工程增大铜鼓子浅区和碛翅边缘的流速，增强水流的输沙能力方能防止挖槽回淤，右槽方案所采取的工程措施是符合上述要求的；而左槽方案，由于推移质泥沙主要沿铜鼓子浅区及右槽碛翅边缘输移，左槽不是主输移带，整治工程布置应以增加左槽流量而不增加沙量为前提，即采用以导流不导沙为原则的整治方案，其采取的工程措施既调整了分流比，增大了左槽的分流量，又保证了右槽推移质泥沙输移的畅通，这对保持左槽稳定是十分必要的。

④动床模型成果分析

A. 左槽冲淤情况

经过一个水文年后，铜鼓滩左槽疏浚区基本无泥沙回淤，挖槽中、下段还略有冲刷，如 CS48 断面冲深 0.2 ~ 0.4m，右侧冲宽 15m 左右。第二、第三个水文年后，挖槽冲淤变化不大。再从动床平面地形图看，244m 等高线始终贯通整个挖槽，水深大于 3.5m 的航槽宽度不小于 80m。试验表明：经过 2 ~ 3 个水文年，挖槽已基本达到冲淤平衡，航槽稳定，航道尺度满足设计要求。

B. 右槽及江心顺坝附近冲淤情况

由于江心顺坝束窄了右槽入口段的河道宽度，使该处流速增大，造成右槽进口段受到冲刷，3 个水文年后，该处河床平均冲深约 1.2m，其发展趋势可能改变两槽的分流比，从而危及左槽的稳定，对此应采取必要的防冲措施。

低水期，江心顺坝坝头右侧存在翻坝跌水、绕流现象，并形成局部冲刷坑，其深度由第一年的 5m 逐步发展到第三年的 7m 左右，长度近 100m，最大宽度约 40m。另外，在 4 号齿坝与江心顺坝的连接处也因翻坝水流造成局部冲刷，冲刷坑的形成和发展给整治建筑物的稳定带来危害，应予防治。

C. 动床水流条件

模型实测了 Q 分别为 1 950m^3/s 和 4 400m^3/s 共两级流量的比降变化及流速变化情况，其成果见表 13-15、表 13-16。

铜鼓滩左槽修改 7 方案航槽流速变化表（m/s）　　表 13-15

流量（m^3/s） ＼ 位置		上　段	中　段	下　段
1 950	整治前	1.3	1.1	—
	定床试验	1.5	2.4	3.2
	动床 3 年末	1.5	2.7	3.1
4 400	整治前	1.9	2.1	2.1
	定床试验	2.3	3.1	3.3
	动床 3 年末	2.2	3.2	3.2

铜鼓滩左槽修改 7 方案航槽比降变化表（‰） 表 13−16

流量（m^3/s）	位置	上段～中段	中段～下段
1 950	整治前	0.51	1.93
	定床试验	1.09	1.70
	动床 3 年末	1.05	1.76
4 400	整治前	0.90	1.03
	定床试验	1.37	0.82
	动床 3 年末	1.51	1.20

动床试验表明：整治后，航槽稳定，两槽冲淤幅度不大。在水流条件方面，动床与定床除局部有所调整外，总体变化不大。设计流量时，左槽流速为 1.5 ～ 3.1m/s，水面比降为 1.05‰～ 1.76‰，满足通航水文标准要求。

注：后来结合抛泥区选择及坝头护底试验又连续放水试验 3 年（原型时间），其结果表明航槽冲淤及水流情况均无明显变化。

D. 坝头护底及抛泥区选择

对江心顺坝坝头段右侧的冲刷坑进行护底（护底块石粒径在 50 ～ 100cm），观测其效果；同时将左槽疏浚弃土全部抛填于下深槽（鹞子岩附近），观测其抛填区的冲淤变化情况。试验表明，经过 3 个水文年的放水试验，护底范围内河床稳定，未发现冲刷坑，但靠近护底下游的未护部分仍有局部冲刷坑出现，最大冲深约 1.5m，因此建议将护底的范围适当扩大，宜在顺坝头部右侧 40m × 120m 范围内进行护底；另外，鹞子岩深槽处抛填的施工弃土有冲刷粗化现象，其冲刷深度约 2m，并在下游油榨碛有少量淤积出现，需清理维护。

13.3.4 放宽型河段卵石运动规律小结

通过以上定床和动床模型试验成果分析可以看出，对于放宽型河段而言，水流流态受心滩影响而左右槽分流，中、枯水和洪水期流态变化明显，常出现表层和底层的流向差异。卵石运动也易出现沿程变化，输移带基本分布在放宽段的深槽碛翅附近，多顺心滩主槽侧分布。

13.4 异岸输移型卵石滩险分析

叙渝段滩险中异岸输移型卵石滩险包括斗笠子滩、麻柳碛、小南海、三角碛等滩险，其基本河势特征是整个研究河段平面形态呈“S”形连续反弯，河道水流左右折冲，造成主流带和深泓线左右摆动，使得卵石等推移质大量落淤在弯道连接段中部相对顺直区，形成碍航滩险。虽然偶有心滩的形成，但是流态分布和泥沙输移主要受连续弯道的作用影响，以斗笠子滩最为典型。

本研究以斗笠子滩为例，分析异岸输移型卵石滩险的水流及卵石输移变化机理。

13.4.1　斗笠子滩基本情况

长江斗笠子滩地处重庆永川朱沱镇附近，航道里程为 811km，下距重庆朝天门 151km，上离合江门 233km，如图 13−18 所示。

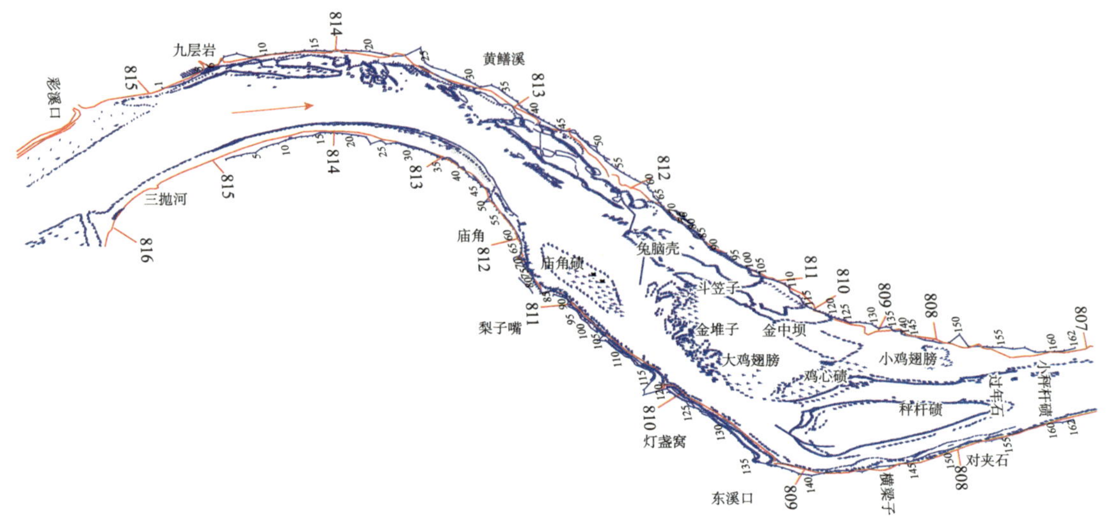

图 13−18　斗笠子滩河势图

斗笠子滩是泸渝段著名的枯水急流滩，曾是泸渝段航道中唯一配有绞滩设施的枯水急滩。滩内左岸有兔脑壳石梁与零乱基岩夹卵石组成的金堆子，右岸是庙角碛江心洲。中洪水期，水流漫过庙角碛，河面放宽，上游来的卵石在此大量沉积。水位开始退落后，河段发生冲刷。当庙角碛开始露出水面时，碛边流速变缓，淤积的卵石不能全部冲走，在庙角碛中部（已建顺坝坝头对面）形成水下碛翅，在主航槽中，有潜伏礁石。进入枯水期后，由于右岸和左岸兔脑壳石梁相对峙，束水挑流，使流速加大，形成滩舌急流。同时出现水埂、泡漩等碍航流态。当水位降到设计水位以上 1m 左右时成滩，水位越枯，滩势越汹。

由于本滩枯水水势汹涌，船舶过滩困难，上水船舶行至滩口下方，因右岸庙角碛水浅不能靠近，遇河中急流阻挡不能前进时，需借助右岸施绞设施上滩。对于下水船舶，过滩时由于河中水乱流急，操作困难，稍有不慎，靠左极易在金堆子触礁，靠右则极易在庙角碛擦浅。

1960 年，四川省工程队曾对斗笠子滩滩口左岸施炸，后对右岸浅区施耙，收到一定效果。但限于当时设备不足，未清理石渣，又因施耙后产生回淤，该滩的碍航问题仍未得到解决。

1987 ~ 1991 年对该滩进行过工程整治，在左岸兔脑壳石梁头部建一锁坝，尾部建一顺坝，疏浚庙角碛碛翅。主要是在庙角碛碛翅处开辟缓流区，船舶可沿缓流区上行。该工程整治方案在当年达到了整治效果，船舶能自航上滩。但随后几年，由于庙角碛疏浚区回淤，该滩险又恢复到整治前的碍航状况。

根据 2003 年 4 月 18 日测图，该滩险最大表面流速达 4.11m/s，庙角碛碛翅平均水面比降为 1.96‰。由于斗笠子滩左岸有强烈的泡漩、滩舌，且河底潜伏零散暗礁，船舶不能沿左岸上行。当船舶沿右岸的庙角碛上行到碛翅处，由于局部比降较大（超过 3.5‰），局部最大流速超过 3.5m/s，船舶上行困难。另外，在设计水位时，尽管副槽流量占 14.6%，且在副槽内的水深能满足航行要求，但在庙角碛碛尾的鱼鳅浩出现滑梁水，水深不足 2m。故船舶不能沿副槽上行。

13.4.2 斗笠子滩水流运动特性

为了掌握斗笠子滩河段各级流量的水流特性，在原型河段测量了枯水（Q=2 230m^3/s）和洪水（Q=20 600m^3/s）流速和流向，通过模型试验，补充了天然条件下 Q 分别为 2 230m^3/s、3 250m^3/s、4 430m^3/s、8 500m^3/s、20 600m^3/s 共 5 级流量的流速和水位资料。

（1）水流动力轴线枯水弯曲，洪水趋直

Q=2 230 ~ 8 500m^3/s 时，水流动力轴线主要路线从斗笠子滩上段深槽出发，通过庙角碛边滩，主要沿主航槽以及庙角碛碛尾，到达黄石龙深槽，斗笠子滩段枯水期水流动力轴线为弯曲形状。随着流量的增加，斗笠子滩的水流动力轴线逐渐右移，庙角碛碛尾的动力轴线逐渐向金堆子方向移动，洪水期的水流动力轴线逐渐趋直。

（2）洪水期存在弯道环流

工程河段由两个连续的弯道组成，滩段上游为王背碛弯道，滩段出口为东溪口弯道。从物理模型定床洪水输沙试验来看，在模型进口三喜山处开始全河段加沙，当推移质运动到九层岩处（弯顶略靠上），可以清楚地观察到底沙在弯道的环流作用下，左岸的推移质发生异岸输移，输移到右岸王背碛。洪水期，斗笠子滩段处于王背碛弯道和东溪口弯道的过渡段，当泥沙输移到庙角碛碛尾时，可观察到推移质不再向黄石龙深槽输移，在东溪口弯道环流的作用下，推移质输移到金堆子边滩。由于王背碛和东溪口的弯道环流，直接影响了洪水期推移质的输移路线。

（3）比降随着流量的减小而增加

实测 5 级流量的 8 ~ 10 号水尺水位、比降变化见表 13–17。从表中可以看出，斗笠子滩从设计流量 Q=2 230m^3/s 增加到洪水流量 Q=20 600m^3/s 时，8 ~ 10 号水尺之间的比降由 2.10‰减小到 0.25‰，特别是流量 Q=2 600 ~ 8 500m^3/s 时，这种关系体现得更为明显，说明工程河段的比降随流量的增加而减小，该滩具有越枯越汹的特征。

各级流量 8 ~ 10 号水尺的水位、比降变化表 表 13–17

流量（m^3/s）	2 230	3 250	4 430	8 500	20 600
水位差（m）	1.17	1.04	1.02	0.62	0.14
比降（‰）	2.10	1.86	1.81	1.11	0.25

13.4.3 河床演变分析

（1）基本资料

斗笠子滩是长江上游著名的枯水急流滩，虽经过多次整治，现枯水期仍然碍航。在整治过程中，多次实测了该河段的地形图，本次收集的历年地形图资料包括 1978 ~ 2003 年的 12 次测图。根据地形图资料主要分析庙角碛、主槽滩口、副槽等的稳定性。

（2）斗笠子滩泥沙组成

①庙角碛滩

2003 年 4 月 18 日在斗笠子河段庙角碛现场取样筛分，总共布置了 4 个取样点，其位置见表 13-18。取样深度均为 50cm，各点取样质量大于 990kg。在庙角碛从上到下依次布置 1、2、3、4 号取样点。

庙角碛河床质筛分记录计算表　　表 13-18

测区：斗笠子　里程：811km　分析日期：2003-04-18								
粒径（mm）	小于某粒径							
	坑号：1 号	X：3 206 907 Y：5 816 904	坑号：2 号	X：3 206 966 Y：581 975	坑号：3 号	X：3 207 022 Y：582 032	坑号：4 号	X：3 207 045 Y：582 160
	沙重（kg）	累计百分数（%）	沙重（kg）	累计百分数（%）	沙重（kg）	累计百分数（%）	沙重（kg）	累计百分数（%）
大于 200			113.5	100	16	100	8.5	100
200 ~ 150	74	100	98	90.26	189	98.38	97.5	99.19
150 ~ 100	137.5	92.97	222.5	81.86	145.5	79.29	91	89.87
100 ~ 50	412	79.9	300.5	62.78	393.5	64.6	318	81.18
50 ~ 20	356.5	40.73	338	37.01	213	24.85	409	50.8
20 ~ 10	1.5	6.84	20	8.02	1.5	3.33	7.5	11.72
10 ~ 5			1.5	6.3		1.97	0.2	11.01
5 ~ 1								
小于 1	70.5	6.7	72	6.17	18	1.82	115	10.99
总计	1 052		1 166		990		1 046.7	
中值粒径	62mm		75mm		82mm		49mm	
平均中值粒径：67mm								
	最大粒径扁平度							
	170×140×70		240×180×160		250×160×120		210×160×150	
	150×100×40		220×160×150		210×120×70		180×90×90	
	150×90×50		230×180×120		200×170×90		160×100×50	
	130×110×50		260×140×90		180×150×120		150×110×60	
	110×70×30		220×120×50		160×150×50		120×120×70	
备注	坑表面以 50 ~ 100mm 卵石为主，0.2m 以下开始夹细沙		坑表面以 50 ~ 100mm 卵石为主，有少量 200mm 左右卵石；0.2m 以下开始夹细沙		坑深在 0.3m 以下开始夹细沙		表面有少量细沙，越深细沙越增加	

庙角碛的表层主要以卵石为主，卵石的最大粒径超过 200mm；在 0.2m 以下开始夹细沙，且越深细沙越多。4 个坑号的中值粒径分别为 62mm、75mm、82mm、49mm，平均中值粒径为 67mm。

②主槽

在斗笠子河段主槽进行工程地质钻孔取样分析。总共布置了 11 个取样点，钻孔深度均为 3m，其位置见图 13−19，结果见表 13−19。斗笠子滩在 3m 厚度范围内主要由卵砾石组成；滩口主槽主要由基岩组成，在滩口上游有少量未被冲走的卵砾石。

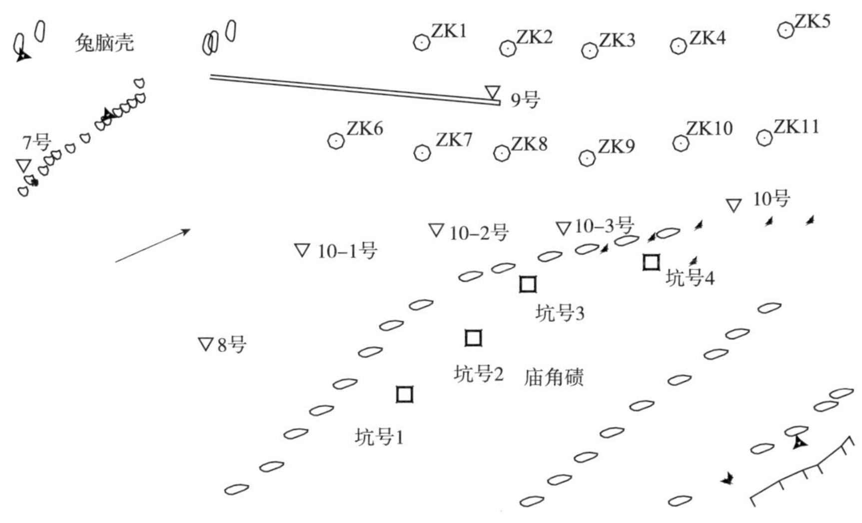

图 13−19　钻孔及模型局部水尺布置图

滩口主槽的河床地质情况　　表 13−19

钻孔点	基　岩		卵　砾　石	
	厚度（m）	组成	厚度（m）	组成
ZK7	1.8	砂岩，中粗结构	1.2	卵石土，100mm 漂石，卵砾石
ZK8	1.5	砂岩，中粗结构	1.5	卵石土，100 ~ 200mm 漂石，卵砾石
ZK9	3.0	砂岩，中粗结构		
ZK10	2.7	砂岩，中粗结构	0.3	卵石土，100 ~ 200mm 漂石，卵砾石
ZK11	3.0	砂岩，中粗结构		

（3）河床演变分析

①庙角碛变化

从 1978 ~ 2003 年各次测图来看，庙角碛的最高点的高程变化区间为 199.3 ~ 200.2m，其位置在靠近碛尾处。统计的最高点高程的最小值为 199.3m，发生在 1990 年 12 月；最高点高程的最大值为 200.2m，发生在 2003 年 4 月。而 1978 年 2 月最高点高程为 199.8m，说明庙角碛最高点高程基本稳定。

随着时间的推移，庙角碛碛首向主槽和下游方向扩展。1978 ~ 1996 年碛首向下游扩展 200m，扩展速度为 11m/ 年，1996 ~ 2003 年碛首基本不再向下游扩展，说明碛首向下游扩展已趋于稳定。1978 ～ 2003 年碛首向主槽方向扩展 110m，扩展速度为 4.4m/ 年。从 1996 ～ 2003 年的地形比较来看，碛首仍向主槽方向发展，说明变化还未达到稳定。

碛尾部分来回变化幅度较大，而且规律不明显，主要与当年的来水来沙条件有关。

②主槽变化

顺坝坝头上游的主槽范围内，2003 年 4 月地形与 1978 年地形相比，有 2 ～ 3m 的冲深，而与 1990 年以后的地形相比，地形变化不明显。说明 1987 年斗笠子滩修建整治工程后，顺坝坝头上游的主槽范围内在 1987 ～ 1990 年出现 2 ～ 3m 的冲刷，但 1990 年以来基本保持稳定。

坝头下游至碛首沿主槽范围内，1978 年 2 月～ 1990 年 12 月与 2003 年 4 月地形相比，2003 年 4 月的地形有 2 ～ 4m 的冲深；与 1990 ～ 1993 年的地形相比，普遍有 2m 左右的冲深，局部有 4m 的冲深；与 1996 年 2 月的地形相比，地形变化不大。说明由于 1987 年修建整治工程后，坝头下游至碛首的主槽范围内，至 1996 年有 2 ～ 4m 的冲刷，1996 年至今基本保持稳定。

③副槽变化

副槽碛尾至梨子嘴附近历年均有冲深的趋势，碛首某些年份也有不同程度的冲刷，最大冲刷深度均在梨子嘴附近，且副槽还有冲深的趋势。副槽靠近碛首 1978 ～ 1989 年均有 4 ～ 6m 的淤高，但 1989 年以后淤积逐渐减弱。

1987 年修建整治建筑物后，水流对副槽的影响较大，2003 年 4 月与 1978 年 12 月相比，上（梨子嘴）、中、下（碛尾）三个断面的水面宽度分别增加了 20m、12m、50m，并且有冲深的趋势。

④庙角碛碛翅变化

图 3-20 统计了庙角碛碛翅断面历年变化。1987 年 12 月，在庙角碛碛翅断面开挖，庙角碛碛翅—顺坝坝根断面的水下 3m 宽度为 176m。1989 年 3 月，水下 3m 宽度（碛翅至顺坝之间）与 1987 年 12 月相同。在 1989 年 10 月，水下 3m 宽度开始回淤，收缩成 160m；在 1990 年 12 月，水下 3m 宽度收缩为 136m。在随后（1992 年、1993 年、1996 年）的几次测图中发现，庙角碛断面的水下 3m 宽度稳定在 130 ～ 140m。在 1996 年 12 月，再次对该处清淤挖槽，断面宽度变为 156m；在 2003 年 4 月的测图中发现该处又出现回淤，该断面的宽度为 139m。

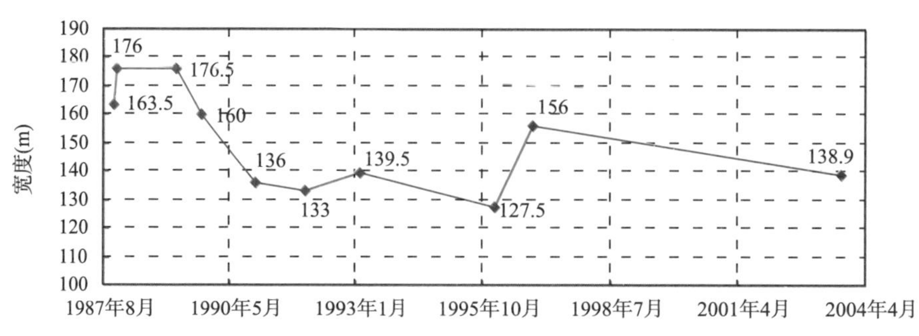

图 13-20　庙角碛翅—顺坝坝根断面水下 3m 宽度变化

庙角碛碛翅断面设计水位水下 3m 稳定宽度在 135m 左右，尽管 1987 年和 1996 年对该断面进行了挖槽，但随后 3 ～ 5 年内，该断面宽度又回淤到稳定宽度。说明通过庙角碛碛翅处挖槽作为斗笠子滩的航道整治方案，效果不佳，易于回淤。

（4）2003 年洪枯季地形变化

统计了 2003 年 4 月～ 2003 年 7 月的实测地形变化。在庙角碛边滩、滩面、碛尾以及主航槽的洪枯水地形基本相同，未发生大的地形变化；在副槽有大量的泥沙淤积，副槽进口一般淤积为 2 ～ 3m，副槽中部最大淤积 8m 厚。分析洪水期副槽泥沙淤积的主要原因，洪水期庙角碛水流动力轴线主要经过滩面，庙角碛副槽河段突然放宽至河段的边缘，加之副槽水深较大，洪水期的泥沙易落淤在副槽内。

设计流量下斗笠子滩河段水位和比降沿程变化情况见表 13–20。

设计流量下斗笠子滩河段水位和比降沿程变化 表 13–20

水尺号	距离（m）	沿程距离（m）	水位（m）	比降（‰）	水尺号	距离（m）	沿程距离（m）	水位（m）	比降（‰）
右岸					左岸				
14	0.0	0.0	196.21		13	0.0	0.0	196.20	
12	776.8	776.8	196.31	0.13	11	592.6	592.6	196.15	−0.09
10	629.3	1 406.0	196.44	0.22	9	839.6	1 432.3	196.96	0.96
10–3	175.0	1 581.0	196.83	2.23	7	460.0	1 892.3	197.52	1.22
10–2	109.0	1 690.0	197.20	3.34	5	417.3	2 309.5	197.89	0.90
10–1	140.0	1 830.0	197.43	1.67	3	686.9	2 996.4	197.99	0.14
8	134.0	1 964.0	197.61	1.31					

13.4.4 斗笠子滩泥沙运动特性

建顺坝前，洪水期大颗粒泥沙主要穿过庙角碛滩面和现有顺坝的下半部分，而到斗笠子滩和金堆子。现在由于修建顺坝，束窄滩段的过水断面，主槽自庙角碛中部以下流速增加，主流方向偏向庙角碛，泥沙穿过庙角碛的滩面后在碛翅附近淤积。洪水时水流冲刷庙角碛碛尾，泥沙沿主航道运移到金堆子，在近岸浅水处淤积。实际上，现在修建的顺坝改变了原有的泥沙输移线路，使泥沙在庙角碛碛翅、碛首处淤积，从而使得庙角碛向主槽方向淤高。同时，由于主槽的束窄，副槽的分流比增大，流量增加，水流的冲刷效果增强，使得副槽逐年加深、加宽，于是形成了庙角碛碛首向主槽摆动的变化效果。

斗笠子滩位于宜昌上游 811.0km 处。斗笠子滩处在两弯道河段的过渡段的中部，中部较顺直河段的长度约 3km，其上为急弯河段，中、洪水期水流受左岸阻扰转向右侧，加之顺直河段河面放宽，流速减缓，卵石在顺直段右侧落淤形成庙角碛碛坝。根据斗笠子滩物理模型试验分析斗笠子滩洪水期和枯水期的推移质输沙路线。

（1）洪水期泥沙输移路线

模型试验进行 Q 分别为 14 000m^3/s、23 000m^3/s、30 000m^3/s 时，斗笠子滩的推移质泥沙输移路线试验，试验加沙断面选在斗笠子滩上游三喜山处，试验结果见图 13–21。

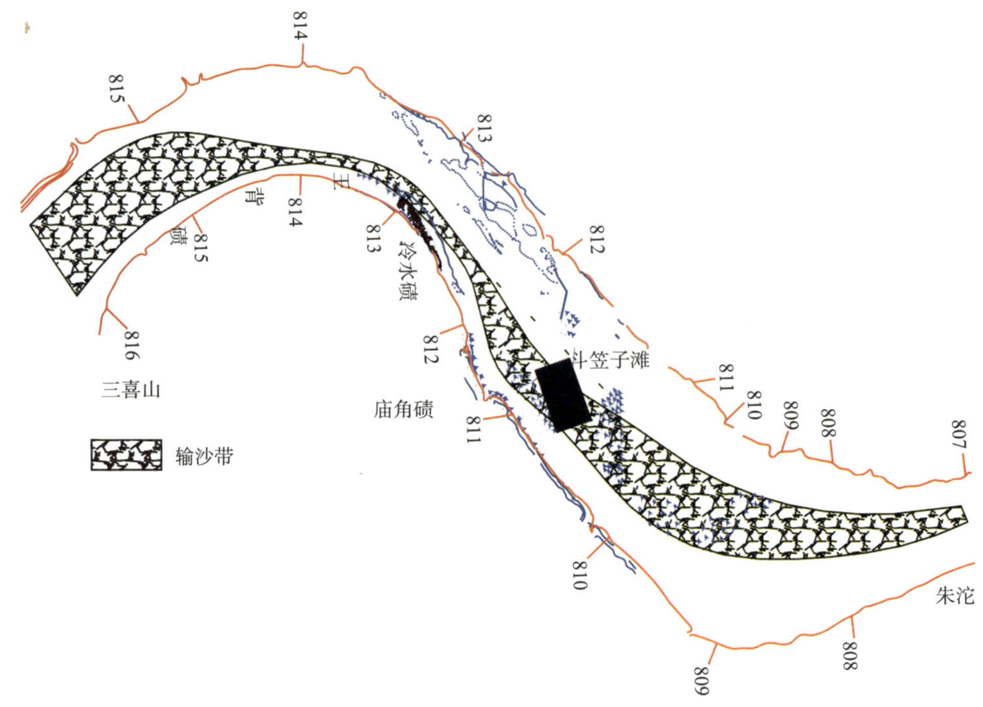

图 13-21　斗笠子河段洪水期推移质输沙带路线图

推移质泥沙从九层岩（航道里程 815km）全断面开始输移，在弯道缓流作用下，所有推移质输移带在弯道顶点王背碛（航道里程 813km）的凸岸合为一股输沙带向下输移，在弯道顶点的深槽未发现泥沙输移。

水流经过弯道后，由缩窄段到庙角碛放宽段，洪水走直，主流带主要分布在弯道深槽—已建兔脑壳顺坝一带；在右岸冷家碛—庙角碛碛尾形成扩散水流。小部分泥沙沿主流带右边缘，穿过庙角碛滩面向下输移到庙角碛碛翅—碛尾一带，大部分泥沙由于扩散水流从弯道凸岸经过右岸副槽进口输移到庙角碛右碛翅，由于副槽的弯道环流作用，泥沙经过庙角碛滩面，输移到庙角碛左岸边缘的碛翅处。输移到庙角碛碛翅的泥沙在洪水主流带的作用下，经过主航槽输移到斗笠子滩。泥沙经过碛尾时，由于梨子嘴—黄石龙的缓流区无法带走泥沙，庙角碛向下发展趋于稳定。

工程河段洪水期推移质主要输移路线为：王背碛边滩→冷家碛边滩→庙角碛副槽进口→庙角碛滩面→庙角碛右边碛翅→主航槽→斗笠子滩。小部分泥沙从弯道深槽—已建兔脑壳顺坝一带直线输移。

（2）枯水期推移质输移路线

在定床物理模型上进行了 Q 分别为 2 230m^3/s、4 300m^3/s 时，斗笠子滩的推移质泥沙输移路线试验，试验加沙断面选在兔脑壳处，试验结果见图 13-22。

庙角碛滩流量在 14 000m^3/s 以下，在庙角碛碛首以上的流速减缓，上游很少有泥沙输移到庙角碛碛翅。在中枯水期，水流主要输移洪水期在庙角碛碛翅处淤积的泥沙。其输移线路为滩口上游沿庙角碛碛翅输移到碛尾，经过中枯水主流带输移到金堆子边滩。

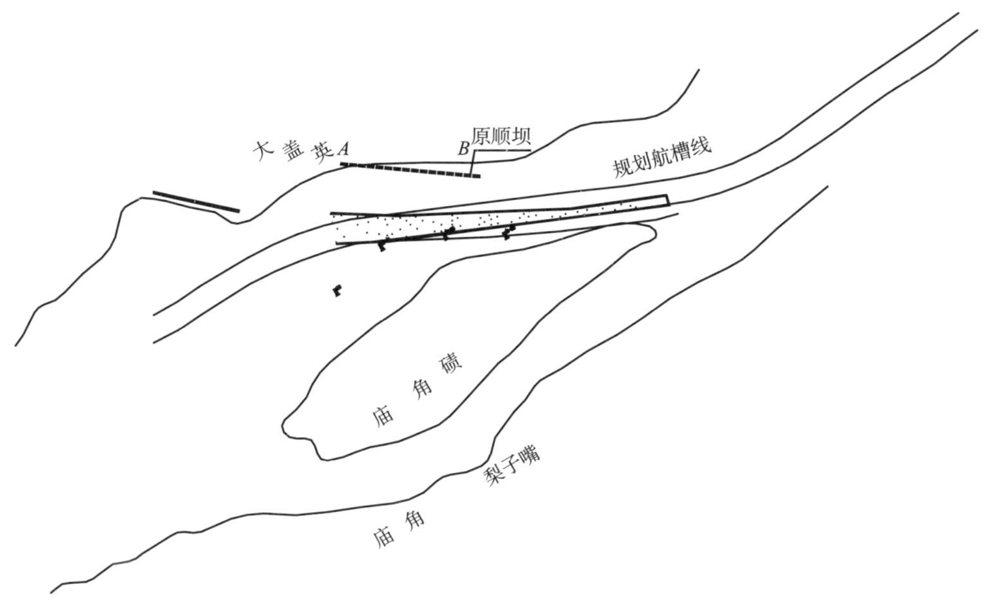

图 13-22 枯水期推移质输移路线图

13.5 卵石滩险类型及其推移质输移带分析小结

根据上述分析，可以看出长江上游河道卵石输移主要与河势、河道的水流条件有关。根据河势的不同，卵石滩段可以分为顺直型、弯曲型、放宽型和异岸输移型四种类别。

（1）顺直型河段相对数量较少，水流条件较平顺，推移质输移带一般分布在河心深槽段。

（2）弯曲型河段最为常见，水流条件呈明显的弯道环流，推移质输移带主要分布在凸岸边滩碛翅。若遇局部暗碛礁石（猪耳碛），易改变局部水流条件而形成碍航浅滩。

（3）放宽型河段多为基岩形成的峡谷河段出口，水流条件呈现急流至缓流的明显转换，放宽段中部常见心滩将河道分为主槽和副槽。推移质输移带多分布在心滩碛翅主槽侧。

（4）异岸输移型河段较为常见，主要分布在“S”形连续反向弯道，水流条件呈现主流左右岸摆动折冲。推移质输移带基本沿弯道凸岸及其连接线分布，在两个弯道中部易因为深泓线不连贯和推移质输移淤积而出浅碍航。

从以上分析可以看出，卵石推移质运动主要受河型河势的影响，推移质输移带的分布和变化对滩险碍航机理分析和整治措施的优化有重要作用。

14 长江上游典型卵石浅滩河床演变分析

近年来，由于长江上游向家坝、溪洛渡等水利工程的建设，上游水土保持工程的实施，以及河道采砂等方面的影响，重庆主城河段的来水来沙条件与上述研究论证阶段有了较大的变化，在来水量变化不大的条件下，来沙量减少 40% ～ 47%，造成三峡成库后的泥沙淤积状况与原有的研究成果有所不同。三峡工程于 2008 年正式按照“175−145−155m 方案”运行，至今已有 7 年多的时间，其对重庆主城河段的泥沙冲淤影响已显露初步趋势。长期以来，长江航道局等单位在重庆主城河段开展了详细的原型观测工作，积累了大量观测数据，因此有必要也有条件针对 175m 蓄水后主城河段的泥沙冲淤变化进行详细的分析研究。本书以处于变动回水区的重庆主城九龙坡河段为研究对象，以 2008 年以来的原型观测资料为基础进行冲淤变化分析，进而判断造成变动回水区碍航的泥沙组成。

14.1 研究河段概况

九龙坡河段位于长江上游重庆主城河道上段，研究范围为上游舀鱼背至下游龙凤溪。研究河段为弯曲放宽型河道，整体呈上下游窄、中间宽的鱼腹形。中低水位期，上游李家沱弯道河宽约 500m，过右侧舀鱼背礁石后迅速放宽至 1 100m，形成著名的九堆子卵石心滩，将河道分为左右两汊，至下游龙凤溪受右侧白鹤梁礁石影响迅速束窄至 400m。高水位期岸碛、心滩被淹没，河道两岸边界基本受基岩和护岸工程控制，上、中、下游河宽分别扩展为 700m、1 300m、1 000m。九堆子心滩左汊河道较顺直，为主槽，右汊河道弯曲，为副槽。河段航线位于主槽，其左岸为重庆市的主要港区之一的九龙坡港区，如图 14−1 所示。

三峡工程从 2008 年 9 月开始 175m 蓄水以来，2008 年、2009 年最高坝前水位分别达到 172.71m、171.4m，2010 年 10 月正式蓄到 175m 正常蓄水位。研究河段最低通航水位为 163 ～ 166 m，因此 2008 年 9 月以前在 139m、156m 运行方式下均为天然河道，之后蓄水期受库区回水影响，消落期后期和汛期依然与天然河道条件基本相同。

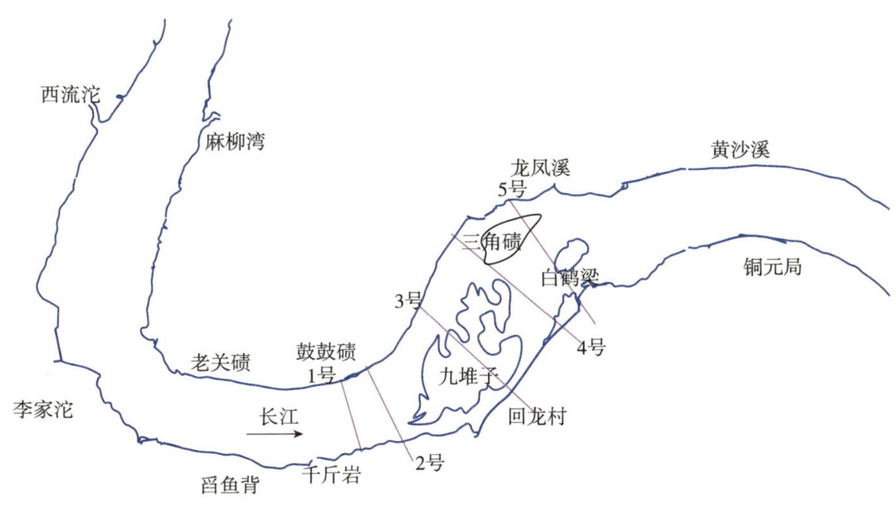

图 14−1　研究河段河势图

14.2　水流及边界条件变化分析

14.2.1　河床边界条件

研究河段位于重庆市主城区，两岸基本为已建和在建的滨江路护岸工程，河道内主要为基岩和卵石堆积物，河床边界条件稳定，且在三峡成库前后没有明显改变。

根据工程上游大渡口区 S343+1（马桑溪大桥）断面 2009 年 11 月实测的河床质成果可以看出，河床质主要由 D_{50}=147mm、D_{max}=181mm 的卵石和 D_{50}=0.149mm、D_{max}=2.0mm 的沙组成。

14.2.2　水势分析

研究河段为连续弯道间的放宽段，上游舀鱼背、下游白鹤梁处河道较窄，中部九堆子处河道较宽。在低水期，主流坐弯，过舀鱼背后顺左岸边界下行，冲刷九堆子左侧主槽后，至白鹤梁卡口形成壅水后顺弯道凸岸下行。在高水位汛期，舀鱼背、九堆子、白鹤梁等岸礁、心滩淹没过流，主流走直，顺鼓鼓碛过九堆子，至白鹤梁沿凸岸下铜元局。

三峡成库前，研究河段基本遵循汛期淤积，汛后和枯水期冲刷的冲淤规律。三峡 175m 运行后，汛期和蓄水期淤积。原本汛后约 10 000m^3/s 的冲刷流量受三峡回水影响，水位升高，流速降低而冲刷效果减弱。河道冲刷基本依靠消落期 3 000 ~ 6 000m^3/s 的流量。相对而言，其流量小，冲刷能力减弱。总体而言，三峡 175m 运行后，研究河段相对于成库前淤积条件增加，冲刷能力减弱，整体呈现淤积的趋势。

14.2.3　天然条件下河段冲淤特性

在天然情况下，由于三角碛下游 200m 处白鹤梁的作用，九堆子滩面出现缓流区，右岸边滩出现回流，在回流和缓流区也出现泥沙淤积。汛末水位下降由于右汊河床高程较高，加之上游千斤岩石梁和九堆子碛坝等的阻水作用，主流又复归左汊枯水河槽，回流逐渐减弱，白鹤梁的顶托作用亦渐减弱，将九龙坡一带汛期淤积的悬沙冲刷。因此，九龙坡河段泥沙淤积和走沙的主要原因可归结为水位涨落、主流摆动及回流的影响，形成退水冲沙。但三角碛右槽淤积的卵石常得不到有效冲刷，枯水期易形成碍航浅区。

14.3　研究河段冲淤变化分析

14.3.1　平面冲淤形态

整理研究河段 2011 年 5 月和 2007 年 3 月的河床测图，分析比较两年消落期地形，得到研究河段的冲淤变化范围和幅度，如图 14–2 所示。由图可见，研究河段自 2008 年三峡 175m 运行以来，有冲有淤。淤积部位主要在九堆子心滩上、下游的缓流区和三角碛滩面和碛首，冲刷部位主要位于鸡心碛、九堆子的滩面。总体而言，冲淤幅度基本在 2m 左右，没有出现大面积成片淤积的现象。

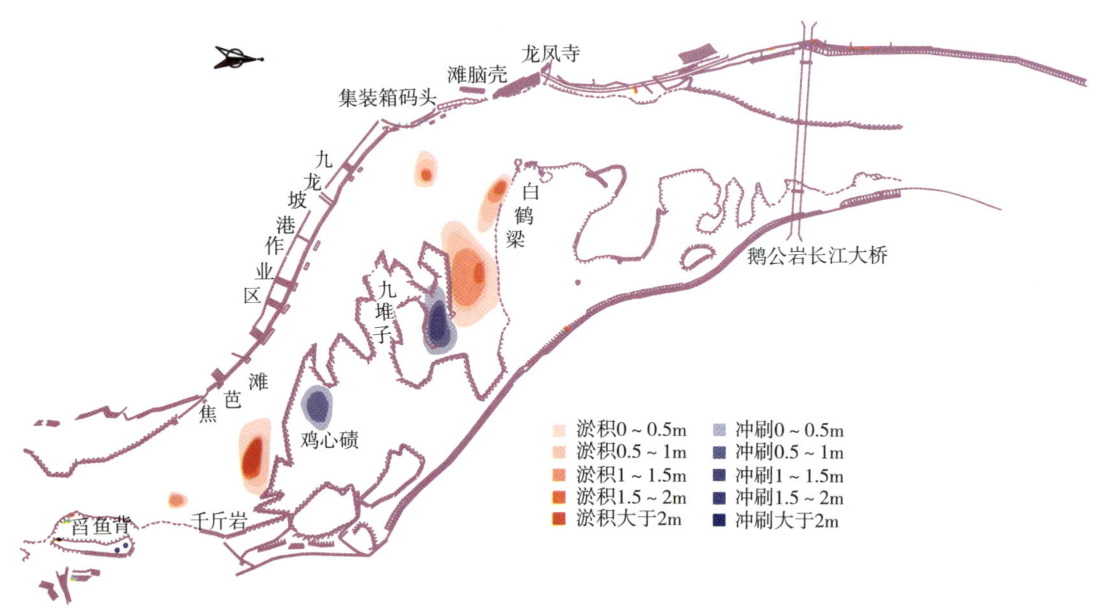

图 14–2　研究河段冲淤平面位置图

14.3.2　典型断面冲淤变化

在研究河段布置了 5 个观测断面（图 14–1），收集整理了 2009 年汛后至 2010 年年底之间的 17 次断面地形资料。选择其中冲淤变化最明显的 4 号断面为例进行分析，如图 14–3 所示。在 4 号断面河道左侧，明显有 3 ~ 4m 的冲淤变化，在河道中部也有 1 ~ 2m 的冲淤。

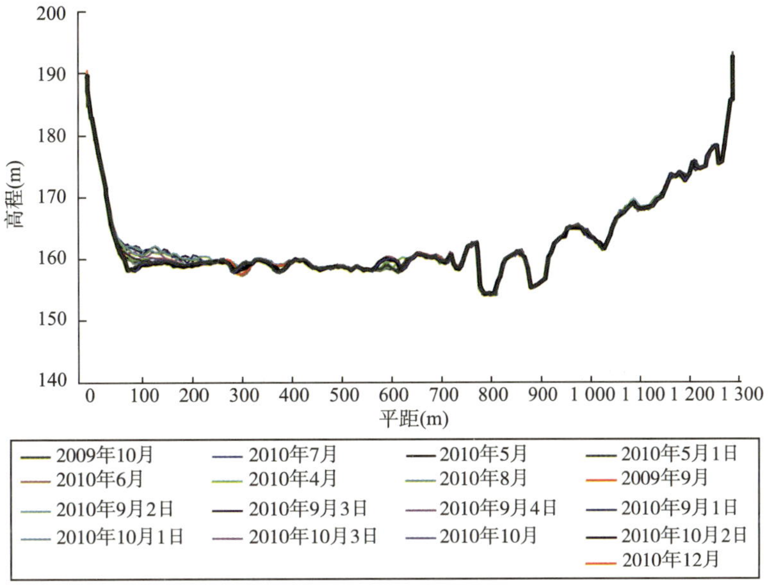

图 14-3　研究河段 4 号断面冲淤变化图

以断面高程相对较低的 2010 年 5 月测图为基准地形（图 14-3 中加粗的黑色线条），根据 4 号断面的冲淤变化将断面地形数据按照汛期、汛后蓄水期、消落期等时段分别进行分析。

图 14-4 为 4 号断面 2009 年 9 月至 2010 年 6 月的断面地形测图，图中黑色粗线为 2010 年 5 月的断面地形，是观测时段内左侧最低高程。从图中可见，2009 年 9 月为汛末，汛期洪水造成断面左侧淤积明显，最大淤积高程约 2.8m。至 2009 年 10 月 7 日的汛末蓄水期，三峡坝前水位 161.84m，研究河段受三峡回水位影响较小。断面受 10 000 ~ 12 000m^3/s 汛末洪水冲刷，汛期淤积的泥沙基本冲刷殆尽。2009 年 11 月至 2010 年 3 月三峡高水位期缺乏观测资料，即使有所淤积，在 2010 年 4 月至 6 月的消落期也基本冲刷完全。

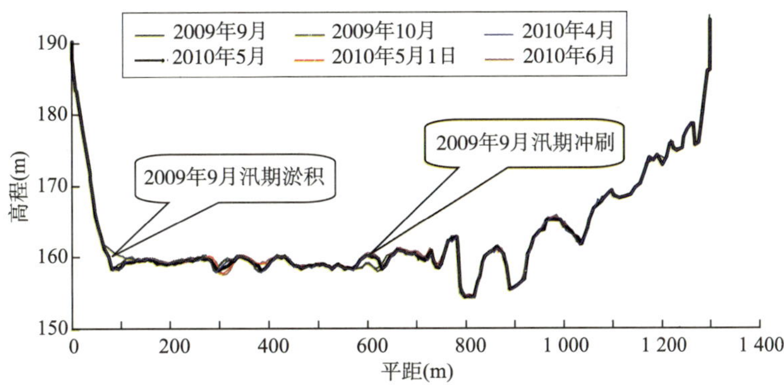

图 14-4　研究河段 4 号断面蓄水期、消落期冲淤变化图（2009 年 9 月 ~ 2010 年 6 月）

图 14-5 为 4 号断面 2010 年 7 月至 2010 年 9 月的断面地形测图，图中黑色粗线为 2010 年 5 月的基准断面地形。从图中可见，2010 年 7 月至 9 月，汛期洪水造成断面左侧淤积明显。2010 年 7 月相对 5 月地形最大淤积约 1.8m，至 8 月淤积加剧，相对基准地形

最大淤积约 3.6m。2010 年 9 月汛末，三峡坝前水位最大达到 162.78m，已影响到研究河段，原来的汛末冲刷效果减弱，至 9 月底最大淤积高程约 4.3m。

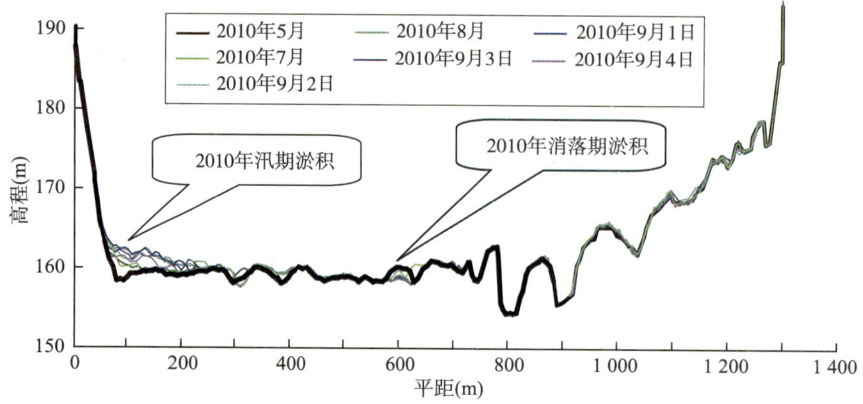

图 14-5　研究河段 4 号断面汛后冲淤变化图（2010 年 7 月～ 2010 年 9 月）

图 14-6 为 4 号断面 2010 年 10 月至 2010 年 12 月的断面地形测图，图中黑色粗线为 2010 年 5 月的基准断面地形。从图中可见，2010 年 10 月初，汛末洪水冲刷效果减弱，但依然将 9 月最大约 4.3m 的淤积高程冲刷为 2.1m。2010 年 11 月至 12 月，三峡保持高水位运行，4 号断面左侧淤积高程由 2.1m 微增至 2.8m。

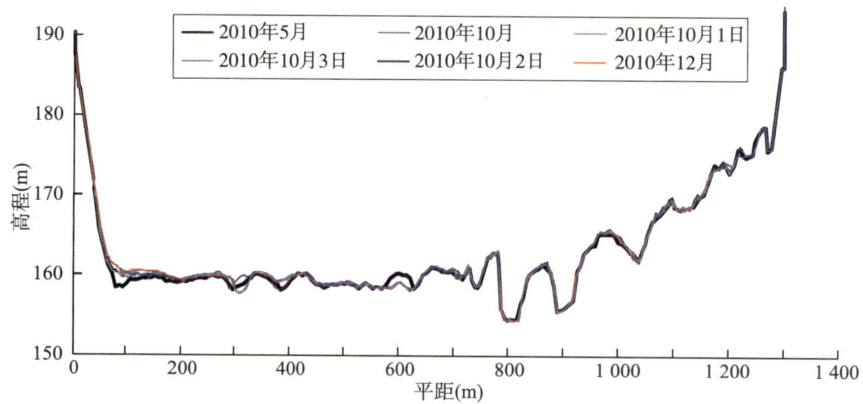

图 14-6　研究河段 4 号断面汛末冲淤变化图（2010 年 10 月～ 2010 年 12 月）

14.3.3　研究时段水流特性分析

收集研究河段上游朱沱水文站的 2009 ～ 2010 年流量资料，发现统计年限内，2009 年、2010 年最大流量分别为 31 500m^3/s、35 200m^3/s，年平均流量分别为 7 710m^3/s、8 070m^3/s。根据长江水利委员会水文局实测资料分析表明：当汛期流量超过 20 000m^3/s 时，九龙坡河段以淤积为主，其淤积强度随着流量的增加而增大；在汛末流量小于 14 500m^3/s 以后，河床开始冲刷，其强度与流量大小有一定关系。其中，当流量为 6 000 ～ 14 500m^3/s 时为主要走沙期，平均走沙强度约 1.0 万 m^3/（d · km）；当流量为 3 000 ～ 6 000m^3/s 时，是次要走沙期；当流量小于 3 000m^3/s 时，走沙基本停止。如表 14-1 所示。

朱沱站走沙期历时统计　　表 14-1

年　份	3 000 ~ 6 000m³/s			6 000 ~ 14 500m³/s		
	蓄水期（d）	全年（d）	比例（%）	蓄水期（d）	全年（d）	比例（%）
2009	129	174	74.1	21	88	23.9
2010	72	116	62.0	23	104	22.1
平均值	101	145	69.3	22	96	22.9

14.3.4 研究河段冲淤及趋势分析

从以上 4 号观测断面的分期冲淤变化情况可以看出，2010 年 4 月 ~ 6 月的三峡消落期，河段处于冲刷期，断面左侧河道地形处于最低高程且基本稳定，说明河床已处于粗化的稳定床面形态。

以 2010 年 5 月的断面地形作为基准面，2009 年汛末至 2010 年底的 4 号断面冲淤变化过程基本如下：2009 年汛期断面左侧淤积明显，最大淤积厚度约 2.8m。至 10 月初，研究河段基本未受三峡回水影响，汛末流量将淤积物冲刷殆尽。2010 年 4 ~ 6 月的消落期，断面左侧基本达到粗化稳定床面，至 7 ~ 9 月又淤积 1.8 ~ 3.6m 厚；9 月底至 10 月初，在往年的汛末冲刷期，受三峡回水影响，冲刷能力减弱，但左侧淤积高程由最大 4.3m 减少至约 2.1m。2010 年 11 ~ 12 月，三峡保持高水位运行，淤积厚度最大增至 2.8m。

从以上冲淤过程可以看出，4 号断面汛期淤积的泥沙基本能在次年消落期冲刷掉（2010 年 4 ~ 6 月地形），可以推断该淤积物应以细颗粒泥沙为主，而且在三峡运行过程中，在边滩不易形成累积性淤积。而在断面中部，大流量挟沙力较大时高程较低，而消落期流量较小时高河床淤高，很有可能是粒径较大的卵砾石，汛期在床面输移，消落期停滞在床面形成浅滩。而且，2009 年在三角碛河段，发生了多起船舶出浅碍航的事故，可以作为佐证。

14.3.5 变动回水区冲淤趋势及碍航泥沙组成分析

从九龙坡河段 175m 蓄水后的冲淤变化可以看出，三峡变动回水区在边滩淤积的泥沙以细颗粒泥沙为主，淤积时间为汛期和蓄水期，在汛末小洪水和消落期中、枯水时基本冲刷殆尽。其中，越靠近库区，汛末洪水的冲刷能力应越弱，以消落期 4 000 ~ 8 000m³/s 中枯水流量的冲刷为主。河床地形年际基本维持在较稳定的高程，即经过长年水流作用形成的粗化稳定层。

而消落期是变动回水区碍航频发的时段，主要变现为以往勉强满足通航要求的卵石滩险出现水深不足或不稳定的情况。考虑细颗粒泥沙难以稳定淤积，因此确定主要是由卵砾石的输移和卵砾石沙波运动造成的。所以，在三峡变动回水区上游段进行航道整治和维护的研究重点应放在粗颗粒推移质泥沙的运动上。

14.4 结论

根据以上九龙坡河段在三峡 175m 方案运行后，2009 ~ 2011 年的平面、断面冲淤变化的分析可以得出以下结论：

（1）由于上游来水来沙条件的较大变化，研究河段的淤积情况较三峡论证期间的研究成果有较大改善。工程河段历经 2009 年汛后至 2010 年底的 175 运行后一年半时间，仅局部有 2 ～ 4m 的年内冲淤变化，未出现边滩的大面积累积性淤积。

（2）研究河段的冲淤规律，由三峡成库前的汛期淤积、汛末冲刷，变为汛期、蓄水期淤积，消落期冲刷为主，汛末略有冲刷。2009 ～ 2010 年的数据表明，九龙坡河段汛期、蓄水期在边滩处的淤积泥沙，经过消落期基本冲刷殆尽。由此可以推测，研究河段可能今后也不会出现大范围的边滩淤积。

（3）从 4 号断面的冲淤变化可以看出，边滩附近汛期、蓄水期淤积的泥沙在消落期小流量时基本被冲刷带走，可以推测其组成基本为细颗粒泥沙。而河床中部（三角碛附近）汛期高程较低，消落期高程淤高，可以推测其组成应为粗颗粒卵砾石（卵砾石浅滩）。消落期航深较小时，卵石浅滩淤高出浅，是造成该河段碍航的主要原因。因此，九龙坡河段的碍航主要由卵砾石消落期输移及其沙波运动造成的。

需要说明的是，以上研究结论是在九龙坡河段 2009 ～ 2011 年的实测河道地形数据分析整理的基础上进行推测的，其结论有待三峡工程的长期运行数据进行验证，尤其需要汛期大洪水、消落期枯水等水文条件的检验。

第 6 篇

结论及展望

15 结论与展望

15.1 结论

本书通过收集大量实测数据、野外调研、理论分析、室内水槽试验、概化模型试验、数值模拟技术等手段，系统分析了卵砾石推移质的物理特性、运动特性、沙波形态的机理，对长江上游典型卵石滩险进行分类研究，主要研究结论可归纳为以下几个方面：

（1）分析了长江重庆河段九龙滩处三组卵砾石样品颗粒几何特性，根据目前描述颗粒形状参数的不足之处，提出了一种新的描述颗粒形状参数——椭球体饱满度 Π。通过水槽试验，结果表明天然沙与精煤在饱满度上差异明显，但是对泥沙的起动和输移强度影响不大，且可以根据饱满度系数来修正。

（2）根据理论推导，提出无量纲起动功率 W^* 为卵砾石起动的判断依据，并通过水槽试验数据验证，优于起动流速和起动拖曳力的计算精度。

（3）通过水槽试验数据和水文站实测资料验证，计算推移质输移强度时采用 Einstein 修正式（2007）的精度最高、稳定性最好。

（4）卵石沙波是长江上游河段常见河道形态，随水流强度的增加，依次经历平整、沙垄、动平整和沙浪阶段。其间的临界条件、三维尺度及推进速度等均可用无量纲起动功率、水流强度及其他水流参数联合表达。

（5）长江上游河道卵石输移主要与河势、河道的水流条件有关。根据河势的不同，卵石滩段可以分为顺直型、弯曲型、放宽型和异岸输移型四种类别。

（6）长江上游典型卵石滩险的河床演变主要受水流条件影响。选择的三角碛河段的冲淤规律，由三峡成库前的汛期淤积、汛末冲刷，变为汛期、蓄水期淤积，消落期冲刷为主，汛末略有冲刷。2009 ~ 2010 年的数据表明，九龙坡河段汛期、蓄水期在边滩处的淤积泥沙，经过消落期基本冲刷殆尽。由此可以推测，研究河段可能今后也不会出现大范围的边滩淤积。

15.2 展望

卵砾石运动及河床演变研究是研究山区河流的一个重要方面，众多学者从不同方面进行研究，都获得了很好的研究成果，本书内容仅是众多研究成果的一小部分，还有许多问题有待进一步研究。根据作者的认识，主要问题包括以下方面：

（1）非均匀卵砾石在非恒定流条件下（水利枢纽泄洪等情况）和非均匀流条件下（水库回水等情况）的运动特性。

（2）连续卵石滩群间卵砾石带状输移的分布规律及其变化机理。

（3）卵石滩群的长效整治技术。

参考文献

[1] 钱宁，万兆惠 . 泥沙运动力学 [M]. 北京：科学出版社，2003.

[2] Wadell. H. Volume, Shape and Roundness of Rock Particles. Proc. 2nd Hyd. Conf. State Univ. Iowa, 1943.

[3] Zingg. Th. Beitrage Zur Schotteranalyse. Schweiz. Min. u. Pet. Vol. 15, 1935.

[4] Kramer. H. Sand Mixtures and Sand Movement in Fluvial Model. Trans. ASCE. Vol. 100, 1935:798–838.

[5] 窦国仁 . 潮汐水流中的悬沙运动及冲淤计算 [J]. 水利学报 , 1963, 4.

[6] 冷魁 . 非均匀沙卵石起动流速及输沙率的试验研究 [J]. 武汉水利电力大学学报 , 1993.

[7] Taylor. B. D. . Temperature Effects in Alluvial Streams. Report KH–R–27. W. M. Keck Lab. of Hyd. And Water Resources. Calif. Inst. Tech, 1971.

[8] Wilcock. P. R. and J. B. Southard. Experimental Study of Incipient Motion in Mixed–size Sediment. Water Resources Research. AGU, 1998, 24(7).

[9] Wilcock. P. R. Critical Shear Stress of Natural Sediment. J. of Hyd. Eng. ASCE, 1993, 119(4).

[10] White. W. R. , T. J. Day. Transport of Graded Gravel Bed Material. Gravel–bed Rivers. Edited by R. D. Hey et al. John Wiley, 1982.

[11] Yalin. M. S. Mechanics of Sediment Transport. Oxford Pergaman Press, 1972.

[12] 韩其为 , 何明民 . 泥沙起动规律及起动流速 [M]. 北京 . 科学出版社 , 1999.

[13] 彭凯 , 陈远信 . 非均匀沙的起动问题 [J]. 成都科技大学学报 , 1972, (2).

[14] 吴宪生 . 宽级配非均匀沙床双峰型的形成条件及起动规律 [D]. 成都：成都科技大学 . 1984.

[15] 王兴奎 , 陈稚聪，等 . 长江寸滩站卵石推移质的运动规律 [J]. 水利学报，1992,（4）.

[16] Shields. A. Anwendung der Aechlichekitsmechanik und der turbulenzforschung auf die Geshiebewegung [C]. Mitt Preussische Versuchsanstalt fur Wasserbau und Schiffbau. Berlin，1936.

[17] Engelund F. ，Hansen E. . A Monograph on Sediment Transport in Alluvial Streams. . Teknisk Forlag, Copenhagen，1972.

[18] 李保如 . 泥沙起动流速的计算方法 . 泥沙研究 [J], 1959, 4(1).

[19] 窦国仁 . 泥沙起动流速 [J]. 水利学报 , 1960, 1（2）: 44−59.

[20] 窦国仁 . 再论泥沙起动流速 [J]. 泥沙研究 , 1999,（6）: 1−9.

[21] 华国祥 . 泥沙的起动流速 . 成都工学院学报 [J]. 1965,（1）: 1−12.

[22] 沙玉清 . 泥沙运动学引论 [M]. 北京：中国工业出版社，1965.

[23] 张瑞谨 . 河流泥沙工程（上册）[M]. 北京：水利出版社，1981.

[24] 唐存本 . 论泥沙起动规律 [J]. 水利学报，1963（2）: 1−12.

[25] 秦荣昱 . 不均匀沙的起动规律 [J]. 泥沙研究，1980(复刊号).

[26] Miller. M. C. . I. N. MeCave. and D. Komar. Threshold of Sediment Motion Under Unidireetional Currents [J]. Sedimentology，1977, 24(4):507−527.

[27] Tison. L. J. Etude des Conditions dans Lesquelles les Particules Solides sont Transportees dans les Courants a Lit Mobiles [C]. Proc. . Assoc. Intern. Sci. Hydro. Assemblee Generale d' Oslo. Tome 1, 1948:293−310.

[28] Mantz. P. A. Incipient Transport of Fine Grains and Flakes by Fluids−extended Shields Diagram. J. Hyd. Div. . Proc. . Amer. Soc. Civil Engrs. , 1977, 103(HY6):601−616.

[29] 钱宁 . 推移质公式的比较 [J]. 水利学报 , 1980, (4) : 1−11.

[30] Biili. D'Agostino. V. Lenzi. M. A. and Marchi. L. Bedload SloPe and Channel Processes in a high−altitude alpine torrent. Gravel−bed Rivers in the Environment. [M] . Klingeman et al. Water Research Publications. LLC. Highlands ranch. Co. 1998.

[31] Whittaker. J. G. Sediment Transport in Step−Pool Stream. Sediment Transport in Gravel−bed Rivers[M]. eds. C. R. Thome. J. C. Bathurst and R. D. Hey. John Wiley & Sons. Ltd, 1987:45−579.

[32] Padmore. C. L. Newson. M. D. and Charlton. E. 1998. Instream Habitat in Gravel−Bed Rivers. Identification and Characterization of Biotopes. Gravel−Bed Rivers in the Environment. [M]. el. C. Klingeman et. al. . Water Research Publications. LLC. Highlands ranch. Co.

[33] Bettess. R. Flow Resistence Equation for Gravel Bed Rivers [C]. Proc. Of the IAHR. Graz. Austria, 1999:179−188.

[34] Suszka. L. Modification of Transport Rate Formula for Steep Channels. Lecture Notes in Earth Sciences [M]. ed. A. Armanini and G. Disilvio. Springer− Verlag. Berlin, 1991:545−579.

[35] Bathurst. J. C. Flow Resistence Estimation in Mountain Rivers[J]. J. Journal of Hydraulic Engineering. ASCE, 1985，111（HY4）: 625−643.

[36] Peakall, J; Ashworth, P; Best, JL. Physical modelling in fluvial geomorphology: principles, applications and unresolved issues, In: Rhoads; L, B; Thorn; E, C (Ed) The Scientific Nature of Geomorphology, Wiley & Sons, Chichester, 1996 : 221−253.

[37] Kilgore. R. T. and Young. G. K. Riprap Incipient Motion and Shields' Parameter. Proc. Nat' l Conf. on Hyd. Engrg. , ASCE, New York, NY, 1993 : 1552−1557.

[38] Maxwell. A. R. Geomorphologic Characteristics of High Gradient Gravel Bed Streams [D]. MS Thesis. Washington state University. PullmanWA，2000.

[39] Linton Hydraul. Lab . . Bank Protection Studies. Portland. Ore. U. S. A. ，1938.

[40] Fahnestock. R. K. Morphology and Hydrology of a Glacial Stream−White River. Mount Rainier. Washington. U. S. Geological Survey Professional Paper 422−A，1963：70.

[41] Helley. E. I. . Field Measurement of the Initiation of large Bed Particle Motion in Blue Greek near Klamath California. USGS Prof. Pap. 561−G. Washington，1969.

[42] 韩其为 . 四川五通桥茫溪河野外水槽卵石试验报告 [R]. 长江科学院，1965.

[43] Vanoni. V. A. . Sedimentation Engineering. ASCE, 1975.

[44] 宾景洁 . 川江卵石运动规律水槽试验报告 [R]. 长江水利水电科学院，武汉水力电力学院，1960.

[45] 谢葆玲，王振中 . 宽级配卵石挟沙河床模拟的若干问题 [J]. 泥沙研究，1976，（2）：17−21.

[46] 阿波诺夫 . 河流学（下册）[M]. 天津大学水利系水文教研室，译 . 北京：高等教育出版社 . 1956.

[47] Yalin. M. S. and E. Karahan. Inception of Sediment Transport. J. Hyd. Div. . ProcAmer. Soc. Civil Engrs. ，1979，105（HY11）:1433−1443

[48] Parker. Gary. Klingenman. P. C. On why Gravel Bed Streams Are Pave [J]. Water Resources Research. 1971, (18): 1409−1423.

[49] Kunhnle. R. A. Incipition motion of Sand−Gravel Sendiment Mixtrues[J]. Journal of the Hydraulics Engineering. ASCE, 1993, 119(HY2).

[50] 韩其为，何明民 . 泥沙运动统计理论 [M]. 北京：科学出版社，1984.

[51] 钱宁，张仁，周志得 . 河床演变学 [M]. 北京：科学出版社，1987.

[52] M. S. Yalin，Mechanics of Sediment Transport [M]. 北京：科学出版社，1982.

[53] 曹叔尤，刘兴年，方铎 . 长江三峡卵石推移质粒径沿程分布 [J]. 水力发电学报，1998，61（2）：50−58.

[54] Xuhui Fu, Yitian Li, Shengfa Yang , and Jingyun Deng. Comparisons of Bed−load Transport Rate Formulas by Flume Experiments And field measured data[P]. The 11th International Symposium on River Sedimentation，Stellenbosch，South Africa，6− 9 September 2010：193−193.

[55] 杨胜发，王涵，周华君 . 卵砾石边坡坡脚泥沙起动试验研究 [J]. 重庆交通大学学报（自然科学版），2009，28（2）：241−245.

[56] M. A. LENZI, L. MAO & F. COMITI. Interannual variation of suspended sediment load and sediment yield in an alpine catchment. 15 – 38. Hydrological Sciences Journal, 2003, 48(6)：899−915.

[57] Diez, J. C. , Alvera, B. , Puigdefabregas, J. & Gallart, F. (1988) Assessing sediment sources in a small drainage basin above the timberland in the Pyrenees. In: Sediment Budgets (ed. by M.

P. Bordas & D. E. Walling) (Proc. Porto Alegre Symp. , December 1988), 197 - 205. IAHS Publ. no. 174.

[58] V. A. Vanoni. 泥沙工程 [M]. 黄河水利委员会水利科学研究所，长江水利水电科学研究院，等，译 . 北京：水利出版社，1981.

[59] Graf，W. H. . Hydraulics of Sediment Transport[M]. New York. McGraw−Hill Book Co.，1971.

[60] Simons, D. B. ， and Senturk，F. . Sediment transport technology，Water Resouce Public. Littleton. Colo. ， 1977.

[61] K. Ashida and M. Bayazit. Initiation of motion and roughness of flows in steep channels. 15th Congress, IAHR Conference, Istanbul, 1973.

[62] Aguirre−Pe, J. . Incipient motion in high gradient open channel flow with artificial roughness elements. paper presented at 16th Congress, Int. Assoc. Hydraul. Res. , Sao Paulo, Brazil, 1975.

[63] Mizuyama, T. . Bedload transport in steep channels. Ph. D. Dissertation, Kyoto University, 1977: 1−118.

[64] Bathurst, J. C. , W. H. Graf, and H. H. Cao. Initiation of sediment transport in steep channels with coarse bed material. , In Mechanics of Sediment Transport, edited by B. M. Sumer and A. Muller, pp. A. A. Balkema, Rotterdam, 1983: 207−213.

[65] Bettess. R. Initiation of sediment transport in gravel streams. Proc. , Instn. Civ. Engg. , 77, Part 2, Tech, 1984, Note 407: 79−88.

[66] Maxwell, A. R. , and Papanicolaou, A. N. . Step−pool morphology in highgradient streams. International Journal of Sediment Research, 2001, 16(3): 380−390.

[67] Yang CT，Yang H, et al. Self−organization Mechanism during the Bed Form Process. Journal of Tsinghua Science and Technology, 1997, 2(3):646−650.

[68] 武汉水利电力学院 . 河流动力学 [M]. 北京：工业出版社 , 1960.

[69] 韩其为 . 泥沙起动规律及起动流速 [J]. 泥沙研究 , 1982（2）: 11−25.

[70] Buffington, J. M. and D. R. Montgomery. A systematic analysis of eight decades of incipient motion studies, with special reference to gravel−bedded rivers. WATER RESOURCES RESEARCH, 1997, 33(8): 1993 - 2029.

[71] 张晓峰，谢葆玲 . 泥沙起动概率与起动流速 [J]. 水利学报，1995，（10）: 53−59.

[72] 邵学军，王兴奎 . 河流动力学概论 [M]. 北京：清华大学出版社，2005.

[73] Sheilds, A. . Anwendung der Ahnlichkeitsmechanik und Turbulenzforschung auf Geschiebebewegung. Mitteilungen der Preuss. Versuchsanst. f. Wasserbau u. Schiffbau, Heft 26, Berlin, 1936.

[74] Schoklitch, A. . Handbuch des wasserbaues. Springer−Verlag, Vienna, 1962.

[75] Bathurst, J. C. , Graf, W. H. , and Cao, H. H. . Bed load discharge equations for steep mountain rivers. Sediment transport in gravelbed rivers, C. R. Thorne, J. C. Bathurst, and R.

D. Hey, eds. , Wiley, Chichester, U. K. , 1987: 453 - 477.

[76] Bagnold, R. A. . Sediment Discharge and Stream Power. U. S. Geologic Survey Circular 421， 1960: 23.

[77] Kennedy, J. F. . The mechanics of dunes and antidunes in erodible–bed channels. Journal of Fluid Mechanics, 1963, 16(4): 521–544.

[78] Chabert J. ，Chauvin T. L. . Formation des dunes et des Rids dans des models fluriaux. Bull. Du Centre de Recerches et d' Essais de Chatou, 1963, (4).

[79] Liu H. K. . Mechanics of sediment ripple formation. Journal Hydr. Div. ，Proc. ASCE， 1957, 83 (2).

[80] Hill H. M. , Robinson A. J. , Srinivassa V. S. . On the occurrence of bed forms in alluvial channels. In：Proc. ，14th Cong. IAHR， 1971, 3：91–100.

[81] Garde R. J. ，Albertson M. L. . Characteristics of bed forms and regimes of flow in alluvial channel. s. Rep. CER 59 RJG 9，Colorado State Univ. , 18, 1959.

[82] Kennedy, J. F. . The Formation of Sediment Ripples, Dunes, and Antidunes. Annual Review of Fluid Mechanics 1: 1969:147–168.

[83] Kennedy, J. F. . The Formation of Sediment Ripples in closed rectangular conduits and in the desert. Journal of Geophysical Research, 1964, 69: 1517–1524.

[84] Engelund, F. , and E. Hansen. . A monograph on sediment transport in alluvial streams. Teknisk Forlag, Copenhagen, Denmark, 1967.

[85] Engelund, F. and J. Fredsoe. Sediment Ripples and Dunes. Annual Review of Fluid Mechanics, 1982, 14: 13–37.

[86] Van Rijn, L. C. . The prediction of bed forms. Alluvial roughness and sediment transport. Res. Rep. S 487 part III, Delft Hydraulics Laboratory, Emmeloord, The Netherlands, 1982.

[87] Julien, P. Y. and G. J. Klaassen. Sand–Dune Geometry of Large Rivers during Floods. Journal of Hydraulic Engineering, 1995, 121(9): 657–663.

[88] Raudkivil, A. J. . RIPPLES ON STREAM BED. Journal of Hydraulic Engineering, 1997, 123(1): 58–64.

[89] Karim, F. . BED–FORM GEOMETRY IN SAND–BED FLOWS. Journal of Hydraulic Engineering, 1999, 125(12): 1253–1261.

[90] Fedele, J. J. and M. H. Garcia. Alluvial Resistance and Sediment Transport for Flows over Dunes. Proceedings of Joint Conference on Water Resource Engineering and Water Resources Planning and Management, 2000.

[91] Makse, H. A. . Grain Segregation Mechanism in Aeolian Sand Ripples. Eur. Phys. J. , 2000.

[92] Raudkivi, A. J. . THOUGHTS ON RIPPLES AND DUNES. Journal of Hydraulic Research, 1983, 21(4): 315–321.

[93] McLean, S. R. . The stability of ripples and dunes. Earth–Science Reviews 1990, 29(1–4): 131–144.

[94] Raudkivi, A. J. and H. −H. Witte. DEVELOPMENT OF BED FEATURES. Journal of Hydraulic Engineering, 1990, 116(9): 1063−1079.

[95] Coleman, S. E. , M. H. Zhang, et al. . Sediment−Wave Development in Subcritical Water Flow. Journal of Hydraulic Engineering, 2005, 131(2): 106−111.

[96] Bagnold, R. A. . An Approach to the Sediment Transport Problem From General Physics. U. S. Geol. Survey. Prof. , 1996, Paper No. 422−I P. 37.

[97] Yang, CT. Huang, C. Application of sediment transport formulas. International Journal of Sediment Research. 2001, 16(3): 335−353.

[98] 王光谦，胡春宏 . 泥沙研究进展 [M]. 北京：中国水利水电出版社，2006.

[99] Einstein H. A. . The bed load function for sediment transportation in open channel flows. US. Department AgricultureTech. Bulletin 1026, 1950: 71.

[100] Wang, Xingkui, Li Danxun et. al. . Verification and Comparison of Bed Load Transport Formulas. Journal of Hydrodynamics , 2001, 13 (B1): 8−11.

[101] 曹叔尤，刘兴年，方铎 . 山区河流卵石推移质的输移特性 [J]. 泥沙研究，2000，(4): 1−4.

[102] 刘兴年，曹叔尤，方铎 . 90 年代四川大学泥沙研究进展与瞻望 [J]. 泥沙研究，1999，(6)：33−36.

[103] S. Dey, S. K. Bose, G. L. N. Sastry. Clear water scour at circular piers: a model. J. Hydr. Eng. ASCE, 1995, 121 (12): 869−876.

[104] 刘兴年 . 砂卵石推移质运动及模拟研究 [D]. 成都：四川大学，2004.

[105] 张之湘 . 卵石推移质输移随机性研究 [D]. 成都：四川大学，2005.

[106] Yalin. M. S. River Mechanics, Pergamon Press. Oxford，1992.

[107] Gibert, G. K. The transportation of debiris by running water. U. s. Geological Survey, Professional , 1914 : 86.

[108] Yang. C. T. Unit stream power equations for total load, Journal of the Hydrology, 1979, (40):123−138.

[109] Alonso, C. V. Selecting a formula to estimate sediment transport capacity in nonvegetated channels . CREAMS, U. S. Department of Agriculture Conservation Research Report, 1980, No. 26, Ch. 5:426−439.

[110] Brownlie, W. R. . Prediction of flow depth and sediment discharge in open channels. W. M. Keck Laboratory of Hydraulics and Water Resources, Report No. KH−R−43A, California Institute of Technology, Pasadena, California, 1981 .

[111] Vetter, M. . Total sediment transport in open channels. Report No. 26, Institute of Hydrology, University of the German Federal Army, Munich, Germany (Translated from “Gesamttransport von sedimenten in offenen Gerinnen” into English by the U. S. Bureau of Reclamation , Denver, Colorado), 1989.

[112] Wilson, K. C. . Bed Load Transport at High Shear Stress. J. Hud. Div. Proc. , Amer. Soc.

Civil Engrs. , 1966, 92 (6):49−59.

[113] 何文社，曹叔尤，刘兴年 , 等 . 泥沙起动临界切应力研究 [J]. 力学学报，2003, 35 (3): 326−331.

[114] 秦荣昱， 王崇浩 . 河流推移质运动理论及应用 [M]. 北京 ：中国铁道出版社 , 1996.

[115] 胡春宏， 惠遇甲 . 明渠挟沙水流运动的力学和统计规律 [M]. 北京 ：科学出版社 , 1995.

[116] 胡海明， 李义天 . 非均匀沙推移质泥沙级配的研究 [J]. 武汉水利电力大学学报， 1996， 30 (1) : . 40−43.

[117] 方红卫 . 不均匀床沙组成及起动 [J]. 水利学报， 1994， (4) : 43−49.

[118] Yadav, S. M. and B. K. Samtani. Bed Load Equation Evaluation based on Alluvial River Data, India. KSCE Journal of Civil Engineering, 2008, 12(6): 427−433.

[119] Rijn, L. C. v. . Unified View of Sediment Transport by Currents and Waves. I: Initiation of Motion, Bed Roughness, and Bed−Load Transport. Journal of Hydraulic Engineering, 2007, 133(6): 649−667.

[120] Rijn, L. C. v. . Unified View of Sediment Transport by Currents and Waves. II: Suspended Transport. Journal of Hydraulic Engineering, 2007, 133(6): 668−689.

[121] Rijn, L. C. v. . Unified View of Sediment Transport by Currents and Waves. III: Graded Beds. Journal of Hydraulic Engineering, 2007, 133(7): 761−775.

[122] Rijn, L. C. v. , D. −J. R. Walstra, et al. . Unified View of Sediment Transport by Currents and Waves. IV: Application of Morphodynamic Model. Journal of Hydraulic Engineering, 2007, 133(7): 776−793.

[123] Barry, J. J. , J. M. Buffington, et al. . Performance of Bed−Load Transport Equations Relative to Geomorphic Significance: Predicting Effective Discharge and Its Transport Rate. Journal of Hydraulic Engineering, 2008, 134(5): 601−615.

[124] Rijn, L. C. v. . SEDIMENT PICK−UP FUNCTIONS. Journal of Hydraulic Engineering, 1984, 110(10): 1494−1502.

[125] Rijn, L. C. v. . SEDIMENT TRANSPORT, PART I: BED LOAD TRANSPORT. Journal of Hydraulic Engineering, 1984, 110(10): 1431−1456.

[126] Odgaard, A. J. . GRAIN−SIZE DISTRIBUTION OF RIVER−BED ARMOR LAYERS. Journal of Hydraulic Engineering, 1984, 110(10): 1479−1484.

[127] Vanoni, V. A. . Fifty Years of Sedimentation. Journal of Hydraulic Engineering, 1984, 110(8): 1022−1057.

[128] Murphy, P. J. and E. J. A. M. . BED LOAD OR SUSPENDED LOAD. Journal of Hydraulic Engineering, 1985, 111(1): 93−107.

[129] Wang, S. −y. and H. W. Shen. INCIPIENT SEDIMENT MOTION AND RIPRAP DESIGN. Journal of Hydraulic Engineering, 1985, 111(3): 520−538.

[130] Carson, M. A. . MEASURES OF FLOW INTENSITY AS PREDICTORS OF BED

LOAD. Journal of Hydraulic Engineering, 1987, 113(11): 1402−1421.

[131] Bridge, J. S. and J. L. Best. Flow, Sediment Transport and Bedform Dynamics over the Transition from dunes to upper−stage plane beds: Implications for the formation of planar laminae. Sedimentology , 1988, 35: 753−763.

[132] Karim, M. F. and J. F. Kennedy. MENU OF COUPLED VELOCITY AND SEDIMENTDISCHARGE RELATIONS FOR RIVERS. Journal of Hydraulic Engineering, 1990, 116(8): 978−996.

[133] Swamee, P. K. and C. S. P. Ojha. BED−LOAD AND SUSPENDED−LOAD TRANSPORT OF NONUNIFORM SEDIMENTS. Journal of Hydraulic Engineering, 1990, 117(6): 774−787.

[134] Yang, C. T. and S. Wan. COMPARISONS OF SELECTED BED−MATERIAL LOAD FORMULAS. Journal of Hydraulic Engineering, 1991, 117(8): 973−989.

[135] Nnadi, F. N. and K. C. Wilson. MOTION OF CONTACT−LOAD PARTICLES AT HIGH SHEAR STRESS. Journal of Hydraulic Engineering, 1992, 118(12): 1670−1684.

[136] Coleman, S. E. and B. W. Melville. BED−FORM DEVELOPMENT. Journal of Hydraulic Engineering, 1994, 120(4): 544−560.

[137] Karim, F. . BED MATERIAL DISCHARGE PREDICTION FOR NONUNIFORM BED SEDIMENTS. Journal of Hydraulic Engineering, 1998, 124(6): 597−604.

[138] Julien, P. Y. and Y. Raslan. UPPER−REGIME PLANE BED. Journal of Hydraulic Engineering, 1998, 124(11): 1086−1096.

[139] Kleinhans, M. G. and L. C. v. Rijn. Stochastic Prediction of Sediment Transport in Sand−Gravel Bed Rivers. Journal of Hydraulic Engineering, 2002, 128(4): 412−425.

[140] Bravo−Espinosa, M. , W. R. Osterkamp, et al. . Bedload Transport in Alluvial Channels. Journal of Hydraulic Engineering, 2003, 129(10): 783−795.

[141] Coleman, S. E. , J. J. Fedele, et al. . Closed−Conduit Bed−Form Initiation and Development. Journal of Hydraulic Engineering, 2003, 129: 956−965.

[142] Abdel−Fattah, S. , A. Amin, et al. . Sand Transport in Nile River, Egypt. Journal of Hydraulic Engineering, 2004, 130(6): 488−500.

[143] Tang, X. and D. W. Knight. Sediment Transport in River Models with Overbank Flows. Journal of Hydraulic Engineering, 2006, 132(1): 77−86.

[144] 胡江 . 光滑明渠非恒定流传播特性及流速分布研究 [D]. 南京：河海大学，2008.

[145] Nikuradse, J. . Laws of Turbulent Flow in Smooth Pipes. NASA TT F−10, 359 (Translation of VDI−Forsch. 356)，1932.

[146] Nezu, I. , and Rodi, W. . Open channel flow measurements with a laser Doppler anemometer. Journal of Hydraulic Engineering, ASCE, 1986，112(5)：335−355.

[147] Kirkgoz, M. S. . Turbulent Velocity Profiles for smooth and rough open channel Flow. Journal of Hydraulic Engineering, ASCE, 1989，115：1543−1561.

[148] Krumbein. W. C. Measurement and Geological Significance of Shape and Roundness of Sedimentary Particles. J. Sedim. Petro. Vol. 11. 1941 by R. D. Hey et al. John Wiley, 1982.

[149] 钱宁，万兆惠．泥沙运动力学 [M]. 北京：科学出版社，1983.

[150] Helland-hensen. F. R. T. Milhous and P. C. Klingeman. Sediment Transport at Low Shields-Parameter Values. J. Hyd. Div. Amer. Soc. Civil Engrs，1974，100（HY1）：261-265.

[151] Leopold. L. B. . Wolman. M. G. and Miller. J. Fluvial Processes in Geomorphology [R]. W. H. Freeman. San Francisco. California，1964：552.

[152] Pcakall. J. . Ashworth. and Best. J. Physical Morphology in Fluvial Geomorphology: Principles. applieations and unresolved issues [C]. Proc. 27th Binghamton Symposium in geomorphology. John Wiley & Sons. Ltd. ，1996.

[153] 武汉水利电力学院，河流泥沙工程学教研室．河流泥沙工程学（上册）[M]. 北京：水利电力出版社，1981.

[154] Fahnestoch. R. K. . Morphology and Hydrology of a Glacial Stream. USGS Prof. Pap. 422-A，1963.

[155] 韩其为．川江卵石形态与堆积特征调查．推移质泥沙测验技术文件汇编．全国重点水库泥沙观测研究协作组编．1980：100-200.

[156] He. M. M. and Han. Q. W. Stochastic Model of Incipient Sediment [J]. Journal of the Hydraulics Engineerig. ASCE. . 1982，108(HY2)：211-224.

[157] 陈俊杰，任艳粉，郭慧敏，等．常用模型沙基本特性研究 [M]. 郑州：黄河水利出版社，2009.

[158] 王昌杰．河流动力学 [M]. 北京：人民交通出版社，2001.

[159] 章梓雄，董曾南．粘性流体力学 [M]. 北京：清华大学出版社，1998.

[160] 杨斌，杨胜发．大比降卵石河床水流运动试验研究 [J]. 水动力学研究与进展 A 辑，2005，(2)：207-213.

[161] 秦荣昱，王崇浩．河流推移质运动理论及应用 [M]. 北京．中国铁道出版社，1996.

[162] Hjulstrom，F. ，Studies of the Morphological Activity of Rivers as Illustrated by the River Fyris，Bulletin of the Geolgical Inst. Of Uppsala，1935，25.

[163] 沙玉清．泥沙运动的基本规律——开动流速 [J]. 泥沙研究．1956，1（2）.

[164] 杨胜发，周华君，等．内流河宽浅变迁河段水沙运动规律研究 [M]. 重庆：重庆大学出版社，2007.

索 引

L

M

N

P

Q

S